凝煉知識品味閱讀

超圖解

公司數位經營

理論及實務案例

伍忠賢 博士 著

五南圖書出版公司 印行

自序

用新方法打贏比賽

「我追求的是有意義的勝利，用科學方法選球員，安排守備位置、打擊順序。」——比利．比恩（布萊德．彼特飾演），美國職業棒球聯盟奧克蘭市運動家隊（Athletics）總經理，2011 年美國電影《魔球》（Moneyball）。

一、數位經營無所不在

兩個科技（1990 年網路、2009 年 3 月 4G 手機）促使政府、公司、個人，由傳統經營轉向數位經營，這個過程俗稱「數位轉型」。

在政府有許多名稱，例如：電子化政府（Electronic Government）、智慧國家（Smart Nation）、智慧城市（Smart City）；或是成立數位發展部主其事。在公司相關名稱則有電子商業（e-Business）、智慧公司（Smart Company）、網路下單商店消費（Online to Offline, O2O）。在公司，例如：透過臉書（FB）等去進行個人形象塑造，甚至當直播主、網路紅人，開創新人法。

二、本書目標讀者

政府、公司、個人數位轉型，涉及許多組織層級、功能部門，相關基層人員、主管以及學生皆適合閱讀本書。

三、本書特色：個案分析導向的實用實戰內容

本書共 15 章，套用「寓教於樂」觀念，以「個案分析說明理論」。有 7 章以全球咖啡店霸主星巴克一以貫之，主要說明其店的數位經營；其中有 2 章詳細說明（資訊）技術長下轄四個資訊部（細列各部下轄三處，處下轄三組）的組織設計、分工。有 3 章則詳述全球營收最大綜合量販店、超市——美國沃爾瑪（Walmart）數位轉型，以因應全球電商一哥亞馬遜公司的蠶食鯨吞。

本書能完成，感謝兩方人士。點子來源為資訊工業策進會地方創生服務處處長周樹林（2022 年 2 月上任），於 2020 年 9 月啟發我寫出「公司數位經營」的題材。在相關知識方面，策略管理來自策略管理大師司徒達賢教授；資訊管理來自中國時報總管理處研究員階段（1987 年 9 月～ 1988 年 6 月）的經歷；行銷則是高熊飛教授等。

伍忠賢 PhD, ARM
謹誌於臺灣新北市新店區臺北小城社區
2023 年 12 月

目錄

第三篇 美國零售一哥沃爾瑪數位轉型 071

Chapter 8 沃爾瑪運用人工智慧提升商店到零售 4.0 163

第四篇 美國餐飲二哥星巴克數位轉型 183

Chapter 9 星巴克與麥當勞數位經營SWOT 分析與階段 185

公司（資訊）技術管理 247

Chapter 12 數位顧客服務：星巴克市場研究的消費者需求調查與上市前測試 249

Chapter 13 公司數位經營的心臟：資訊管理部 271

第一篇
數位經營導論

Chapter 1

從數位化到數位經營：美國零售公司數位轉型

1-1 政府、公司數位經營的必要條件：1990 年起，網際網路

——總體環境之四「科技／環境」中的科技中的數位化

數位經營（digitalization）＝數位（digitization）+ 經營（operation）

這很容易懂，拆成兩部分。

一、類比跟數位

由右表可見，有些人去解釋「類比」（analog）跟「數位」（digital）的差別，這偏資訊、電腦（中稱計算機），太專業了，大部分人聽不懂。

由表可見，從媒體中的「文、音、影」便可砍一刀，見到「數位化」是指把「資料」（data）作成電子檔，這在 1970 年代的各組織（尤其是公司）電腦化（computerization）時，已逐漸把圖表轉變在電腦上輸入。

二、數位經營（digitalization）

數位經營中的數位，指的是 1990 年網際網路（internet，中稱互聯網）後，公司透過網路去作生意（retail ecommerce，零售型電子商務）的元年！

所以數位經營（digitalization）最精準說法是「網路經營」（internet operation）。由右表便可見，在產業中，大約 1995 年起，逐漸網路經營。

美國零售型電子商務業 SWOT 分析圖

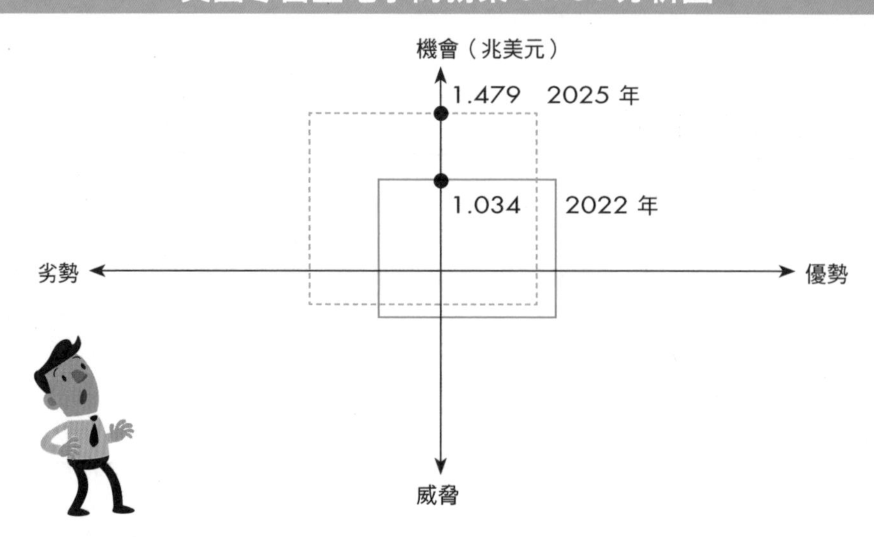

美國文音影媒體從類比到數位

媒體	類比（analog）	數位（digital）
一、文（字）		
（一）報紙	1690 年起，詳見維基百科 History of American newspaper	1980 年哥倫比亞新聞報告（The Columbus dispatch）
（二）週刊	1741 年，*American Magazine*	1995 年網路雜誌（online magazine）
（三）書	1640 年，《海灣聖詩》	電子書（ebook） 1998 年手持裝置電子書閱讀器
二、音（樂）		
（一）錄製音樂	1887 ←→ 1980 黑膠唱片 1950 ←→ 1990 錄音帶	雷射唱片（CD） 1982 2006 思播（Spotify）
（二）廣播	1992 ←→ 1997	1998 digital broadcasting
（三）電子媒體（electronic media）		
三、影（視）		
（一）電視	1939 ←→ 2009.6.11	2002 年電視台數位化 2009 年 6 月 12 日第四台數位化
（二）電影、錄影帶	1985 ←→ 2010.9	數位電影劇 2010 年 9 月 1 日網飛（Netflix）串流
（三）社群媒體		
1. 美	俱樂部（讀書等）	播客（video blogger） 2004 年 2 月 4 日臉書
2. 中	同上	2010 年 10 月 6 日 IG 2016 年 9 月抖音

1-2 公司數位經營最大行業：零售型電子商務

——2019～2025年全球與中美零售型電子商務產值

全球193國中，除了開發中國家以農業為主外，絕大部分國家，三級產業中以服務業在產值、僱用勞工數居首，服務業中最大行業是批發零售業。所以，大部分國家的行業在進行數位經營時，都是以批發零售業為主，本書以一章篇幅說明美國零售業商店霸主「沃爾瑪」跟網路商場龍頭「亞馬遜」的龍爭虎鬥，聚焦在2016～2019年。本單元先拉個全景，了解全球、美中零售業占總產值比率，零售型電子商務占零售業比率。

一、全球

1. 人數

   以2022年來說，約35億人，占全球上網人口比69%。

2. 滲透率
   - 上網滲透率（internet user penetration rate）。
   - 數位買方滲透率（digital buyer penetration rate）。

3. 國家分布：80：20原則

   以2022年來說，全球網路購物金額市占率，中占26.93%、美占15.35%，跟其占全球總產值比率18%、24%相反。

二、美國

1. 趨勢分析：2010年6.4%，2015年10.7%。
   - 1999年第3季占0.9%，2000年第4季占1.2%，突破1%。
2. 平均年成長率：零售型電子商務至少15%，商店約4%。

三、中國大陸

1. 趨勢分析：占餐飲零售業比率

   由右表可見，2022年占比25%，但純以「商品」（人民幣38.03兆元）中零售型電子商務人民幣（9.77兆元）來說，占比率25.7%，這數字外界常用。

2. 成長率

   2012年人民幣1.32兆元，2022年人民幣9.77兆元，平均每年成長率約70%，但零售業2.27%。

全球與美中零售型電子商務

年	2019	2020	2021	2022	2023	2024	2025
一、全球（單位：兆美元）							
(一) 經濟							
(1) 總產值	87.345	84.537	96.3	103.87	109	115	120
(2) 零售	24.66	23.78	26.03	27.34	28.64	30.03	31.17
(3) = (2)/(1) (%)	28.23	28.12	27.03	26.54	26.28	26.11	25.99
(4) 零售型電子商務	3.354	4.28	5.2	5.77	6.31	6.91	7.52
(5) = (4)/(2) (%)	13.6	18	20	21	22	23	24.12
(二) 人口（單位：億人）							
(1) 全球	77.13	77.95	78.7	80	80.78	81.55	82.3
(2) 上網人數	39.7	46.38	49.3	50.4	51.5	52.4	53.5
(3) = (2)/(1) (%)	51.47	59.5	62.6	63	63.75	64.25	65
(4) 網路購物人數	25	29.68	43.4	35	36.85	39.27	40.65
(5) = (4)/(2) (%)	63	64	65	69.4	71.55	74.9	76
二、美國（單位：兆美元）							
(1) 總產值	21.38	21.06	23	24.694	26.24	27.29	28.27
(2) 零售	5.436	5.65	6.585	7.082	7.2	7.4	7.8
(3) 零售型電子商務	0.598	0.792	0.86	1.034	1.111	1.281	1.479
(4) = (3)/(2) (%)	11	14	13.06	14.6	15.43	17.3	18.96
三、中國大陸（單位：人民幣兆元）							
(1) 總產值	98.65	101.4	114.37	121	129.47	136	141
*兆美元	14.34	14.862	17.74	18	18.76	20.92	21.69
(2) 零售	41.16	39.2	41.73	46.97	47.9	50.32	50.76
(2.1) 商品	37.226	35.616	37.77	39.58	43.11	45.288	45.684
(2.2) 餐飲	4.672	3.95	3.96	4.39	4.47	5.032	5.076
(3) = (2.1)/(1) (%)	37.73	35.12	33.02	33.7	33.3	33.3	32.4
(4) 零售型電子商務	10.632	11.76	12.72	11.71	14.5	15.23	16.92
(4.1) 商品	8.52	9.759	10.43	11.96	12.5	13.13	14.72
(4.2) 其他	2.112	2.001	2.29	2.05	2	2.1	2.2
(5) = (4.1)/(2.1)(%)	22.89	27.4	27.6	30.2	29	29	32

註：中國大陸 2023 年起 (3) ～ (5) 本書所估。2022 ～ 2025 年本書綜合預測。
中國大陸之 (5)，一般是 (4.1) ／ (2)。

1-3 行業數位經營的起源：1995年起，美國零售型電子商務

1895年起，美國成為全球第一經濟國，高峰時占全球總產值55%，第二、三次工業革命都在美國，尤其第三次工業革命又稱「資訊科技」（資訊或數位）革命，便是由美國帶頭，第三代電腦（1958年起，積體電路IC電腦），1977年蘋果公司個人電腦問世，把電腦帶進家庭。這是1995年起，公司數位經營的必要條件，也是數位經營從美國起頭的原因。

由右表可見，美國零售型電子商務依顧客下單方式分成兩階段。

一、1994～2001年，主要靠個人電腦

這時手機通訊技術處於2G狀態，就是現在的功能手機（feature phone），主要「功能」就是打電話，收發簡訊。

二、2001年10月1日起，3G手機上市

1. 2002年起，3G手機上市

   3G手機俗稱「智慧型手機」（smart phone，本書簡稱手機），主要功能是可以上網，那就可以透過手機看公司網頁，下單、付款，手機功能變多，手機銷量大增，邁入快速成長期。

2. 2021年起，92%的網路購物靠手機

   全球手機滲透率從2016年49.35%，到了2021年，突破80%，這很驚人，全球每100人（包括嬰兒）中，就有80人有手機。於是手機占上網方式92%，那網路購物（online shopping）也一樣，一般說「行動購物」（mobile shopping）或數位購物（digital shopping），都太抽象，精確應說「手機購物」（smartphone shopping）。

三、兩種對零售型電子商務定義

有關「電子商務」的定義至少有二。

1. 美國商務部普查局的定義太寬

   只考慮交易五流（資訊流、商流、金流、生產流、物流）中的「商流」，指的是「買賣雙方透過網路議定交易」，以星巴克來說，即網路下單，還依網路下單工具再細分，如果是行動裝置（mobile devices）下單，又稱行動商務（M-commerce）。

2. 伍忠賢（2021）的定義，商流加物流，三分法

網路下單和「宅配」（物流）才算是電子商務，其他例如：星巴克顧客手機下單，店內取貨外用或到店內消費，都不算，因為還是有商店存在。

四、伍忠賢（2021）數位經營程度分成三等分

1. 數位業務占營收比重 33% 以下，傳統公司

例如：沃爾瑪，2023 年「度」（2022.2 ～ 2023.1）零售型電子商務占營收 6,113 億美元的 13%。

2. 數位業務占營收 34 ～ 66%，虛實整合公司

找不到這樣的公司，只好以 X 公司舉例（下表）。

3. 數位業務占營收比重 67% 以上，單純數位經營公司

單純數位經營公司（pure-play）典型是亞馬遜，2022 年 5,140 億美元，營收結構：商店（主要是全食超市）占營收 3.7%，剩下都是電子商務，分兩大類。

- 網路零售：占 66.4%，（數位商品）訂閱服務占 6.85。
- 網路廣告 7.47%、雲端服務 15.58%。

公司數位經營程度分三大類

單位：億美元

零售型電子商務占營收比重	大分類	典型公司	2023 年度損益表舉例
67% 以上	一、單純數位經營公司（e-business）（pure-play）（或再加上 disruptor）	亞馬遜數位業務占 96.3% 年度曆年制 2022 年 5,140 註：其中商品買賣部分約 72.46%	(1) 營收預估 5,397 (2) 零售型電子商務 • 自營 2,310 • 商場 1,236 (3) =(2)/(1) =65.7% 註：全食超市 190，占營收 3.5%
34 ～ 66%	二、虛實整合公司（virtual & real integration）	X 公司	(1) 營收 100 (2) 零售型電子商務 42 (3) =(2)/(1) =42%
33% 以下	三、傳統公司（traditional company）俗稱 brick and mortal	沃爾瑪 2023 年度（2 月迄第二年 1 月） 營收成長 6.74%	(1) 營收 6,113 (2) 零售型電子商務 794.7 (3) =(2)/(1) =13%

Ⓡ 伍忠賢，2021 年 8 月 29 日。

1-4 SWOT 分析之優劣勢分析：商店與網路商店比較

網路購物（online shopping）是電視購物（TV shopping）的網路版，以消費者考量的「價量質時」來說，商店在「質」（商品當場可見）、時（當場銀貨兩訖）勝過網路購物。網路商場在「價（格）」、「數量」（商品廣度、深度）取勝。本單元詳細說明。

一、消費品三種分類

1958 年 6 月，美國加州柏克萊大學商學院教授 Richard H. Holton（1926～2005）在《行銷》期刊上一篇四頁短文，區分四種消費品（consumer goods）的消費特性，論文引用次數近 300 次，次數雖然不多，但幾乎是行銷管理教科書必有內容，可以依圖 X、Y 軸兩個變數各二分等。

1. X 軸：消費者可等待時間

   消費者急於「一時」的商品，大都是「餓了想吃，渴了想喝」，一時都不能忍，這種商品稱為便利品（convenience goods），由右圖可見，便利品在綜合零售業中為便利商店銷售。

2. Y 軸：價格高低（以 1,000 元分高低）

   這分成兩類，而且「不急於一時」。

   價格第一的選購品（shopping goods）：在綜合零售業中為超市、量販店；品牌第一的特殊品（speciality goods）：在綜合零售業中為百貨公司和專賣零售業。另有一種稱為「忽略品」（unsought goods），平常略而不顧的。例如：黑色商品的靈骨塔位等。

二、上網購物的原因（詳見右表）

1. 由右表第二欄報告分析上網購物原因，比商店購物討喜。
2. 兩個因素竟然不重要
   - 網路詐欺：以美國華盛頓州西雅圖市商品風險委員會（Merchant Risk Council, MRC Cybersource，2000 年成立）每年作的「全球詐欺調查」（Global Fraud Survey），以金額來算，全球網路交易詐欺率約 1.8%，其中大部分是「買方付款但賣方不出貨或出假貨」。
   - 宅配費用：網路商場殺價競爭，紛推「限定條件，免運費」（簡稱免運）。

消費品四分類與零售業態

總價	1天以內	1天以上
1,000 元以上		忽略品（unsought goods） 選購品（shopping goods） ：食、住→超市、量販店 特殊品：品牌考量（speciality goods） ：衣、育、樂→百貨公司
1,000 元以下	便利品（convience goods） ：熟食、飲料→便利商店	專業零售業：服裝店、書店

橫軸：消費者可容忍時間（1天）；縱軸：總價（1,000 元）

兩個網路購物買家的重要調查

時	2017 年 3 月 7 日	2021 年 7 月 26 日
地	尼德蘭・阿姆斯特爾芬市	德國・漢堡市
人	KPMG 國際消費市場全球主席 Willy Kruh	Statista 公司
事	Global Online Consumer Report, 2017	Main reasons why global consumers chose to shop online, 2021
調查	店內、上網購物	上網購物原因
1. 時	2016 年	2021 年 7 月
2. 地	50 國	12 國（七大工業區，但不含中國）
3. 人	18,430 人，15 ～ 70 歲	20,000 人

1-5 近景：美國零售業產值

——兼論 2000 ～ 2022 年趨勢分析，沃爾瑪 pk 亞馬遜

一、美國零售與餐飲業產值資料來源

1. 政府統計資料來源

   由右表可見，美國商務部普查局，負責三級產業的統計，在臺灣是由經濟部統計處負責。

2. 民間資料

   民間公司在資料的提供重要功能有：

   - 預測：像 eMarketer 公司每年 2 月的報告預測當年情況。
   - 作圖：以便看出方向、趨勢。

二、總體環境之二「經濟／人口」對零售與餐飲業不利

1. 2022 年分析

   零售產值 7.082 兆美金，約占總產值 28.68%。

2. 趨勢分析

   由表可見，2000 年，「零售」產值占總產值比率 29.1%，逐年下滑，2022 年 28.68%。這背後道理符合恩格爾定律（Engel's Law, Ernst Engel, 1821 ～ 1896）。

三、圖解：實用 SWOT 分析

套用伍忠賢（2002）的實用 SWOT 分析方法。

1. Y 軸：機會威脅分析（opportunity & threat analysis）：2022 年美國零售型電子商務 1.034 兆美元（實線格子），預估 2025 年 1.479 兆美元（虛線格子），詳見 Unit 1-1 圖、Unit 1-2 表。

   至於「威脅」（代替品），不多。

2. X 軸：優勢劣勢分析（strength & weakness analysis）：跟實體商店比較起來，隨著科技進步（包括物流科技中的無人運輸車、飛機），網路商場（商店）優勢愈來愈多，劣勢愈來愈少。

美國經濟與兩大零售龍頭經營績效

年	2000	2005	2010	2015	2019	2020	2022
一、總體							
(1) 總產值（兆美元）	10.252	13.037	14.99	18.23	21.43	20.93	24.694
(2) 零售（兆美元）	2.983	3.689	3.818	4.728	5.436	5.65	7.082
(3) = (2)/(1)（%）	29.1	28.3	25.47	25.935	25.37	27	28.68
(4) 零售型電子購物（兆美元）	0.02983	0.096	0.176	0.35	0.611	0.792	1.034
(5) = (4)/(2)（%）	1	2.6	4.6	7.61	11	14	14.6
二、沃爾瑪							
年度 2 月迄第 2 年 1 月							2023 年度
(1) 店數	3,898	6,200	8,099	11,451	11,361	11,501	10,600
(2) 營收（億美元）	1,668	2,852	4,080	4,857	5,144	5,240	6,113
(3) 淨利（億美元）	53.77	102.67	143.7	163.63	66.7	148.81	112.92
(4) 每股淨利（美元）	1.2	2.41	3.71	3.28	2.26	5.19	4.29
(5) 股價（美元）（年底收盤）	53.13	46.8	53.93	61.3	118.84	144.15	141.21
三、亞馬遜							
2003 年開始獲利							
(1) 店數	—	—	—	—	—	—	—
(2) 營收（億美元）	27.62	84.9	342	1,070	2,805	3,860	5,140
(3) 淨利（億美元）	-14.7	3.59	11.52	5.96	115.88	213.31	-27.22
(4) 每股淨利（美元）	—	—	2.53	1.25	1.15	2.09	-0.27
(5) 股價（美元）	0.778	2.3575	9	75.1	92.39	166.85	84

1-6 SWOT 分析之機會威脅分析（OT analysis）I

——影響公司進入零售型電子商務的總體、個體環境因素
——兼論技術接受模型

公司數位經營最大行業是零售型電子商務，以 2023 年來說，全球約 6.31 兆美元，約占全球總產值（GDP）109 兆美元（世界銀行 2023 年 1 月 10 日）的 5.79%。本書以此為對象，說明總體環境、技術接受模型如何影響。

一、行銷環境之理論發展

1950 年代，美國行銷管理實務進入「行銷導向階段」，了解行銷環境才能趨吉避凶，有關行銷環境的書、論文很多，分成大小兩層級。

1. 總體環境：1967 年，詳見右表第一欄。
2. 個體環境：1979 年 3、4 月，五力分析（five forces analysis）。

美國哈佛大學教授麥克．波特（Michael E. Porter, 1947～）在 1979 年《哈佛商業評論》上提出，1980 年在《競爭優勢》（*Competitive Strategy*）書中。

二、1982 年，資訊管理學者的技術接受模型

1980 年代，美國大公司大幅進行「電腦化」，資訊管理學者提出「技術接受模型（technology acceptance model），以實證方式研究哪些因素影響各公司資訊技術，最有名的是表中第二欄的 Louis G. Tornatzky & K. J. Klein」，以三個英文字「TOE」（科技、組織、環境），本質上是前述行銷環境。

比較重要的是針對個體環境中的五力分析的第三項本公司與對手，其中本公司有二項。

- 經營（管理）結構。
- 資源（資訊、財務）。

餘裕（slack）程度，這部分有人稱為公司「準備程度」（readiness）。

三、2004 年，技術接受模型用於零售型電子商務

1995 年 7 月，美國零售型電子商務亞馬遜公司網路開賣。2000 年，零售型電子商務占零售業 1%，零售業、純網路電商（pure-play retailer，包括網路商場、商店）大舉加入。

資料夠多，大學教授才有資料實證研究，表中第三欄，加州大學爾灣分校兩位教授 2004 年論文，便是沿用前述技術運用模型，得到結論是不用作也知道，只有兩項因素不重要：公司規模大小（以員工人數）、公司組織（例如：企業文化）相容性。

總體環境、技術採用模型及零售型電子商務重要論文

時	1967 年	1982 年 2 月	2004 年
地	麻州劍橋市	華盛頓特區	美國加州爾灣市
人	法蘭西斯·阿吉拉（Francs J. Aguilar, 1932 ～ 2013），哈佛大學教授	Louis G. Tornatzky 與 Katherine J. Klein，前者在國家科學基金會產業科學與技術創新部工作	Jennifer L. Gibbs and Kenneth L. Kramar，前者是美國加州大學爾灣分校資訊與組織研究中心（CRITO）研究員，後者是同校企管所教授
事	*Scanning the business environment* 書中提出總體環境包括 PEST 四大項。 1. 總體環境（environment，或稱 institution） 1.1 政治／法律 1.2 經濟／人口 1.3 社會／文化 1.4 科技／環境	在 *IEEF* 期刊上論文 "Innovation characters and innovation adoption implementation：A meta-analysis of finding", pp.28 ～ 45 影響因素，以左述與下列三個英文字，TOE 1. 總體環境 2. 個體環境 2.1 供貨公司、勞工 2.2 替代品：外界壓力 2.3 本公司跟對手（rival） 2.4 潛在進入者 2.5 消費者：認知效益	在 *Eletrionic Marketing* 期刊上論文 "A cross-country investigation of the determinants of scope of e-commerce use: An institutional approach" • 10 國 • 2,139 家公司 • 採取多變量分析中集群分析 只有兩個變數不顯著 1. 公司規模，以員工人數衡量 2. 公司組織（企業文化）相容性（capability）
論文引用次數	—	4,620 次	588 次

1-7 SWOT 分析之機會威脅分析（OT analysis）II

——總體環境分析量表，數位經營是大勢所趨
——優勝劣敗，適者生存的數位達爾文主義

一、總體環境之四「科技／環境」

2007 年 6 月 29 日，蘋果公司推出螢幕驅動智慧型手機 iPhone 大賣，帶動 3G 手機迅速普及，消費者人手一支，「需求牽引」（demand-pull）各組織（政府、公司）數位經營。

二、總體環境之三「社會／文化」

2017 年，美國 46% 手機用戶説：「不能沒手機」。

- 時：2017 年 6 月，蘋果公司 iPhone 手機上市 10 週年。
- 地：美國。
- 人：皮尤研究中心（Pew research center），美國著名民意調查公司。
- 事：在 2016 年 9 月 29 日迄 11 月 6 日，對美國「成人」（18 歲以上）調查，77% 有智慧型手機。這調查有 10 項結果，第 10 項跟本書相關：有 46% 的人「could not live without」，54% 的人「not always needed」。

詳見 Andrew Perrin，"10 facts about smartphone as the iPhone Turns 10（歲）"，2017 年 6 月 28 日。

三、總體環境量表

由伍忠賢（2021）的總體環境量表（macro enviorment scale）來分析，以 2022 年為基礎（50 分），對零售型電子商務來説，往有利方面發售：2023 年 57 分、2025 年 60 分。

此表比重，各題分數如下：

第 1、2 題各占 5 分，基礎分 2.5 分，這是美國政府比較沒有產業政策，偏向自由經濟。

第 3 ～ 8 題，每題 10 分，基礎分 5 分。

四、數位達爾文主義（Digital Darwinism）：亞馬遜效應

數位經營比較有前途，這就造成數位達爾文主義，優勝劣敗，走入產業生命週期（industry life cycle）衰退期，單元 1-8 以美國百貨、書店業為例説明。

達爾文主義到數位達爾文主義

數位（digital） + 達爾文主義（Darwinism） = 數位達爾文主義

時	1994 年 7 月	1859 年 11 月 24 日	1999 年
地	美國華盛頓州	英國英格蘭	美國新英格蘭
人	傑夫．貝佐斯（Jeffrey P. Bezos,1964 ～）	查爾斯．達爾文（Charles Darwin, 1809 ～ 1882）	埃文．史瓦茲（Evan I. Schwartz, 1964 ～）
事	成立亞馬遜公司，掀起電子商務輾壓商店的亞馬遜效果	《物種起源》（*Origin of species*）	數位達爾文主義（Digital Darwinism）

美國電子商務（以零售型電子商務為例）總體環境

以 2022 年為基準年，從人口來說，2023 年人口 3.35 億人，比 2022 年 3.33 億人（5 分）多，故得 6 分。

總體環境	1 分	5 分	10 分	2023 年	2025 年
一、政治／法律					
1. 稅制	—	—	—	2.5	2.5
2. 政策（鼓勵）	—	—	—	2.5	2.5
二、經濟／人口					
3. 經濟				6	5
4.1 人口數（億人）	3.23	3.33	3.5	6	6
4.2 人口年齡	44 歲	40 歲	38 歲	8	9
三、社會文化					
5. 社會	—	—	—	6	7
6. 文化：手機娛樂消費方式	10%	30%	60%	6	7
四、科技／環境					
7. 科技					
7.1 資訊通訊：5G 手機普及	10%	50%	100%	6	7
7.2 外送的科技：無人車普及	1%	10%	20%	5	6
五、環境					
8.1 疾病（新冠肺炎）	20%	10%	0%	3	1
8.2 極端氣候	60 天	30 天	10 天	6	7
小計				57	60

Ⓡ 伍忠賢，2021 年 8 月 29 日。

1-8 美國網路商店重創美國書店業、百貨業

——亞馬遜效應貼切詮釋「數位達爾文主義」

1995年7月，美國亞馬遜公司上線賣書，立刻轉進CD、衣服，書是選購品、衣服是特殊品，消費者可以忍一天以上才會到貨。書是書店、衣服是百貨公司的基本產品，百貨業遭到零售型電子商店衝擊。170年歷史的行業邁入產業生命週期的衰退期，瀕臨絕跡。

一、2001年起，美國百貨業邁入產品業生命週期衰退期

隨著亞馬遜公司壯大，只花了5年便把170年的產業打到衰退期。

1. 百貨業：由右上圖可見，百貨業2000年產值2,325億美元高峰，從此一洩千里。2022年1,359億美元，只剩下高峰的六成，每年都有新聞報導那個城市的那家百貨店關門。
2. 特寫：龍頭公司梅西連鎖百貨公司（1830年成立）從2012年67家，減至2020年29家。

   2006年度梅西百貨年營收高峰370億美元，2014年股價高峰65.75美元；2023年度（2022.2～2023.1）營收253億美元，只剩下高峰時的68%，2022年股價跌至20.46美元。

二、2007年起，書店業邁入產業生命週期衰退期

網路商店（尤其是亞馬遜）打敗書店，在世界各國都是常態，從生活中便可看到街上的小書店一家一家關門，大書店（例如：美國巴諾、臺灣的誠品）也是。本單元以美國書店業為例說明。

1. 書店業：由右下圖可見，美國書店業營業額，2007年高峰171.7億美元，之後邁入衰退，2019年只剩下高峰時的四成，照這速度下去，2030年書店大概會絕跡。
2. 特寫：最大書店巴諾書店（1873年成立）

   看一個行業的龍頭公司會更有感，最大書店巴諾（Barnes & Noble），1997年上半年，公司跟美國線上公司（AOL）合作，也上網賣書，營收2012年達高峰，股價30美元，之後，公司營收衰退，2017年7月，公司求售。

美國百貨業與亞馬遜公司營收

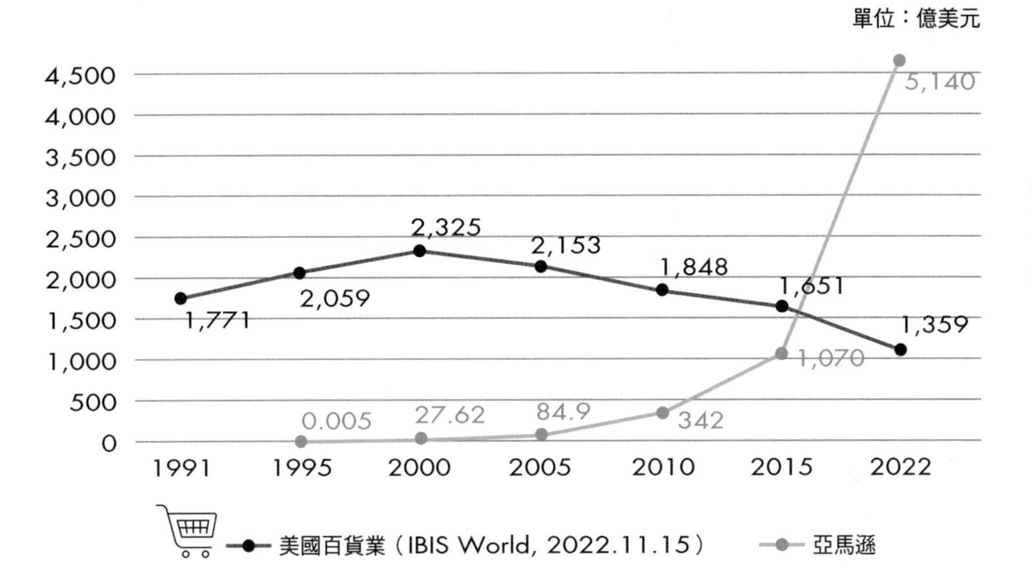

美國書店業與最大書店巴諾營收

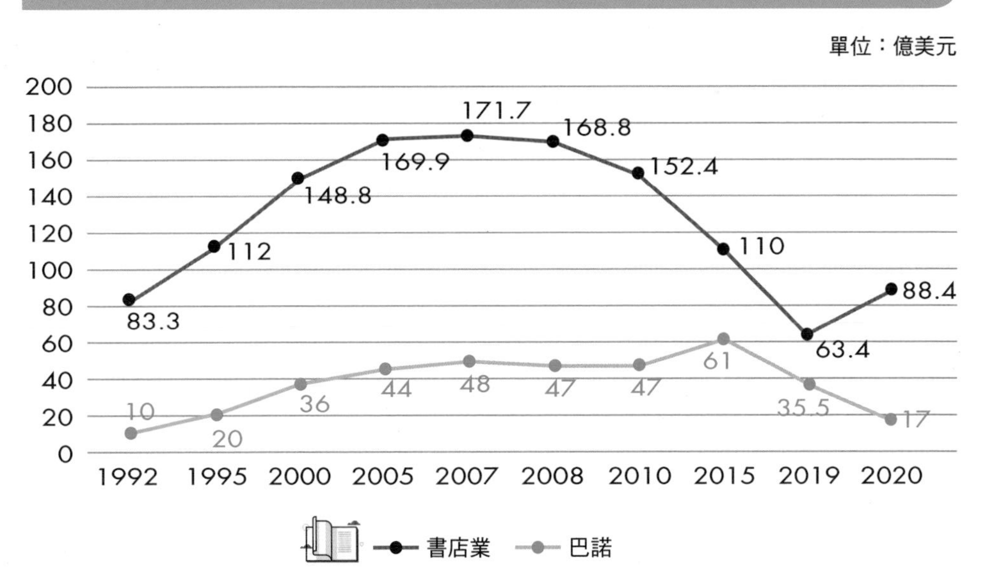

資料來源：整理自美國書店協會（American Bookseller Association）。

1-9 美國零售業各業態中，零售型電子商務市占率進程

——兼論美國零售業各業商店、網路商場龍頭

以 1995 年作為美國零售型電子商務的「元年」，只花了 25 年，便把綜合零售、專業零售業打到產業生命週期的衰退期，本單元說明。

一、以美國電動汽車滲透率舉例

美國純電動汽車三個魔術數字，簡單地說，大約 2040 年滲透率會破 50%。

二、全景：零售型電子商務滲透率

把零售型電子商務當「新產品」，套用產品週期理論衍生為產業生命週期理論（industry life cycle theory），有三個里程碑門檻是關鍵。

1. 導入期：1995 ～ 1999 年，滲透率到 1%
   一旦突破市占率 1% 門檻，商店會覺得遭受到威脅，考慮「以其人之道，反制其人之身」；網路潛在進入者「聞香下馬」。
2. 成長初期：2000 ～ 2009 年，1 ～ 4%
   4% 的市占率是第二個門檻，一旦突破 4%，便進入成長初期。
3. 成長中期：2010 ～ 2020 年 4.6 ～ 14%
   14% 的市占率是第三個門檻，這意味著舊產品、舊行業逐漸邁入衰退。
4. 成長末期：2021 ～ 2040 年，14.5 ～ 30%
   2021 年，零售型電子商務突破 14%；大約 2030 年會到達 30%。
5. 成熟期：2041 年起，30% 以上
   零售型電子商務無法完全取代商店，市占率 40% 可能是天花板。

三、近景：零售各業

依市占率分三個級距，零售型電子商務在各零售業情況如下。

1. 高滲透率 67% 以上：生活項目之五育的「書」、六樂的「影音產品」重量低於 5 公斤。
2. 中滲透率 34 ～ 67%：包括衣中「服飾」、樂中的「3C 產品、玩具」、其他類的「辦公設備與用品」。
3. 低滲透率行業 33% 以下。

四、特寫：各行業商店與網路商場龍頭

對於零售業各業態深入分析有興趣的人，可以挑下頁表中第六、七欄的商店、網路商場龍頭，進一步分析。

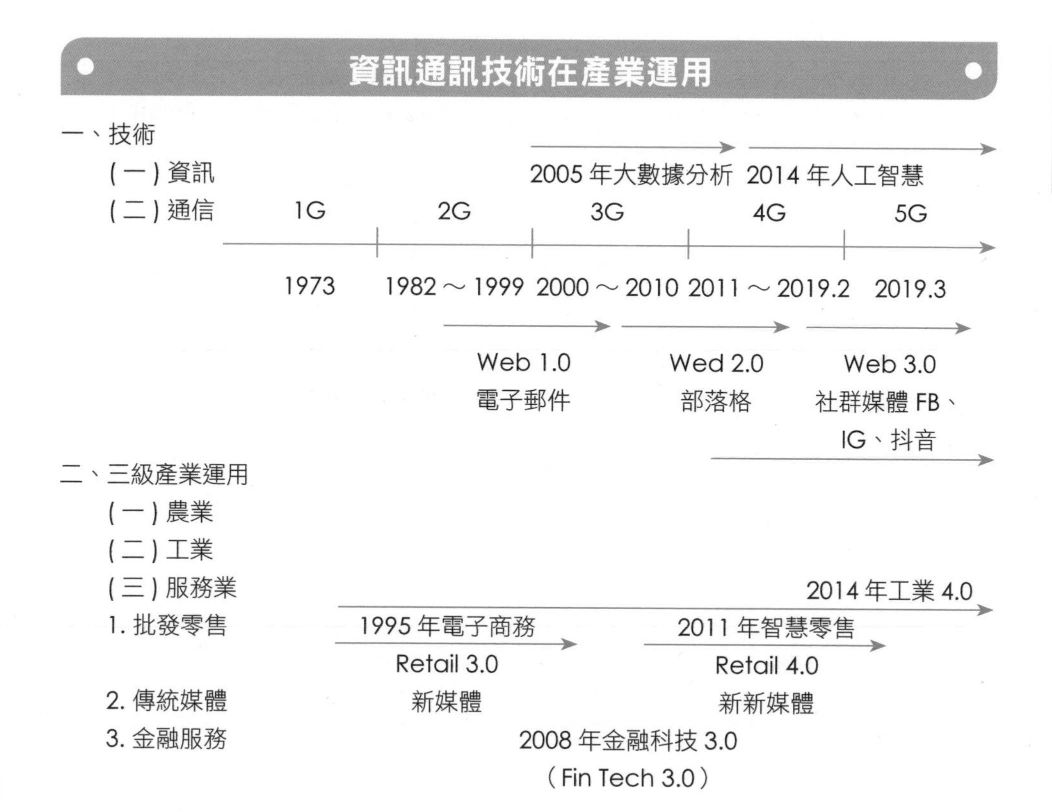

美國零售型電子商務市占率

單位：%

年	2009	2011	2020	2026 年 (F)	商店行業龍頭	網路商場龍頭
一、食						
(一) 食物和飲料	2.2	2.3	6.4	10.8	沃爾瑪（Walmart） 克羅格（Kroger）	Instacart Amazon Fresh
二、衣						
(一) 化妝品	—	—	3.4	4.9	絲芙蘭（Sephora）	Amazon
(二) 服飾	16.7	17.6	36.7	—	蓋普（Gap）	Macyscom
(三) 珠寶	—	—	17.8	29.5		Carana
三、住						
(一) 家具	7	7.3	29.9	—	家得寶（Home Deport）	Wayfair
(二) 電器設備	—	—	—	—	勞氏公司（Lowe's）	小產品 Etsy
四、行						
(一) 通訊	—	—	—	—	AT&T	Amazon
(二) 汽車與零組件	9.7	8.7	5.2	9.6	Auto Zone	eBay
五、育						
(一) 健康與個人照顧與美容	4.5	4.5	13	—	CVS Pharmacy 沃爾格林（Walgreen）	Instaflex
(二) 書、影音	8.6	8.9	62.7	—	巴諾	Amazon
六、樂						
(一) 3C 產品	21.4	21.6	49.5	—	百思買（Best Buy）	Amazon
(二) 玩具	3.4	3.4	47.8	—	玩具反斗城（ToysRus）	Amazon Toys
(三) 寵物產品				—	Petco Health & Wellness	Chewy（2011 年成立）
七、其他						
(一) 辦公設備與用品	3.8	3.6	39.3	39.9	赫爾曼・米勒（Herman Miller）	Office Furniture ZG
(二) 其他	22.6	22.1	22	6.1	史泰博（Stapler）	John Lewis & Parters

資料來源：eMarketer，2022 年 2 月，每年 9 月，修正版。

1-10 近景：美國零售型電子商務前十名

——創新擴散理論定義各公司的起跑點
——零售型電子商務市場的市場解構

中國大陸是全球零售型電子商務規模最大國家，美國是第二大，由於美國公司股票上市較多，資料較多，所以本節以美國來分析零售型電子商務的市場結構。

一、依時間順序排列

套用傳播業起源的「創新擴散理論」，分成五時期。

1. 創新者（innovators）占 2.5%：1995 ～ 1999 年，產業導入期
   創新者大都是新手，像 2003 年美國純電動汽車特斯拉，挑戰燃油汽車公司。
2. 早期採用者（early adopters）占 13.5%：2000 ～ 2010 年，產業成長初期
   以全球零售業龍頭美國沃爾瑪來說，2001 年度營收 191 億美元，成長率 15.76%，2002 年度 204 億美元，成長率 6.8%。2002 年沃爾瑪也推出「電子商務」，體會到「打不贏就加入」（join if you can not win）。
3. 早期大眾（early majority）占 34%：2011 ～ 2015 年，產業成長中期。
4. 晚期大眾（late majority）占 34%：2016 年起，產業成長末期。
5. 落後者（laggards）占 16%：2021 年起，產業成熟期。

二、依商店與網路商店區分零售型電子商務市占率

書中以 2022 年為例，零售型電子商務以賣家身分分成兩類：

1. 純電子商務公司市占率 55%，分成兩種：
   - 網路商場：包括網路商店，一般稱第三方賣家（the third party sellers）。
   - 直售型網路商店：主要是公司網站銷售。
2. 傳統零售公司市占率 45%。

美國 10 大零售型電子商務公司起跑點 2022 年市占率

時	1995～1999 年	2000～2010 年	2011～2015 年	2016～2022 年
角色	創新者（innovators）	早期採用者（early adopters）	早期大眾（early majority）	晚期大眾（late majority）
占比重	2.5%	13.5%	34%	34%
一、電子商務公司，2022 年市占率 55%	• 1995 年 7 月 5 日亞馬遜占 40.4% • 1995 年 9 月 3 日電子灣（eBay）市占率 3.5%	2002 年 8 月得利購（Way fair），賣家具、家庭設備，1.1%		
二、傳統零售公司，市占率 45%	• 1997 年蘋果公司 online store，3.9% 註：2001 年 5 月 19 日才開出實體商店 Apple store	• 目標 2.1%，百思買 2.2% • 沃爾瑪（Walmart.com）市占率 6.3%	• 2012 年精品包 Cavana，1.5% • 2013 年克羅格（Kroger），1.4%	• 2017 年 10 月好市多推出外送服務 Costco Grocery，500 項日用品。市占率 1.6%

資料來源：整理自美國紐約州 eMarketer 公司，資料時差 6 個月，2022 年 8 月 26 日。

零售業楚河漢界：沒有「全通路」或虛實整合這件事

兩種泛泛而論的用詞

一般人鬆垮垮的用詞，像在網路經營常碰到有下列兩種：

1. 全景：虛實整合（virtual & real integrates）
   線上，線下（online to offline 或 click and mortar）
2. 近景：全通路
   - 錯誤說法：全通路零售公司（omni-channel, retailer）
   - 正確說法：全溝通管道（omni-communication channel）

Chapter 2

數位經營對個人的重要性：工作、投資與生活

2-1 全景：政府、公司數位經營

——數位轉型只是過程

2009 年 11 月，全球第一支 4G 手機上市，2015 年起，智慧型手機成為個人生活一部分。2019 年 3 月起，第一支 5G 手機上市，更是加快數位科技（digital technology）設備的普及。全球各國政府、公司（甚至攤販）、公益組織（NGO）在網路（internet）或線上（online）或數位（digital）經營。

一、2022 年人手一支智慧型手機

4G 手機可以上網，對兒童到青年，可以打電玩，對所有人來說，可以上社群網站（IG、Meta、抖音），對大人來說，可以叫車、點外送。全球智慧型手機普及率（penetration rate，滲透率）很快拉高，由右圖可見，以全球人口來說，在 2015 年 25.7%，到 2016 年近 50%，每二個人便有一支，2023 年預測 80.7 億人、85.75%。

非洲、南亞、中南美洲等新興國家近 30 億人，主要使用兩種智慧型手機：工業國家人民的二手機和低價手機（印度有陽春型智慧型手機，30 美元）。

二、數位經營是「必須作的」

人手一機，這龐大的商機，拉動「法人」必須數位經營，下列調查是在美國作的，2011 年時，智慧型手機滲透率 28%。

- 時：2013 年 10 月 7 日。
- 地：美國麻州劍橋市。
- 人：美國麻州理工大學、法國凱捷顧問公司（Capgemini）。
- 事：在麻州理工大學出版 *MIT Sloan Management Review*（可視為哈佛大學《哈佛商業評論》月刊對手）上文章“Embracing Digital Technology：A New Strategic Imperative”，450 家公司，1,559 位受訪者，五個關鍵數字中第一個是 78%，認為數位轉型「至關重要」（important）。

三、網路經營主體：二大類，法人與自然人

1. 法人（法人是本書的焦點）
   - 公法人：包括右下表第二欄中第三中類，常見的政府，從中央政府到村里幹事，都透過網路（尤其手機 LINE 群組）經營。

- 私法人：由表第二欄可見，私法人分兩中類，其中營利社團法人（公司、商號）是本書重點。

2. 自然人：自然人也經營網路，例如：個人式的零售型電子商務，大部分「直播主」經營「元」（Meta，2021年10月30日臉書公司改名）等社群媒體，打造個人形象，以求業績、交友等。

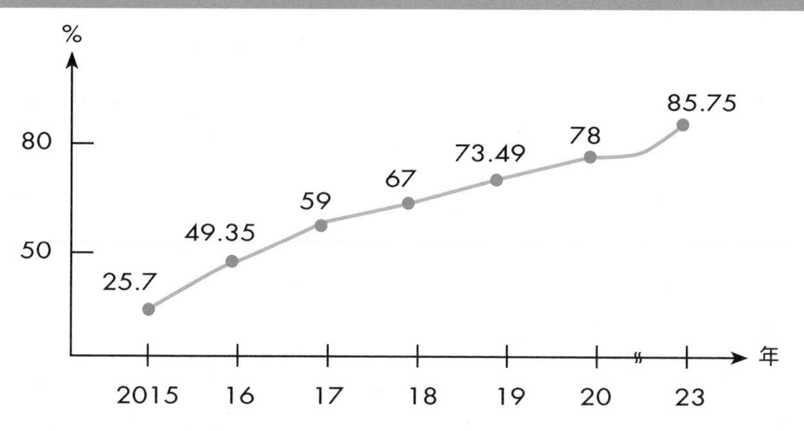

個人與法人的數位轉型、成熟後

大分類	中分類	主題型	數位轉型（transformation）	數位成熟後
一、法人（juridical person）	（一）公法人 1. 政府（government） 2. 行政法人 3. 公法社團、財團、公共營造物	（一）第一部門 公益部門	digital government transformation	數位行政（digital administration 或 government 或 e-Government）
	（二）私法人 1. 社團法人 (1) 公益社團法人（nonprofit）	（二）第三部門、社會部門或非政府組織（NGO）	nonprofit digital transformation	
	(2) 營利社團法人 • 公司（company） • 商號等	（三）第二部門	association digitalization digital transformation company	digital business management
	2. 財團法人		digital transformation in the social sector NGO digital transformation	
二、自然人（natural person）				

2-2 近景：公司網路經營方式

任何法人網路經營，一定有個網路「平台」（platform），最常見的硬體是伺服器，由網路平台為基礎的商業交易合稱「平台經濟」（platform economy），在網路經營時代，以服務業來說，依交易標的是產品或服務，分成兩種經營方式（business model），本單元說明。

一、全景

伍忠賢（2021）以「網路下單，外送交貨」的網路經營占營收比重三分法。

1. 網路經營營收占營收 67% 以上
   稱為純粹網路經營 pure player 或 pure play disruption。
2. 網路經營營收占營收 34 ～ 66%
   這又稱為「虛實整合」等，但實務上幾乎不存在。
3. 網路經營營收占營收 33% 以下
   傳統經營公司，這主要指「實體」商店（brick-and-mortar，磚和水泥漿）。

二、近景一：商品交易，以零售型電子商務為例

電子商務（electronic commerce 或 ecommerce）這可分二大類。

1. 中間品的網路交易，稱為「企業對企業電子商務」（business to business e-commerce, B2B）。
2. 消費品的網路交易，稱為「零售型電子商務」（retail ecommerce 或 business to consumer ecommerco, B2C），這是本書重點。

三、近景二：服務業中的服務稱為「訂閱」經濟

1. 訂閱經濟（subscription economy）
   數位商品（digital product），以每月訂閱為主，俗稱「訂閱經濟」，常見的如右表中所述，這字在商品方面稱為「預先購買」。
2. 訂閱經濟下分支共享經濟（sharing economy）
   以住、行為例，租旅館、租計程車，皆有共享平台（sharing platform）仲介。

美中實體商店與電子商務第一名公司比較

國家	中國大陸		美國	
經營方式	傳統	平台經濟	傳統	平台經濟
一、生活項目				
(一)食				(一)零售型電子商務
1. 零售商店	永輝超市	天貓商場	沃爾瑪、百勝、好市多	亞馬遜
2. 餐廳飲料業	百勝控股	美團外賣		星巴克
(二)衣				
1. 百貨公司	華潤萬家	京東、唯品會	梅西百貨	Macy's.com
2. 服裝店	愛迪達		耐吉	第二名是亞馬遜
(三)住				
1. 房屋仲介	恆大集團(Evergrande)	鏈家(Lianjia)	Realogy	Zillow
2. 旅館	錦江國際集團	途家(Tujia)	萬豪國際(Marriott)	
				(二)共享經濟(sharing economy)
				Airbnb
				New Egg
3. 家電	海爾集團	京東	百思買	
(四)行				
1. 通訊	中國移動	微信公司	AT&T	What's App
2. 出租、計程車	神州租車	滴滴出行	艾維士(Avis)	優步
			西維斯健康	來福車(Lyft)
(五)育	海王星辰	111(1藥網)	(CVS Health)	
(六)樂				(三)訂閱經濟
1. 文				(subscription)
• 報紙	人民日報	China Daily		Yahoo News
• 週刊	讀者文摘	Duzhe	紐約時報	WebMD Magazine
2. 音		(讀者,半月刊)	時代雜誌	
• 錄製音樂	太合麥田	騰訊音樂		思播(Spotify)
• 廣播	中央廣播		環球音樂、華納音樂	The Joe Regan
			CBS	experience
3. 影	電視總台	優酷		
• 電視第四台	同上	芒果 TV		網飛(Netflix)
• 電影	中國電影	愛奇藝	康卡斯特(Comcast)	
• 其他	集團公司	騰訊視頻	迪士尼	
4. 遊戲		騰訊	微軟遊戲工作室	蘋果 App store
二、金融服務				
(一)銀行	工商、建設、中國、農業	微眾銀行	美國銀行(BOA)	艾利銀行(Ally Bank)
				Varo
(二)保險	中國人壽	騰訊微保、螞蟻保險	大都會人壽(MetLife)	Sproult
(三)證券	中信證券	富途證券(Futu)	美國國際集團(AIG)	Ameritrade
1. 證券	招商銀行	華夏基金	摩根士丹利	TD
2. 財富管理			高盛	羅賓漢公司

2-3 學習公司數位經營的效益：就業

——大學管理、資管學院開授數位相關課程

政府、公司、公益組織都轉向網路經營，最簡單的便是「網站的網頁」，每天由「網路小編」（Web editor）即時更新網頁內容，並且跟網友互動。

利之所在，勢之所趨。2010 年起，全球許多大學院系都開出網路課程，這不包括「線上教學」（online education 或 course），而是指像開授數位行銷管理、數位設計等有關數位課程，本單元說明。

一、總體環境之四「科技／環境」對個人就業的衝擊

1. 進步太慢，就是落伍
   各種新聞隨時都在報導人工智慧、工業自動化會取代全球多少勞工的工作，2019 年 6 月，英國倫敦市的牛津經濟公司（Oxford Economics）是較普遍引用的研究報告。
2. 這種新聞，不用看也知道
   2021 年 7 月 26 日，美國財經網站 CNBC 報導，根據公益就業組織 Generation 的報告，企業在新冠肺炎疫情期間，快速採用數位技術，加速工作自動化現象，在全球失業危機中，年齡介於 45 歲到 65 歲的族群首當其衝，這份研究於 2021 年 3 月到 5 月間進行，調查七國。

公司擔心年長員工不願意嘗試新技術（38%）、無法學習新技能（27%），及難以跟其他世代的人合作（21%），有 73% 以上受訪者表示，參加職業訓練有助於找工作。

二、近景：大學各系都在開授數位課程

針對上述觀察，英美許多學校都開網路課程，以管理、商學院來說，每系至少一門課冠上「數位」名稱，詳見右頁表。

三、特寫：公司數位轉型的網路課程

以英國劍橋大學來說，針對公司數位經營的課程如下：

- 時：2023 年 4 月 8 日迄 5 月 8 日，每週上課 4 ～ 6 小時。
- 錢：學費 2,000 美元。
- 貨：8 種課模組（module），例如：5、6「生態系統」，7、8「經營方式」。

數位科技對就業衝擊的重要文章

時：2019 年 5 月

地：英國英格蘭考文垂市

人：Christopher Washurst 與 Wil Hunt，前者是華威（Warwick）大學就業研究所所長，後者是研究員

事：在歐盟理事會訂下的科學與知識服務委員會下之一「聯合研究中心」（joint research centre, JRC），旗下之一對「勞工」，教育和科技的報告系列之一「The digitalisation of future work & employment “possible impact & policy response”」，共 50 頁

公司功能部門與大學系所的數位課程

損益表	公司功能部門	大學系所	數位經營課
營收	業務部	企管系	數位經營管理
－營業成本		國際企業管理系	（management）
• 原料	採購部		數位採購
• 直接人工	製造部	工學院	數位生產管理
• 製造費用		工業工程管理系	數位作業管理
			數位品質管理
＝毛利			數位運籌管理
• 研發費用	研發部	科技管理研究所	數位研發管理
			數位版權管理
			數位資產管理
• 管理費用	人力資源部	人力資源管理系	數位人力資源管理
	資訊管理部	資訊管理系	數位資訊管理
	其他功能部		
• 行銷費用	行銷部	行銷管理系	數位行銷管理
			數位顧客關係管理
			數位銷售
＝營業淨利			
＋營業外收入	財務部	財務管理系	數位財務管理
支出淨額		同上	數位風險管理
＝稅前淨利			
－公司所得稅	會計部	會計系	數位會計
＝淨利			

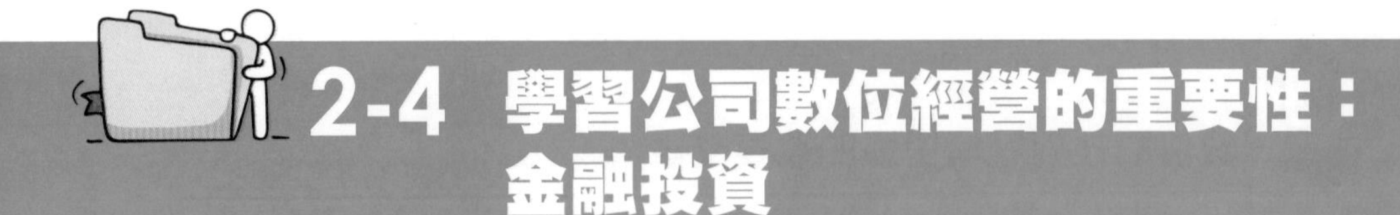

2-4 學習公司數位經營的重要性：金融投資

——兼論美國波克夏公司科技類股持股比率沿革

十年河東，十年河西；長江後浪推前浪，這些俚語皆說明「科技／環境」等總體因素會在產業生命週期中「新陳代謝」，以 2022 年來說，美國流行的股票有：

- 數位科技中第 1C 資訊科技所衍生的「元宇宙」（meta universe）商機。
- 數位科技中第 2C 通訊科技所帶來的 5G 手機、物聯網（車聯網只是其中之一）。
- 第 4C 的電動汽車，尤其是汽車自動駕駛。
- 生物科技的新冠肺炎疫苗等。

本單元說明數位科技帶來的「數位行業」等概念股（themed stock），不見得是這名稱，但你一定到處聽過本單元相關名詞。

一、近景：數位經營相關類股：三大類

數位「經營」（或轉型）行業組成數位行業（digital industry），依擴增版一般均衡架構，分成三大類。

1. 「轉換」中三級產業之服務業旗下的資訊、通訊服務業，右表中第一欄分成資訊、通訊兩中類，占數位產業產值 29%。
   - 資訊公司：由表第一欄可見，由低往高排列。
   - 電信公司：主因是電信公司切到「基礎設施即服務」（IaaS）。
2. 「轉換」中服務業中的專業服務業，表中第二欄，占產值 1%。
3. 商品市場中：以家庭消費者為例，表中第三欄，占產值 70%。
   - 商品：分成實體商品與數位商品。
   - 服務：如金融服務、政府服務。

二、特寫：創新擴散模型中的落後者

以 1962 年羅傑斯（Everett Rogers, 1931 ～ 2004）的「創新擴散」模型（Diffusion of innovations）來說，93 歲的美國股神華倫．巴菲特（1930 ～），在科技類股的投資可說是「晚期大眾」甚至「落後者」（laggard）。

1. 2015 年以前，波克夏公司向來專注於投資傳統經濟支柱產業，包括鐵路、

石油、保險，家居及零售業，2011 年買 IBM 股票，因此錯過不少出現股價漲勢凌厲的標的，例如：亞馬遜。

2. 2016 年是分水嶺

自 2016 年第一季開始，買進蘋果公司股票，波克夏會改變投資組合，可能是巴菲特欽點的投資大將庫姆斯（Todd Combs, 1971 ～）和韋施勒（Ted Weschler, 1962 ～）一手執行。

3. 2023 年 2 月 14 日，科技類股持股比率 40%

根據 Insiderscore 網站，波克夏公司股票投資組合的科技股比重已升至 40%，主因是持有大量蘋果公司（占 38.9%）、台積電股票。

數位經營相關類股

資訊、通訊服務業	專業服務業	商品市場
由低往高排列 四、廣義 資訊技術管理	一、生產函數 (一) 公司流程 （business process）	一、商品 (一) 實體商品 1. 消費品
三、軟體開發 1. 擴增實境	1. 公司流程服務 2. 業務流程外包 （business process outsourcing, BPO）	2. 電子商務 零售型電子商務 （retail ecommerce）
二、硬體主機 1. 雲端基礎設施計算 2. 雲端計算 3. 雲端運用	(二) 生產 1. 工程服務 （engineering service）	(二) 數位產品 1. 音樂、影集 2. 元宇宙 （meta universe）
一、資料 (三) 資訊安全 1. 個人資料保護 2. 網路安全 （cybersecurity）	2. 行銷面 行銷科技 （marketing technology） 二、行業 (一) 金融科技 （financial technology, FinTech）公司	二、服務 (一) 銀行 1. 銀行 3.0 2. 純網路銀行
(二) 資訊治理 1. 法令遵循 2. 其他 (一) 大數據 （big data）	(二) 零售科技 （retail technology, RetTech）	（pure internet bank） (二) 政府服務
占營收比重 29%	1%	70%

2-5 公司數位經營程度衡量

溫度有攝氏、華氏兩種衡量方式，許多度量衡都有公制、英制等差別。公司數位經營程度有許多作文比賽的名詞，從其他領域拿個慣用字，在前面加上「數位」，依英文順序如下。

- 數位成熟程度（digital maturity）。
- 數位智商（digital quotient）。
- 數位準備程度（digital readiness）。

一、三級

三分法最好區分，有二種衡量方式。

1. 單一指標

   美國商務部標準「網路下單」、伍忠賢（2021）採取「網路下單，外送」營收占公司營收比率，區分為三級，詳見右表第一欄。

2. 綜合指標

   綜合指標是把二個以上指標（加權平均）計分，以免「一葉落而知秋」，其中比較著名的是美國波士頓顧問公司，詳見右頁下方的小檔案。太多指標下，有些指標（例如：股票未上市公司）資料不夠，無法評比。

二、美國波士頓顧問公司數位加速指標

調查結果由表第五、六欄可見，波士頓顧問公司把 10 個行業的數位經營程度分在低中高三個級距中。

三、六級「專家—表演者」方法

把公司依「專家—表演者」方法（expert-performer approach）分 6 級，這方法來自於：

- 時：1946 年。
- 地：尼德蘭（2020 年前舊稱荷蘭）。
- 人：Adriaan D. de Groot。
- 事：出版書籍 *Thought and Choice in Chess*（1978 年英文版），這是他 1938 年作的實驗，以西洋棋手段數跟比賽勝負關係，把棋藝分成 6 等級。1956 年，美國人 B. T. Bailey 運用於護理師專業程度對病患痊癒的影響，後來，擴大到運動等領域。

公司數位經營程度分類

(一)伍忠賢	大分類		六中類	10 個行業	生產方式
	(二)波士頓	(三)其他公司用詞			
三、數位經營公司 67%(以上)	三、仿生公司(bionic company)	三、成熟中(maturing)又稱 digital savvy 又稱電子商業(click business)	6. 表演級、演員(performer)	科技電信	最佳化(optimization)
			5. 專業級(expert)	金融業(銀行與證券)	
二、混合經營公司 34～66%	二、數位「精通」(proficiency)	二、發展中(developing)又稱為滑鼠加水泥(click & mortar)或磚塊加滑鼠(brick & click)	4. 老經驗(experience)	工業品公司	自動化(automation)
			3. 中等程度(intermediate)	消費品醫療零售	
一、傳統公司 33%(以下)	一、數位「落後」(laggard)	一、早期(early)常稱為實體商店(brick-and-mortar)	2. 初學者(beginner)	媒體與娛樂	手工(manual work)
			1. 門外漢(outsider)	政府服務能源	

美國波士頓顧問公司數位經營調查

時：2021 年 6 月 23 日
地：美國麻州波士頓市
人：美國波士頓公司數位合夥人 Michael Grehe 等，合作單位新加坡資訊通訊媒體發展局(Infocomm media development authority，IMDA)
事：(Digital Acceleration Index, DAI) study

- 地理範圍：歐、亞洲、美國、中國大陸
- 調查對象：10 個行業(詳見上表第五、六欄)，2,300 家公司
- 調查期間：每年 1～2 月
- 數位加速指標：有 9 個關鍵績效指標
  1. 投入：數位專案的投資報酬率
  2. 轉換：省略
  3. 產出：經營績效，營收成長率、股票市值(enterprise value)

2-6 公司數位經營程度第二種衡量方式：以行銷組合來看

——思播 **97**、亞馬遜 **82**、星巴克 **40**

本書主軸是公司數位轉型，一般書的習慣是找個著名協會，例如：美國管理協會（American Management Association International, AMA），或權威學者，套用其定義，我們以谷歌搜尋，當我看了下列二個常見的定義，大抵可說「不知所云」。

在本單元中用文字、量表方式定義（define，即說明其範圍）公司數位營運，而公司數位「轉型」只是由傳統到數位營運「轉大人」的過程。

一、組織數位轉型的第一種定義：文字

組織數位轉型（organization digital transformation）是指「組織以網路方式營運」，這9個字，由右圖可見，說明如下。「組織」以商業組織的公司為例：

1. 公司「數位轉型」（digital transformation）的必要條件：公司採取數位科技（digital technology）在網路上營運，以全球第四大顧問公司美國芝加哥市的麥肯錫（McKinsey & Company）2018年調查，使用率超過50%的數位科技有：大數據分析、雲端運算、顧客服務App等。
2. 顧客方面的充分條件是數位顧客體驗（digital user experience）：消費者必須透過數位裝置（digital device，80%以上是3G以上的手機），跟公司「互動」，這包括圖中五種「流」（flow）的一部分或全部。

二、公司數位轉型的第二種定義：公司數位經營程度

全球從2009年11月4G手機起，公司逐漸提升網路經營程度，各行各業只是程度差別罷了，以伍忠賢（2021）「公司數位營運程度量表」（digital business operations scale）來衡量。

主要架構，資訊流等五流：其中四流是零售業一定會講到的，少數學者加上「生產流」（material flow）由原料變成產品，甚至用智慧製造（smart production）程度衡量。

三、量表、運用

- 思播公司（Spotify）數位營收97%，得97分，全球「串流音樂」（屬於數位內容行業）霸主。

- 美國亞馬遜公司數位營收 96.3%（3.7% 來自全食超市等商店），其中全球零售型電子商務（retail ecommerce）占 66.4%，數位經營程度 82 分。
- 美國星巴克公司顧客 40% 用行動裝置下單、付款，數位經營程度得 40 分，星巴克是全球餐廳飲料業的二哥。

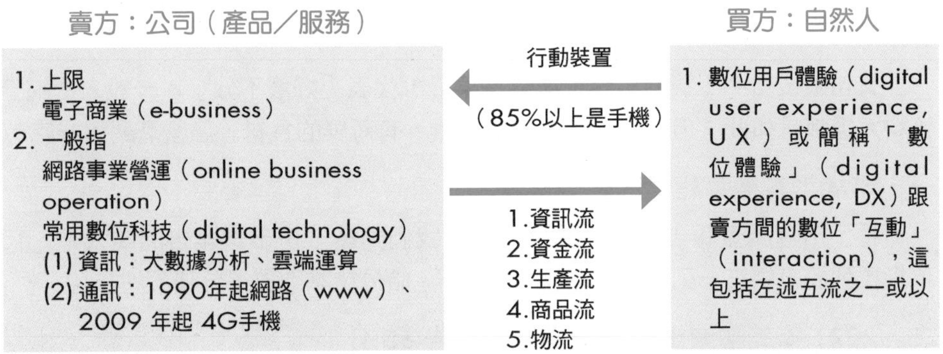

賣方：公司（產品／服務）

1. 上限
   電子商業（e-business）
2. 一般指
   網路事業營運（online business operation）
   常用數位科技（digital technology）
   (1) 資訊：大數據分析、雲端運算
   (2) 通訊：1990年起網路（www）、2009 年起 4G手機

行動裝置
←
（85%以上是手機）
→
1.資訊流
2.資金流
3.生產流
4.商品流
5.物流

買方：自然人

1. 數位用戶體驗（digital user experience, UX）或簡稱「數位體驗」（digital experience, DX）跟賣方間的數位「互動」（interaction），這包括左述五流之一或以上

公司數位經營程度量表

交易階段	項目	1分	5分	10分	星巴克	亞馬遜	思播
一、交易前	1. 數位廣告占廣告比率	10%	50%	100%	7	9	10
(一)資訊流	2. 電話客服中心聊天機器人占比				3	8	9
（information flow）	3. 人員銷售				4	9	10
二、交易中	4. 店內環境、服務數位化比率	10%	50%	100%	4	9	10
註：數位體驗（digital experience）	5. 顧客電子支付占比率	10%	50%	100%	3	2	9
	6. 公司自動化生產程度	10%	50%	100%	4	9	10
	7. 顧客電子下訂單比率	10%	50%	100%	4	8	10
(一)資金流（cash flow）	8. 商品／服務交付方式	本店取貨	到他店取貨	宅配取貨	1	9	10
(二)生產流（material flow）	9. 顧客忠誠計畫（集點送／數位化）	10%	50%	100%	5	10	10
(三)商品流（product flow）	10. 售後服務與客訴（數位化比率）	10%	50%	100%	5	9	9
(四)物流（logistics flow）							
三、交易後							
小計					40	82	97

Ⓡ 伍忠賢，2022 年 4 月 10 日。

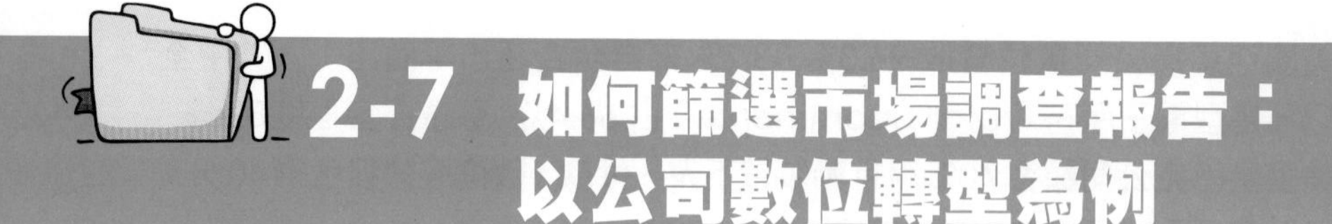

2-7 如何篩選市場調查報告：以公司數位轉型為例

——量表說服力：麻州理工大學 **77** 分、波士頓顧問公司 **68** 分

有句歇後語：「撿到菜籃子裡都是菜」，代表「好壞不分」。一般人上網查資料大抵都是如此；但是好廚師會精挑細選，有新鮮的食材，怎麼烹調都好吃。

一、市場調查參考程度的經分量表

看了市場調查報告，久病成良醫，把我們判斷一份市調報告的四大類、10 項指標列於表中第一列，各項占 1 ～ 10 分，給分標準列於得分項下。

二、2021 年美國波士頓顧問公司的報告 68 分

由右表第五欄可見，波士頓顧問公司在公司數位轉型的調查價值約 68 分，其中有兩項 2021 年起分數大幅提升。

第 5 項：受訪公司數 10 分；2020 年以前 450 家，2021 年起 2,300 家。

第 7 項：受訪人員 10 分；2020 年以前僅調查 825 位中高階主管，2021 年擴大到 5,000 位主管和員工。

三、2022 年美國麻州理工大學的報告 77 分

由表第六欄可見，麻州理工大學子公司科技評論洞見公司，針對全球 600 家科技領先公司每年 3 月所作的「MIT Technology Review」，6 月刊出在大學的《史隆管理評論》上，此報告的可信賴程度頗高，77 分。僅有一項低於 5 分，即第 10 項報告的清楚程度，比較少用百分比的統計推論、分析等。

全球公司調查參考程度量表：以公司數位轉型為例

大／小類	1分	5分	10分	波士頓（BCG）	麻州理工大學
一、時					
1. 調查歷史	2年	10年	20年	6	5 ＊2011年起
二、地					
2. 國家數	2國	50國	100國	4 ＊29國	10 ＊2017年117國
3. 占全球總產值比率（%）	18%（中）	42%（美中）	52%	9	10
三、人					
4. 行業數	2	10	20	5 ＊10個行業	10 ＊29個行業
5. 公司數	100	300	500	10 ＊2,300家	10 ＊共1,500家
6. 公司代表性（年營收億美元）	1	10	100	3	5
7. 受訪中高階主管人數	500人	1,500人	3,000人	10 ＊5,000人	5 ＊1,559人
四、事					
8. 市調公司全球排名	10名以前	6～10名	前50名	6 ＊全球第五大	10 ＊2017年起跟勤業眾信
9. 訪問方式	網路問卷	網路為主人員為輔	人員訪談	5 ＊50人人訪，資訊長、轉型	8 ＊人員訪問450位
10. 報告清楚程度	僅排序		有%比	10	4
小計				68	77

Ⓡ伍忠賢，2022年1月20日。

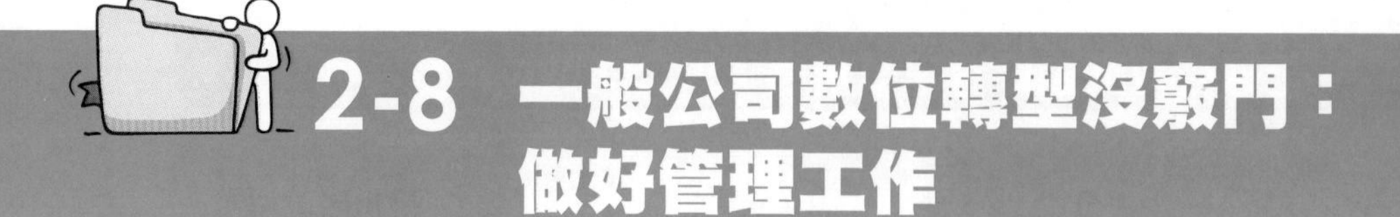

2-8 一般公司數位轉型沒竅門：做好管理工作

每次流行個企業管理觀念，便有一堆顧問公司、學者作調查，說明成功、失敗執行公司的差異，令人目不暇給。當你看了 30 年，會發現「太陽底下沒有新鮮事」。套用我的說法「天下沒有那麼多學問」。本單元以管理活動「規劃－執行－控制」把麥肯錫等三家（另兩家：波士頓顧問公司、麻州理工大學）的公司數位轉型成功要素，詳見下文。

一、第一次修辭策略：1980 年，成功企業 7 要素（7S）

- 時：1977 ～ 1982 年。
- 地：美國伊利諾州芝加哥市。
- 人：湯姆・彼得斯（Tom Peters, 1942 ～）與沃特曼（Robert H. Waterman, J., 1936 ～），麥肯錫公司員工。
- 事：這是 1977 ～ 1979 年麥肯錫公司兩個研究計畫之一，由兩位同事負責小計畫，1982 年出書《追求卓越》（*In search of excellence*）。書中成功企業 7 要素基於修辭策略，湊成 S 開頭，簡稱麥肯錫 7S 架構（McKinsey 7S）。

二、2002 年，回歸基本

2002 年，伍忠賢在《策略管理》（三民書局）中以一節五頁篇幅，依管理活動「規劃－執行－控制」，把麥肯錫公司 7S 重新歸類，7S 指的是規劃、執行的七小類活動，遺漏了「控制」兩小類：績效衡量、修正。

三、第二次修辭策略：2017 年，公司數位轉型的竅門

由下文可見，麥肯錫公司針對公司數位轉型調查的結論很直白，本單元整理如下。

1. 策略
   - 數位路徑圖：例如：本書單元 9-6 星巴克、麥當勞的數位路徑圖。
   - 數位生態系統：例如：美國迪爾（John Deere）公司、挪威 Schibsted 公司。
2. 組織設計
   - 長期正式：成立卓越作業中心（center of excellence）。

- 非正式：俗稱「平台」合作模式（platform cooperation modes）。
- 主管：例如：2012.3～2016.9 星巴克的數位長一職。

3. 用人
   - 例如：美國寶僑（P&G）搜尋業務招募人員，曾跟谷歌公司「人員交換」。
   - 跟資訊通訊技術結合，俗稱「員工—科技擴增」。
   - 提升「人員能力」（human capacity）（human-tech augmentation, HTA）。

公司數位經營成功的七要素：麥肯錫顧問公司 7S

管理活動（7S）	麥肯錫公司調查結論	說明
O、目標 一、規劃 (一)策略 （strategy）	1. 數位策略（digital strategy） • 數位路徑圖（digital roadmap） • （數位）生態系統 （digital ecosystem sharpe）	例如：本書單元 9-6 星巴克、麥當勞的數位路徑圖 例如： • 美國迪爾（John Deere）公司 • 挪威 Schibsted 公司
(二)組織設計 （structure）	1. 部門 • 長期正式 數位業務部 • 非正式 數位經營委員會 2. 主管 設立數位轉型長 （chief digital transformation officer）	成立卓越作業中心 （center of excellence） 俗稱「平台」合作模式 （platform cooperation modes） 例如：2012.3～2016.9 星巴克的數位長一職
(三)獎勵制度 （reward system）	1. 衡量（資訊通訊）技術能量 （technology capacity） 2. 資訊通訊技術投資	

管理活動（7S）	麥肯錫公司調查結論	說明
二、執行 (四)企業文化（shared value）	1. 快速、敏捷的企業文化 • 實驗一學習（test-and-learn） • 這是軟體發展過程方式，運用於公司一些，尤其是產品 2. 合作的（collaborative） • 跟外界（例如：生態圈）合作 • 公司內部合作 3. 願意冒險（appetite for risk）	
(五)用人（staffing）	1. 人員招募	例如：美國寶僑（P&G）搜尋業務招募人，員曾跟谷歌公司「人員交換」
	2. 人員訓練 3. 職涯發展	提升人員能力（human capacity）跟資訊通訊技術結合，俗稱「員工一科技擴增」（human-tech augmentation, HTA）
(六)領導型態（style）	1. 數位領導（digital leader） 部門主管是關鍵 2. 數位能力（digital competency）	
(七)領導技巧（skill）	—	
三、控制	1. 即時控制（real time monitoring）	

Ⓡ伍忠賢，2022年2月10日。

2-9 公司為何、何時聘請企管、資訊顧問公司

大約 1075 年宋神宗期間，在河南省開封市，王坡賣哈密瓜，自己種瓜自己賣，而且還叫賣自己瓜甜。宋神宗吃了，說：「老王自誇的有理，誇的實在」。

2010 年起，政府、公司大幅數位經營，從傳統到網路經營，不只是推出幾個顧客行動 App、找幾位小編架設公司網站就可以。有許多企管、資訊公司「老王賣瓜，自賣自誇」，最常見的廣告訴求便是「作一個調查，指出多少公司自認數位經營未達目標」，然後主張公司數位轉型有 40% 失敗，建議公司找高人「指點迷津」。

筆者作事、治學的基本原則之一是「回到基本」（return to basics），數位經營（其中過程稱數位轉型）是公司經營方式改變，以下先拉個全景來看公司為何、何時聘用顧問公司。

一、全景：公司為何聘用顧問（公司）

我們可以在谷歌下找「公司為何聘用顧問公司？」有許多文章，大同小異，有二篇代表。

1. 2014 年 9 月 18 日，Ecommerce management cooperative 公司總裁（2020 年 1 月起）Jeffry Graham 在領英（LinkedIn）上文章 "Top 10 reasons organisations hire consultant"（公司聘請顧問 10 個理由）。
2. 2020 年 1 月 31 日，Grayson Kemper 在 Berch 公司網路上文章 "when and why to hire a business consultant"（為何與何時聘請顧問）。

8 或 10 個理由，大抵你都可想得出來，套用問題解決三步驟，找出問題、構思解決之道、協助解決，顧問大都有專業、公正、客觀、沒有包袱等優勢。

二、美國預測指數公司調查

全球有幾家公司，每年會進行公司需要的顧問服務項目調查，其中「美國預測指數公司」及「每年公司執行長標竿執行報告」（詳見小檔案）許多公司引用，調查結果詳見表。

美國預測指數（The Predictive Index）公司

成　立：1955 年
住　址：美國麻州諾福克縣韋斯特伍德（Westwood）鎮
董事長：總裁 Daniel Muzquiz（1972 ～），2015 年起
母公司：鳳凰策略投資公司（Phoenix Strategy Investment）
商　品：人才評測工具 PI 行為驅動調查（The Predictive Index Behavioral Assessment），69 種語言，信度 0.85，只須 5 分鐘便可測驗出員工相關能力、性格等
客　戶：全球 500 大公司中有四成採用，像新加坡星展銀行 MAP 線上測驗
員工數：201 ～ 500 人

每年公司執行長標竿執行報告（Annual CEO Benchmarking Report）

調查機構：The Predictive Index 公司
調查期間：每年 1 月
調查對象：美國公司（員工人數 25 ～ 1,000 位）董事長或總裁，即執行長
調查報告：3 月公布，約 30 頁

公司聘請顧問公司主要項目

單位：%

組織層級	2018 年	2019 年	2020 年
一、董事會			
二、總裁			
(一) 策略			
1. 策略發展	74	39	53
2. 策略監督	—	9	—
(二) 風險管理與法令遵循	43	—	—
三、功能部門			
(一) 核心部門			
1. 研發			
2. 生產	54	16	20
3. 銷售與行銷			
• 預測市場	—	3	—
• 競爭者分析	—	3	—
(二) 支援功能			
1. 人力資源	61	30	17
2. 財務	34	—	—
3. 資訊	—	—	—

2-10 公司數位經營的顧問公司

——全球十大管理、科技顧問公司

大船入港要靠引水船的引水人，公司數位經營也有外界企管、資訊顧問公司指點迷津。

一、公司數位轉型成功比率的調查

由下表可見，有關公司數位轉型成功目標的文章。

1. 美國波士頓顧問公司的調查

   有關公司數位轉型成功比率有多少？有些公司在作，比較有名的是全球第五大顧問公司美國波士頓顧問公司的公司調查，重要結論如下，以公司數位轉型目標來說：30% 成功、44% 普通、26% 未達標。

2. 世界經濟論壇

   2019 年 7 月，美國麥肯錫公司的數字是「3% 公司成功」，這結論許多企管、資訊公司喜歡引用，強調公司數位轉型最好找顧問公司當駕訓班教練。

二、全球十大企管、資訊顧問公司

由右表可見全球十大企管、資訊「顧問」（中稱諮詢）公司，資料來源很多。

1. 大型顧問公司多才多藝

   公司數位經營是大勢所趨，大型企管顧問公司想方設法吃下這商機，以波士頓顧問公司來說：2020 年 40% 營收來自數位與分析聚焦的計畫，每家大型顧問公司都有最低收費水準，是顧問公司挑客戶。

2. 中小型顧問公司

   中小型顧問公司大都找中小型公司當客戶。

公司數位轉型成功率的兩篇重要文章

時	2020 年 10 月 29 日	2021 年 1 月 25 日
地	美國麻州費城	瑞士達沃斯鎮
人	波士頓顧問公司	世界經濟論壇
事	在公司網路上文章 “Flipping the odds of digital transformation success”	在公司網路上文章 “Here's how to flip the odds in favour of your digital transformation”

全球十大管理顧問公司

	國	行業	公司		營收	員工數
			中文	英文	（億美元）	（萬人）
1	愛	企管	埃森哲	Accenture	620	73.8
2	英	會計	德勤	Deloitte	593	41.5
3	英	會計	資誠（中稱普華永道）	PwC	430	28.4
4	美	企管	麥肯錫	McKinsey&Co.	105	2.7
5	美	企管	波士頓	BCG	85	2.1
6	美	資訊科技	博思艾倫（顧問）	Booz Allen Hamilton	67	2.6
7	美	人力資源	美世諮詢	Mercer	50	2.5
8	美	企管	貝恩	Bain&Co.	43	1.5
9	美	企管	奧緯	Oliver Wyman	21	0.5
10	美	企管	科爾尼	A. T. Kearney	14	0.36

資料來源：Consuetancy.uk, 2022。

全球十大（資訊）科技顧問公司

	國	行業	公司		營收	員工數
			中文	英文	（億美元）	（萬人）
1	愛	企管	埃森哲	Accenture	620	73.8
2	美	資訊	IBM 二個部門 1. 全球商業服務 2. 全球科技服務		605.3 （IBM）	34.5
3	英	會計	德勤科技 （會計師事務所旗下）	Deloitte Technology	593	41.5
4	法	資訊	凱捷管理顧問	Capgemini	150	22
5	美	市調	高德納	Gartner	30	1.7
6	印度	資訊	資訊系統技術	Infosys	135.6	26
7	美	資訊	高知特	Cognizant	168	29
8	印度	資訊	塔塔顧問服務	TATA	230	51
9	美	資訊	激流迴旋	Slalom	10 以上	1
10	美	資訊	甫瀚	Protiviti	12.6	0.5

第二篇
數位經營規劃

Chapter 3

網路時代消費者行為：從商店到網路消費

3-1 全景：消費者消費行為

大約西元前 513 年，東方兵聖孫武在《孫子兵法》的〈謀攻〉篇中：「知己知彼，百戰不殆」，「殆」之意「危險」。在經營中，「彼」主要指「消費者」，即知道消費者行為；其次是「對手」（rival），即想把自己趕盡殺絕的同業。

一、第一欄：消費者行為依理性程度區分

1940 年代起，美國電視逐漸普及，電視廣告的廣告公司須說服廣告主「錢用在刀口上」，所以對「消費者行為」（consumer behavior）有更科學的調查。一般對消費者的基本假設是「理性」（rationality）。

1. 現代經濟學之父亞當．史密斯
   在 1776 年《國家財富論》書中假設「經濟人」（economic man），也就是人的思考和行為都是目標理性的。
2. 行銷學者的消費者「理性」假設
   由右下表第一欄可見，伍忠賢（2022）把消費者「理性」程度由 0～100% 至少分成五等分，共五級。消費者「理性」的假設有兩用途。
   - 解釋（explanation）：這主要解釋購買前、中的行為。
   - 預測（forecasting）：這對購買後（post purchase）是否再購買，很重要。

二、第二欄：消費問題性質

套用「花錢消災」這俚語，「花錢」會讓消費者「剝了層皮」，但好處是「消災」，例如：消餓解渴等，以提高效用水準，依一般處理問題時的兩項考慮因素。

1. 重要程度：由表第二欄可見，我們用消費金額來衡量這筆消費對消費者的重要程度，比較正確衡量方式是「消費金額占消費者所得（或財富）」。
2. 緊急程度：這以一小時來區分，一小時內須消費的，稱為「緊急」，最常見的是「渴了就要喝，餓了就得吃」，主要商店是便利商店。

三、第四欄：消費者問題解決程序、購買階段

1. 問題解決程序：其中較有名的是 1968 年瑞典隆德大學（Lund）詹姆士．恩格爾（James H. Engel, 1934～）等三人在《消費者行為》書中的主張，這算「了無新意」，因為各領域知識，都可套用問題解決程序。
2. 依購買前中後分三階段：任何人的行為都可分為「前」、「中」、「後」。
3. 伍忠賢（2022）AIDAR 架構：1909 年美國廣告公司董事長劉易斯（Elias St. Elmo Lewis, 1872～1948）的「注意—興趣—慾求—購買」

（attention-interest-desire-action）只考慮購買「前」、「中」，伍忠賢在 AIDA 再加上購買後的「續購」（repurchase）和「推薦」（recommendation），簡稱 AIDAR。

四、第五欄：商店業態

以綜合零售業四大業態為例，分別滿足消費者四類產品需求中的三類需求。

五、第六欄：公司廣告訴求

公司廣告、人員銷售時，依消費者決策重點把公司廣告「訴求」（appeal）二分法。

1. 價格訴求（price appeal），偏重理性訴求（rational appeal）：重視產品功能（好用訴求、恐嚇訴求），偏重物美價廉。
2. 價值訴求（value appeal），偏重感性訴求（emotional appeal）：以 1943 年馬斯洛的人的需求層級（1～5）：「生存—生活—社會親和—自尊—自我實現」，把幾個廣告訴求各自對應，像美麗、流行、品牌訴求，大抵是消費者「人前是一套」的考量。

消費者行為與公司廣告訴求

理性程度	消費情境		產品四大類	消費過程 AIDAR	綜合零售業	公司廣告訴求
	金額	時間性				
100%				三、購買後		
				5. 繼續購買（repurchase）		
80%	1,000 元之上	不急	四、選購品	二、購買中	量販店	價格訴求
		一週一次	2. 同質產品	4. 購買		理性訴求
		3 天一次	1. 異質產品	（action）	超市	好用訴求品質敏
60%	2,000 元以上	非常不急	三、特殊品	一、購買前	百貨	感恐嚇訴求
可能		一季一次		3. 慾求	公司	價值訴求
感性				（desire）		感性訴求
				‧ 評價（evaluation）		馬斯洛需求層級（1～5）屬性
				‧ 質疑（skeptism）		5. 新奇訴求
				2. 興趣		5. 道德訴求
40%			二、便利品	（interest）	便利	4. 品牌訴求
	1,000 元		3. 日常用品	1. 注意	商店	3. 流行訴求
20%	以下	緊急	2. 緊急品	（attention）		3. 美麗訴求
缺乏理性			1. 衝動性購買			2. 幽默訴求
選擇障礙			一、忽略品			1. 性訴求

Ⓡ 伍忠賢，2022 年 6 月 17 日。

3-2 近景：2000 年起，網路時代消費者行為

許多減重、醫美廣告，喜歡把「之前之後」（before and after）的照片呈現，有圖有真相，圖片會說話。本書單元，原本也想作表比較網路前後消費方式差異，但以 2023 年的時間點來說，這有點多此一舉。

一、2023 年

手機上網已全民普及，2015 年起，「生活中離不開手機的新聞、研究愈來愈多」。2022 年以來，這類文章大幅減少，已不是新鮮事。

以 2023 年全球 80.7 億人來說，智慧型手機登記或保有數目約 69.2 億支（Ericsson & The Radica Group 預估），普及率（penetration rate）約 85.75%，部分國家只剩 6 歲以下兒童沒手機。

二、消費者行為

1. 分析架構：右表第一、四欄行銷策略。
2. 消費者行為：右表第二、五欄。

三、公司經營方式

1. 路隨山轉，表第三、六欄

   人民新生活樣態，帶來公司經營方式（business model，或商業模式）的改變，簡單地說：數位轉型。

2. 經營方式（business model）：虛實通吃

   1990 年起，網際網路時代來臨，經營方式這名詞廣泛流行，最簡單的說法是“How companies make money?”。

3. 市場定位

   - 數位經營前：以地理、人文變數為主，例如：以消費者性別、年齡等人文變數作為市場區隔方式（demographic segmentation）。
   - 數位經營後：由於有消費者的網路足跡等，採用消費行為為主的「消費行為市場區隔」（behavioral segmentation），以個人化訊息（personalized offer）來說，便是無限切割市場。

近景：2000 年起，網路時代消費者行為

行銷策略	消費者行為	公司經營方式	行銷策略	消費者行為	公司經營方式
一、行銷研究			(二)定價		
(一)市場研究	消費者上公司網頁瀏覽留下網路「足跡」(foot print)	社群媒體聆聽(social media listening)	1. 價格水平	上網貨比「百」家很容易，價格透明度很高	
(二)市場定位	由於消費者大多有手機	公司對大都市、行政區內住民的市場區隔很細，小眾行銷	2. 支付	2.1 手機支付 2.2 最好「現在消費，延後付款」(BNPL)	銷售時點系統(POS)加上手機支付
二、行銷組合					
(一)產品			(三)促銷	網友非常注重消費者評論(customer review，1～5分)	2017 年起，網路廣告超越傳統媒體廣告(電視廣告的廣告量只占一半)
1. 環境			1. 廣告媒體		
1.1 網路下單		店內面積減少，因有些顧客上網點外送	2. 社群媒體		
1.2 無線上網免費	WiFi 是必要的				
手機充電	手機無線充電盤必備	無線充電盤可租，像統一超商可租到 Qiosk			
2. 商品					
2.1 商品廣度			(四)實體配置	網路下單	俗稱「全零售通路」(omni-channel)
2.2 商品深度			1. 通路	店內取貨	
2.3 商品外觀	許多顧客在餐廳，上菜後先拍照，上傳臉書、IG，俗稱「打卡」	以餐廳來說，菜的擺盤美很重要，餐具甚至浮誇的很大	・商店 ・網路商店	(online to offline，020)	商店數減少，公司必須開設網路商店，小吃店甚至攤販等被迫跟外送平臺 Uber Eats 等簽約
			2. 宅配	消費者愈來愈「懶」，凡事都網路下單，宅配到府	
3. 人員服務					

3-3 數位經營錯誤與正確用詞：兼論經營模式

網路對政府、機構、公司的經營方式造成很大衝擊，有許多針對「經營方式」的用詞，而且常用英文簡寫，例如：O2O、OMO。有時，連我都「沒聽見」，當花 5 分鐘上網弄清楚後，才發現許多是譁眾取寵的，本單元開宗明義地說，數位轉型、經營很簡單易懂。

一、策略層級

1. 問題：天下好像有許多學問

   1983 年起，筆者為了唸碩士、博士，尤其 1985 年起大量寫書，持續大量閱讀，特別是財經報紙、週刊。以寫書來說，2015 年起，用平板電腦上網看書刊，閱讀產出比約 100 比 1，一天瀏覽 30 萬字才能寫出 3,000 字。這也代表有附加價值的文章約百分之一。其中最大發現是常發現某某「理論」、「學說」，常是虛有其表的作文比賽。

2. 解決之道：回歸基本（return to basics）

   迄 2023 年，筆者已瀏覽 30 億字書刊，38 年內寫了 105 本書、3,000 萬字，長期大量閱讀的心得是大部分書、文章都是「新瓶裝舊酒」，透過「修辭策略」講一些「看似有學問」的理論等。

   解決之道是用大一、二基本架構（例如：行銷管理中行銷策略、會計學損益表科目）去整理，會發現「天下沒那麼多學問」。

二、就近取譬

由右表第一欄，各行業由實體營運逐漸兼著作網路業務，就近取譬，可說由「燃油引擎」汽車過渡到「油電混合動力」汽車，再到「純」電動汽車。

三、數位經營程度三大類

由表第二欄可見，伍忠賢（2022）把公司數位經營分成低中高三級。

1. 網路營收占營收 33% 以下的實體經營

   以一線超市、量販店來說，因經營網路商店大多是「網路下單，店內取貨」（online to offline, O2O），省掉宅配費用，如此才能比須支付高額宅配費用的網路商店便宜。

2. 網路營收占營收 33 ～ 66%

星巴克在美國號稱「手機下單與付款」占 40%，於是宣稱數位轉型上一層樓；但依筆者定義，到店內喝飲料仍算實體經營，還是須要有店面。

3. 網路營收占營收 67% 以上

一線公司實體經營而網路經營占 67% 以上的，幾乎不存在。小店面把店面收掉，改在自家廚房小鍋小鏟作業、網路銷售，很常見。

網路經營程度英文與伍忠賢用詞

汽車引擎動力來源	網路營收占營收比	英文	伍忠賢用詞	商店例子	不當用詞
三、純電動汽車（battery electric vehicle, BEV）	67% 以上	pure-play	網路經營公司		一、虛擬公司（virtual enterprise）
		(一) internet shop	網路商店	亞馬遜旗下網路商店賣鞋的薩波斯（Zappos）	(一) 虛擬商店、線上商店（virtual shop）
		(二) pure internet bank	純網路銀行	Net Banking	(二) 其他
二、混合電動汽車（hybrid vehicle） 1. 重度油電（strong hybrid）：插電式（PHEV）	66%	mixed operation	混合經營		二、線上與線下融合（Online-Merge-Offline, OMO）
2. 中度油電（mild hybrid）		bricks and clicks			
3. 輕度油電汽車（micro hybrid）	33%	Online to Offline（O2O）	實體經營兼網路銷售 網路下單	沃爾瑪 2022 年度 11.57%（663 除以 5,728）	2. 新零售（new retail）
一、燃油引擎汽車（engine vehicle）	0%	brick and motor physical store	店內（消費） 實體公司 實體商店		

Ⓡ 伍忠賢，2022 年 4 月 11 日、6 月 4 日。

3-4 全景：工業、服務業科技——行銷、零售與金融科技

以產業來說，在數位經營時，資訊通訊技術各有為三級產業（農業、工業、服務業）開發出專屬的運用，本書以服務業為主；工業科技比較屬於大學中工學院（例如：電機系）範圍。

一、大分類：依三大產業

各國的產業結構分成「農工服」，各有其運用的科技。

1. 三級產業專屬科技
   - 農業的農業科技（agricultural technology, agri Tech）。
   - 工業的工業科技（industrial technology）。
   - 服務業的服務業科技（service technology）。
2. 科技的範圍

   科技是指「資訊通訊技術」（information communication technology, ICT）。

二、中分類：服務業

由右表可見，在服務業中，產值第一、第七大的兩個行業皆有其行業科技。

1. 零售業為主的零售科技（retail technology）

   這是本書第 4 ～ 8 章的重點，由表可見，依消費者消費過程「前中後」，偏重「中」、「後」，以美國、全球量販店一哥沃爾瑪為主，跟亞馬遜比較。
2. 金融業為主的金融科技（financial technology）

   金融「科技」中常見的是「區塊鏈」（block chain），由此 2009 年起發展出比特幣等，金融科技最常見的是數位支付。詳見伍忠賢、劉正仁著《圖解數位科技》（五南圖書公司，2022 年 9 月）。

三、小分類：以行銷科技為例

這是公司活動中核心活動的「業務／行銷」，包括消費者購買「前中後」，其中以消費「前」的訊息傳送（例如：電子郵件 DM 等），偏重行銷自動化（marketing automation）。

詳見伍忠賢《超圖解數位行銷與廣告管理》（五南圖書公司）第 4 章行銷科技。

數位經營情況下服務業科技

交易過程	交易前		交易中			交易後
一、AIDAR 五流 說明	注意　興趣　慾求 資訊流 （information flow） 公司透過 App、電子郵件促銷 消費者上公司網站		購買 生產流 （material flow）	商品流 （product flow） （店員）一手交貨	金流 （money flow） （顧客）一手交錢	續購、推薦 物流 （logistics flow） 宅配，至少到店取貨
二、服務業科技（service technology）	行銷科技 （marketing technology, MarTech）			零售科技 （RetTech） 2.0、4.0	金融科技 （FinTec）	零售科技 3.0
三、星巴克 (一) 商店 (二) 網路銷售：行銷長	行銷第 2 部品牌與聲譽管理部	行銷第 4 部之四顧客接觸中心		店內取貨	手機支付	行銷第 4 部之四顧客關係管理部

® 伍忠賢，2022 年 6 月 4 日。

三階段物流的英中文用詞

對象	商店（賣方）	網路商場倉儲	顧客（買方）
英文	supply chain logistics	warehouse logistics	1.home delivery 2.consumer logistics
中文	供應鏈物流	（電商）倉儲物流	1. 宅配到府 2. 消費者物流

3-5 新產品市場測試

——美國星巴克重大新產品情況

在手機普及狀況下，公司新產品開發、試銷與上市後消費者滿意程度，公司獲得消費者回饋的人數會很多（須下載公司 App）、速度會很快。本單元以全球咖啡店業一哥美國星巴克為對象。

一、就近取譬

一國的製藥公司的新藥上市涉及人的身體健康（甚至生命），因此每個政府衛生福利部下的食品藥物管理署（美國稱 Federal Food & Drug Administration，簡稱 FDA），皆嚴謹規範新藥上市三階段，詳見右表上半部。

在 2020 年，全球各國新冠肺炎疫苗的審核，可說給全民一個科學普及教育，全球一線公司針對重大新產品的開發，也採取這過程。

二、美國星巴克新產品開發上市

星巴克每幾年會有一個殺手級飲品上市，1995 年，星冰樂（Frappuccino）上市，2003 年，南瓜（口味）拿鐵咖啡（Pumpkin spice latte）在美國 600 家店推出，2021 年 1 月市場測試「低糖」星冰樂。

由於這些飲品新上市，需要大量進貨、打廣告（含免費試喝），花費很大，所以過程須正確。

1. 臨床前實驗的

   由表中下半部可見，這主要稱為「商業分析」，包括產品概念、定價研究（pricing research），由表可見，這分成二種以上方法。

2. 試銷（test marketing）

   由表可見，星巴克三階段測試市場，這階段，消費者在店內消費前，先下載星巴克 App，在手機上回饋消費後滿意程度。

3. 產品上市

   由表右下方可見，產品上市後一個月內，消費者針對廣告、促銷、產品（甚至商店）皆可在手機 App 上評分。公司會根據此評分作改善，例如：修正產品口味（甜度等）。

新藥研究的實驗與新產品市場測試

一、新藥	臨床前實驗：動物研究	（人體）臨床實驗（clinical trials investigational new drug, IND）			上市	
					上市	修正
階段期間	1. 老鼠實驗 2. 猴子實驗	1 期 （phase I）	2 期 （phase II）	3 期 （phase III）	4 期 （phase IV）	—
人數		20～50 人	50～300 人	250～1,000 人	1,000 人	— —
	2～5 年	6 個月～1 年	1～2 年	3～4 年	1～2 年	—
目的	藥理毒理研究	人體藥理研究	治療「效果」（或探索）	「證實」（或確認）治療效果	治療使用	
二、新產品市場測試	**定價研究（pricing research）**	**試銷（test the market）**			**產品上市（product launch）**	
	1. 行為實驗室實驗（experimentation） 2. 小組研究（panel study）				三項調查 1. 廣告效果 2. 促銷效果 3. 顧客	1. 上市失敗時 重新調整商品、價格 2. 修正後成功
星巴克 （一） 地理範圍		2 個城市 • 奧勒岡州波特蘭市 • 俄亥俄州哥倫布市	美國三分之一州，主要是東西南北共 17 州	全國試銷約 1 個月		
（二）部門	行銷長： 執行副總裁 市場研究部：副總裁	同左 資深經理	同左 處長	同左 副總裁	產品長：資深副總裁 Luigi Bonin	

Ⓡ 伍忠賢，2022 年 5 月 21 日。

3-6 消費者行為：商品性質與定價

品牌、零售公司在訂定商品價格時，必須「知己知彼」，先了解消費者的消費行為，及對各類商品（或服務）的看重程度，本單元先說明消費者如何把商品分類。

一、三個機構用詞不同，大同小異

有許多名詞，不同領域的人說法不同，仔細了解後，發現「大同小異」。

1. 國家統計局的家庭消費分類

   各國國家統計局在統計國民所得時，把家庭消費依兩種方式區分「生活項目」（食衣住行育樂、餐飲與其他八類）、「商品耐用期間」。

   本單元討論後者，這在大一「經濟學」、大二「個體經濟學」都有說明。商品可用一年（有一說三年）以上的稱為「耐久」（durable），6 個月到一年的稱為「半耐久」（semi-durable），只能用一次的稱為「消費品」（consumer products）。

2. 行銷學者用詞

   行銷學者對商品的用詞有四，其中「忽略品」比較少用，可略而不述。

3. 零售業用詞

   零售業、專攻零售業的學者、證券分析師的用詞皆相近。

二、消費品

1. 行銷學者用詞

   大致包括兩類：便利品、選購商品。

2. 零售業用詞

   下列兩個用詞，「大同小異」。

   - 快速消費品（fast-moving consumer goods, FMCG），美國人很常用這個字，尤其在分析股市中的快速消費品業、公司的商品「快速移動」是站在零售公司角度，在店內貨架上，這些商品一上架，幾天內便被買走，店員須經常補貨。

     公認快速消費品業三大龍頭為瑞士雀巢、美國寶僑（P&G）、尼德蘭的聯合利華，有時把美國可口可樂公司加入。

   - 消費者包裝商品（consumer packaged goods）。

三、半耐久品

半耐久品主要是指「衣飾」中的衣服、鞋子。

1. 行銷學者用詞：衣飾分二情況，選購品（鞋）、特殊品（衣服）。
2. 零售業者用詞：時尚商品（fashion merchandise）或稱流行商品，品類壽命（life span）2～3個月（即一季），而各品項的壽命可能更短，如常見的春秋裝。

四、耐久品

1. 行銷學者用詞：這主要是須「精挑細選」的特殊品。
2. 零售業用詞：也是用耐久品一詞。

商品耐用期間與定價

分類	短期	中期	長期
一、商品			
(一) 耐用期間	10天左右	6個月～1年	1年以上
(二) 經濟學用詞	消費品（consumer products）	半耐久品（semi-durable products）	耐久品（durable products）
(三) 行銷學用詞	1. 選購品 2. 便利品（convient products）	1. 選購品（shopping goods）	3. 特殊品（speciality goods） 4. 忽略品（unsought goods）
(四) 零售業者用詞	快速消費品（fast-moving consumer goods, FMCG）	時尚產品（fashion products） 常銷產品	慢速消費品（slow-moving consumer goods, SMCG）
(五) 商品生活用途	一、食 (一) 食材 (二) 熟食 (三) 飲料 二、衣 (一) 衣服中的內衣 (四) 化妝品（保養品、香水）	二、衣 (一) 衣服 (二) 鞋 鞋類中的外出鞋	二、衣 (三) 飾品 三、住 (一) 家具 (二) 家電 (三) 其他 四、行 (一) 汽機車 (二) 手機
二、消費者行為			
(一) 消費理性程度	低	中	高
1. 搜尋商品時間	1天以內	1～3天	3天以上
2. 評估時間	同上	同上	同上
(二) 價格彈性	高	低	高
(三) 產品忠誠度	低	高	高
三、商店			
定價自由程度	低	高	中

Ⓡ 伍忠賢，2022年5月19、21日。

3-7 網路商店直播主帶貨

在網路零售時代，行銷組合中第 3P 促銷策略中的一項人員銷售，轉由人員上網直播帶貨，由於中國大陸零售型電子商務金額大，人口 14 億人，粉絲數 1,000 萬人以上的頭部網路紅人（Key opinion Leader, KOL，簡稱網紅）多，帶貨金額大（例如：2022 年 4,230 億美元），本單元以此來說明。

一、叫賣銷售的演進

人員叫賣商品依科技的演進分成四階段。

1. 1950 年前的 2000 年：大抵是路邊耍武術、才藝等的「路邊秀」（road show）。
2. 1960 ～ 1989 年，夜市叫賣：常見一些玩具、3C 產品的拍賣，例如：寶島叫賣哥葉昇峻。
3. 1990 ～ 2013 年，電視購物台的購物專家：臺灣代理義大利鍋具「樂鍋」銷售的「菲姐」（甘玉惠），號稱年營收最高達 8 億元，她的口頭禪是「你看看，你看看」。
4. 2014 年起，網路直播主帶貨直播：網路直播強調「人」（直播主加助理）、「貨」（一線商品）、「場」景（或直播間）（people, goods and yard）。詳見 2023 年 4 月，上海市艾瑞諮詢公司，中國大陸直播行業發展趨勢研究報告。

二、總體環境之四「科技／環境」

2009 年 11 月起，4G 手機上市，頻寬夠，可以看影片「網路直播」（live stream）。

三、創新擴散模型

套用創新擴散模型，由右上表可見，第一欄三個網路直播的機構，介入市場時間點。

四、直播主帶貨成功必要條件：便宜

中國大陸零售型電子商務中「直播賣貨」（live streaming marketing）約占 13%，由右下表可見，這是 2021 年 9 月 13 日，《財富》周刊，統計 2019 年～2021 年 8 月，十大網紅收入排行榜，有七位直播帶貨。

1. 外界頭部網紅直播，人貨場皆強：薇婭這類頂尖直播，代表消費者去跟品牌商家議價，以 4 折價進貨，6 折價「限期（這一檔）限量」售出。

2. 自營直播，人貨場皆弱：對於品牌商家來說，直播是一個品牌互動窗口，但由於「人貨場皆弱」，很難「小兵立大功」。（部分摘取《工商時報》，2021 年 12 月 26 日，賴榮綺）

中國大陸直播帶貨的進程

創新擴散模型	創新者	早期採用者	早期大眾	晚期採用者
年	2016	2017	2019	2019
1. 網路商場	淘寶 京東 蘑菇街	蘇寧		拼多多
2. 短視頻	2015 年，YouTube			
3. 社群媒體		快手、抖音	—	騰訊、小紅書、B 站

中國大陸十大直播帶貨網路紅人

單位：人民幣億元

排名	人	本名	收入	淘寶	微視頻
1	薇婭（女）	黃薇	57.35	✓	註：2021 年 12 月 20 日逃稅被罰
2	李佳琦	（同左）	46.296	✓	註：2022 年 6 月直播間一度被關
3	馮提莫（女）	馮亞男	25.57		鬥魚、B 站
4	李子柒（女）	李佳佳	22.314		YouTube
5	Pipi 醬（女）	姜逸磊	17.957		微博
6	辛巴	辛有志	17.738	快手	
7	雪梨（女）	朱宸慧	10.337	✓	
8	羅永浩	（同左）	10.52	快手	
9	烈兒寶貝	李烈	5.256	✓	
10	蛋蛋（女）	楊潤心	4.139	快手	註：辛有志的徒弟，2022 年 6 月直播間被關

資料來源：整理自《財富》，2021 年 9 月 23 日。

美中臺網路紅人英文／中文

地區	英文	中文
美	internet celebrity 少數 internet influencer	網路紅人
中	key opinion leader（KOL）	直譯：關鍵意見領袖
臺	同美國情況	網路紅人

3-8 近景：員工與顧客認同

公司經營成功條件之一是「認同」，必要條件之一是員工對公司認同，充分條件之一是顧客對公司、產品認同，本單元說明。基於版面平衡，在下表中補充單元 3-1 中消費者行為的相關學門。

一、認同程度深淺

認同（engagement）程度的分類。

1. 大分類：認同由內到外

   如同政黨認同分程度一樣，例如：「淺、中到深」。同樣的，依認同是否表現在行為上，由淺到中到深分三級：心理、特徵（trait）、行為（或狀態，state）認同。

2. 行為認同程度、層級

   限於篇幅，本單元聚焦在行為認同，由右表第一、三欄可見，套用產品五層級觀念，以「滿意程度」作為標準物（100%），往下打個八折是顧客抱怨；往上，逐漸加碼，例如：忠誠程度分兩級 I、II，第五級是 200%，對外「推薦」。

二、商品市場 I：顧客對零售商店認同

在商品市場，顧客認同對象包括兩種：商店、商店品牌，以顧客對商店的認同來說，詳見右表第四欄。

三、商品市場 II：顧客對品牌公司、產品認同

站在商品供貨公司（全國品牌公司、一國總經銷）角度，關心的是顧客對公司、產品的認同。

四、消費品與大學相關課程

理性程度	馬斯洛需求層級	商品性質	相關學門
20%	5. 自我實現	忽略品	決策行為學
40%	4. 自尊	特殊品	消費者心理學
60%	3. 社會親和	特殊品	社會學、大眾傳播學
80%	2. 生活	便利品	行銷學
100%	1. 生存	選購品	經濟學

員工與顧客認同層級

認同程度	市場	生產因素市場	商品市場	
	認同層級	公司	零售業	全國品牌公司
		員工認同	商店（store）	顧客（customer）
200%	五、推薦 淨推薦分數 （net promoter score, NPS）	員工淨推薦分數 （employee NPS, eNPS）	零售淨推薦分數 （retail NPS）	淨推薦分數
150%	四、忠誠 II （loyalty）	員工忠誠程度 （employee loyalty） 團隊合作 （team player）	商店忠誠程度 交叉銷售 （cross-selling） 追加銷售 （upselling）	顧客忠誠程度 同左 同左
120%	三、忠誠 I （loyalty）	努力工作 （hard worker）	續購 （repurchase）	續購
100%	二、滿意程度 （satisfacting）	員工滿意程度 留任 （retention）	商店滿意程度	顧客滿意程度 1. 對公司 2. 對品牌
80%	一、抱怨 （complain）	員工抱怨：倦勤	顧客抱怨	同左

顧客抱怨市調機構 BBB rating

時：每年

地：美國維吉尼亞州吉尼亞阿靈頓縣

人：商業改進局（better business bureau, BBB），1912年成立，員工2,500人

事：評分結果比較像信用評等的評級

資料來源：整理自該局網站的 Overview of Rating。

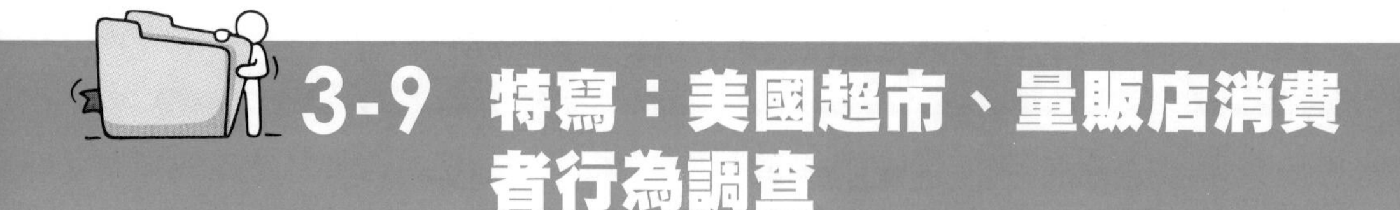

3-9 特寫：美國超市、量販店消費者行為調查

超市、量販店因為生鮮食品須冷凍、冷藏宅配，且重量重，宅配費用高，是選購品中網路商店比較劣勢部分，量販店、超市遭受到網路商店的蠶食程度較低。本單元，以 2018 年 4 月，美國網路零售與餐飲新聞 Supermarket News 上的調查（詳見右頁小檔案）。

一、架構

一般調查結果的表都是依分數順序排列，看不出全貌，有架構才能有系統分析，由右表第一欄可見，這是行銷組合（4Ps）大分類，第二欄是中分類、第三欄是小分類。

二、顧客滿意項目

由表第四欄可見，顧客「極滿意」程度的人數大多在 32% 以上，算高的。只有兩項低於此：

1. 人工結帳時間（原題稱收銀櫃檯等待時間）23%，在第五欄中，這項會造成轉店採購的第三重要考慮，下段說明。
2. 商店 App 27%，結果是這項「不重要」，完全不會有人因不滿意這項而轉店，詳見表第五欄，另外「不列入轉店考慮項目」包括店內布置、自助結帳。

三、顧客可能轉店的原因

由表第五欄可見，顧客會變心「換店」（customer switching），約占 20%，重要程度三項因素依序如下：店址（占 28%）、價位（占 22%）、人工結帳時間（占 18%），可見顧客還是「不耐久候」。或許你會問顧客為何不挑週間、晚上去採購？但許多超市消費者行為調查中，皆指出，一週去超市一次的占 39%，次多的是「有須要才去」（占 29%）。詳見英國倫敦市 You Gov 公司（2000 年成立）網站，2021 年 1 月 29 日，“How often are British and American shoppers visiting the grocery store?”。

由這項美國 9,243 位成人、分年齡層的每年固定調查，可見人工結帳速度仍很重要，因為顧客到店尖峰、離峰時段蠻明顯的。

美國超市、量販店消費者調查

單位：%

大分類	中分類	小分類	極滿意	轉店原因
一、產品	(一)環境	1. 停車場	39	1
		2. 店內布置	35	0
	(二)商品	1. 產品種類	39	5
		2. 所須品牌充足	38	8
		3. 商店品牌	35	1
		4. 生鮮食品品質	40	8
		5. 產品標示	42	1
	(三)人員服務		34	4
二、定價	(一)價位		32	22
	(二)支付方式	1. 結帳經驗	34	—
		2. 人工結帳時間	23	18
		3. 自助結帳	33	0
三、促銷	(一)廣告	App	27	0
	(二)促銷	折價券等	32	1
四、實體配置	(一)店址		48	28
	(二)宅配		—	—

美國超市、量販店消費者行為調查

時：2018 年 4 月

地：美國麻州劍橋市

人：佛雷斯特研究公司（Forrester Research）

事：替零售業軟體公司數碼馬克（Digimarc，1995 年成立，奧勒岡州比華頓市）公司所作的問卷調查

對象：顧客，過去 2 週內有去超市、量販店消費者，1,000 人

資料來源：整理自 Michael Browne，Supermarket News 主編，2018 年 8 月 23 日。

3-10 特寫：顧客購買後之顧客認同

——伍忠賢（2022）顧客認同五層級

在手機普及時代，消費者下載公司的App，每次消費後有機會立即表達喜愛程度（1～5分）。也就是在數位經營時，對顧客認同（customer engagement），會更容易衡量，更即時知情，即時採取因應措施。

一、伍忠賢（2022）顧客認同五層級

1. 第一欄：滿意程度五級

   依產品五層級或滿意程度80～200%分成五級，但各級距寬窄不一。

2. 衡量方式

   由右上表下段可見，五個滿意程度大多有市調機構評分。

3. 暫時不加權計分

   「淨推薦分數」級距-100～100，但可依其在行業內有分排序（例如：排前70%，視為70%或70分），但此處暫時不如此作。

二、資料來源

右頁表可見，有許多專業的市場調查機構，會針對顧客認同的各項目評量。其中兩項因為資料來源多，須特別說明。

1. 品牌忠誠 II：品牌價值

   這至少有五家公司進行公司品牌價值評估，品牌價值來自顧客「繼續購買」。本處以國際品牌公司（Interbrand）的結果為準，其資料時間長（1988年起）、涵蓋全球大品牌，許多大媒體引用。

2. 顧客淨推薦分數

   我們採用美國比較公司（Comparably）公司資料，因其是顧客、員工評論的專業公司，受訪者夠多。

三、沃爾瑪 pk 亞馬遜

由後文表可見，沃爾瑪跟亞馬遜比較。

1. 沃爾瑪，表第三、四欄

   沃爾瑪在第三項「品牌忠誠 I：留任」中，在美國超市中排第一，以6分滿分來說，遠遠領先同業。

2. 亞馬遜，表第五、六欄

亞馬遜會員（美國年費 139 美元）的續約率極高，滿一年續約 93%，滿二年以上 98%。

2022 年品牌價值全球第三（2,748 億美元），僅次於蘋果公司（4,822 億美元）、微軟（2,782 億美元）。

幾家顧客認同市調公司資料

滿意程度	衡量方式	公司	成立時間	住址
200%	淨推薦分數	比較公司（comparably）	2015 年	加州聖塔莫尼卡市
150%	品牌價值	國際品牌公司（interbrand）	1974 年	紐約州紐約市，一年一次，每年 10 月 20 日發布 best global brands
120%	留任	1. 消費者智慧研究夥伴公司（CIRP）	2011 年	伊利諾州芝加哥市，每季一次，調查 2,108 人（消費者）
		2. 在市場（in market）公司	2010 年	加州卡爾佛鎮 這是一家手機 App 的軟體開發工具（software development kit）公司，偏重地點基礎。
100%	消費者滿意程度	密西根大學 全國品質研究中心 三個機構	1994 年	密西根州安那堡鎮，每年調查 3.6 萬人（0 ～ 100 分）
80%	顧客抱怨	商業改進品	1912 年	維吉尼亞州阿靈頓縣

數位消費者行為引用次數1,000次（唯一論文）

時：2016 年
地：美國賓州費城
人：Cait Lamberton 與 Andrew T. Stephen，賓州大學華頓商學院
事：發表在《行銷》期刊上論文，“A thematic explanation of digital, social media and mobile marketing”，此論文回顧 2000 ～ 2015 年重要論文的發展

沃爾瑪與亞馬遜的顧客認同層級評分

滿意程度	衡量方式	得分	沃爾瑪	得分	亞馬遜
五、200%	淨推薦分數 即向別人推薦 （recommendation）	12%	比較公司 （comparably） 46%-34%=12%	51%	同左 67%-17% =50%
		-4%	但印度的 Customer Guru 給 -4 分	25%	同左 25%
四、150%	四、品牌忠誠程度 II 品牌價值（億美元）	—	1. 國際品牌公司	2,748 億美元	同左，2022 年全球第三
	2. 續購中的交叉行銷 （cross-selling） 1. 追加銷售	278 億美元	2.Statitsa 公司 2022 年 1,119 億美元，Brand Finance		同左
三、120%	三、品牌忠誠程度 I：留任 即續購（repurchase）	5.68 分	Supermarket News 2022 年 2 月 14 日每季公布一次 分數，6 分滿分	93% 98%	滿一年會 員續約率 （2020 年） 滿二年會員 續約率
二、100%	二、消費者滿意程度	70	美國消費者滿意指數（ACSI）2023 年，平價商店平均數 75%	86%	同左 2021 年， 2000 年以來次高分， 2013 年高分 88%
一、80%	—	—	30 天試用期，轉換率	69%	2021 年， 2016 年 73%

Ⓡ 伍忠賢，2022 年 6 月 11 日。

第三篇
美國零售一哥
沃爾瑪數位轉型

Chapter 4

全球商店霸主沃爾瑪力抗電商一哥亞馬遜

4-1 全景：美國零售業中的零售型電子商務

在選擇公司數位轉型範例時，我們挑選了全球第一大經濟國美國的第一大服務業行業批發，以全球營收最大公司沃爾瑪，說明其如何因應來自零售型電子商務霸主亞馬遜的競爭。本書分五章說明，著重在「問題一解決之道」的問題解決程序。

一、全景：總產值與零售

由右表可見美國總體、行業產值，由產值可以計算比率。

二、近景：零售中的零售型電子商務

1990 年起，隨著網際網路的商務使用，開啟了數位經濟中的網路經營。

1. 零售型電子商務

   1999 年起，美國商務部普查局統計電子商務產值，其中包括零售型電子商務。（詳見美國商務部普查局網站，E-commerce1999，2001 年 3 月 27 日）

2. 滲透率（penetration rate）

   1999 年，零售型電子商務（150 億美元）占零售比率（俗稱滲透率）0.5%、2000 年 0.9%。

三、美國零售型電子商務業市場結構：亞馬遜獨占

計算美國零售型電子商務的各公司市占率，這並不容易，以亞馬遜來說。就年報來看，分成兩種計算基礎。

1. 總額法（gross merchandise volume, GMV）亞馬遜 2020 年推估零售型電子商務 4,955 億美元、2021 年 6,140 億美元、2022 年 7,300 億美元。

2. 中標估計

   像美國紐約市的電子行銷人員（eMarketer）公司是電子商務的權威市調公司，其數據常被引用（包括權威資料庫公司德國漢堡市 Statista 公司），2020 年美國零售型電子商務占率 47%、2021 年 50%。

美國總產值、零售與兩大零售公司

單位：兆美元

年	2000	2005	2010	2015	2020	2021	2022
一、總體							
(1) 總產值	10.25	13.04	15.05	18.206	20.893	23	23.92
(2) 零售	2.98	3.689	3.818	4.728	5.593	6.595	7.1
(3) 零售型電子商務	0.027	0.092	0.164	0.34	0.81	0.85	1.034
(4)=(3)/(2)（%）	0.9	2.5	4.3	7.2	14.5	12.9	14.56
二、個體							
(5) 亞馬遜總額法	—	—	—	0.149	0.49	0.614	0.662
(6) 亞馬遜美國	—	—	—	0.0849	0.318	0.367	0.396
(7) 沃爾瑪	—				0.0397	0.0649	0.0732

美國、臺灣的零售業公務統計

時：每年 3 月，公布兩年前數字

地：全美

人：美國商務部普查局

事：每年 annual retail trade survey（ARTS），主要是商務部經濟分析局在進行國內生產毛額（GDP）時，零售業產值

資料來源：針對大公司抽樣，在臺灣主要是經濟部統計處的「批發、零售及餐飲」動態調查。

4-2 沃爾瑪與亞馬遜經營績效

沃爾瑪是全球零售業營收最大公司，亞馬遜是全球零售型電子商務一哥，兩者比較，陸軍（商店）、空軍（網路商店）大戰。

一、沃爾瑪

會計年度為去年 2 月至今年 1 月。

1. 營收

   2006 年度營收 3,121 億美元、6,000 家店，成為全球營收最大公司。

2. 營收成長率

   2022 年度，營收成長率 2.45%，落入平庸時代。

3. 淨利

   高點在 2013 年度 170 億美元。

4. 股票分割

   從 1970 年股票上市迄今，1972 年起，沃爾瑪共拆股 11 次，皆是 1 股拆 2 股。

二、亞馬遜

亞馬遜採曆年制，公司成長階段如下：

1. 導入期

   1995 年 7 月亞馬遜零售型電子商務上線營運，1997 年 5 月 15 日，股票那斯達克股市掛牌，每股 18 美元，有資金之助，營業規模擴大。

2. 營收成長初期

   1998 年營收 6.1 億美元，1999 年 16.4 億美元，成長率 16.9%。

3. 成長末期

   2022 年營收 5,104 億美元，成長率 8.65%，2029 年預估營收 7,000 億美元，可超越沃爾瑪，成為全球營收最大公司。

4. 股票分割

   2022 年 6 月 6 日，亞馬遜第一次股票分割（或分拆，stock split），一股拆成 20 股，以 6 月 5 日 2,447 美元來說，6 月 5 日開盤參考價 122.35 美元，2022 年 12 月大約 105 美元。

沃爾瑪與亞馬遜的財務、股市績效

單位：億美元

年度	2000	2005	2010	2015	2020	2021	2022
一、沃爾瑪							
店數	3,989	6,600	8,099	11,453	11,501	11,433	10,600
員工數（萬）	—	160	200	220	220	220	230
(1) 營收	1,650	2,852	4,081	4,856	5,240	5,592	5,727
(2) 淨利 *	53.77	143.7	143.70	163.63	148.81	135.1	136.73
(3) 每股淨利（美元）	1.21	2.41	3.72	5.07	5.22	4.77	4.9
(4) 股價（美元）	35.46	32.49	41.18	53.2	140	143	141.21
二、亞馬遜（美元）							
(1) 營收	27.6	84.9	342	1,070	3,860	4,698	5,140
(2) 淨利	-14.11	3.59	11.52	5.96	213.31	333.64	27.21
(3) 每股淨利（美元）	—	0.87	2.53	1.25	2.09	3.24	-0.27
(4) 股價（美元）**	0.78	2.35	9	75.1	166.85	166.72	84

* 高點在 2013 年 170 億美元。

** 2020 ～ 2022 年股票分拆後。

2022 年沃爾瑪與亞馬遜營收成分

單位：億美元

公司	沃爾瑪 *		亞馬遜	
小計	5,727.54		5,140	
一、零售				
(一) 零售型電子商務				
1. 自營與商場	沃爾瑪美國	478	自營	42.8
2. 自營與商場	沃爾瑪國際	185	商場	23.75
3. 量販店	山姆俱樂部	—	—	
4. 訂閱服務		50		6.85
(二) 商店				
1. 美國	沃爾瑪美國	3,932	全食超市	3.7
2. 海外	沃爾瑪國際	1,010	—	
3. 量販店	山姆俱樂部	735	—	
二、企業對企業				
(一) 雲端服務	—			15.6
(二) 廣告與其他	資料來源註 5			7.3

* 資料來源：Walmart 10_k Part II：Item 8。

4-3 沃爾瑪數位轉型的策略管理

2000 年起，沃爾瑪網路商店上線營運，2022 年 6 月，在美國零售型電子商務業市占率 6.3%，成為二哥，把電子灣比下去，僅次於一哥亞馬遜 37.8%。

一、成長方向

2000 年起，沃爾瑪在數位經營方面雙軌進行。

1. 2000 年起，進軍零售型電子商務：1999 年起，全球運動服鞋業一哥耐吉上線銷售，是商店中的早期採用者；2000 年，沃爾瑪跟進，屬於早期大眾。
2. 2010 年起，商店採取零售科技：店逐漸採取零售科技。

二、成長方式 I：內部成長

由右表可見，2000～2008年，皆由沃爾瑪自營（Walmart.com）網路商店。

三、成長方式 II：外部成長

1. 問題：2007 年美國次級房貸風暴，經濟成長率走低至 1.88%，2008～2009 年，金融海嘯，經濟成長率 -0.14～-2.54%。
2. 解決之道：2009 年 8 月 31 日，沃爾瑪在零售型電子商務方面，開出沃爾瑪網路商場（Walmart Marketplate），由第三方網路商店經營。

四、成長方式 III：外部成長

1. 問題：2015 年度（2014.2～2015.1）營收 4,856.51 億美元，2016 年度營收衰退。
2. 對策：2016～2018 年
   - 2016 年起，收購合併較大網路商店：2016 年 33 億美元收購 Jet.com，2017 年營收 31 億美元；2017 年 7.1 億美元收購 Bonobos、估計營收 6.5 億美元；Mad Cloth，2018 年 1 億美元收購 Elo quil。
   - 2017 年起，針對新創公司：沃爾瑪成立「8 號商店」公司（Store No.8，這是沃爾瑪公司第 8 家店），公司在紐澤西州霍博肯鎮，此公司扮演零售新創公司的育成中心、創投基金兩個角色。

五、經營績效

2018 年 2 月 1 日，為了顯示零售型電子商務業經營決心，沃爾瑪把沿用 56 年的公司名稱沃爾瑪「商店」公司，更名為沃爾瑪公司。

沃爾瑪數位轉型兩個時期

時	2000～2010 年	2011 年起
一、經營管理主管		
1. 董事長	1992.4.7 Samual Robson Walton	2016.6.4　2016.6.5 Gregory B. Penner
2. 總裁	2000　2009　2009 H. Lee Scott, Jr　Mike	2014.1.31　2014.2.1 Duke　Carl Douglas McMillon
二、公司		
(一) 成長方向		
1. 公司名稱	1962.7.2 沃爾瑪商店公司	2018.1.31　2018.2.1 沃爾瑪公司
2. 商店	1962.7.2	
3. 網路商店		
3.1 沃爾瑪網路商店	2000 Walmart.com	
3.2 沃爾瑪網路商場	2009.8.31 Walmart	Marketplace
(二) 成長方式		
1. 內部成長		
1.1 沃爾瑪實驗室（Labs）公司	2005 前身 Kosmix	2011.4 沃爾瑪收購後更名
1.2 沃爾瑪全球科技公司，下稱沃爾瑪實驗公司		2011 偏重電子商務
2. 外部成長		
2.1 8 號商店（store No.8）		2017
2.2 收購合併		2016　2020.2 33 億美元收購 Jet.com　結束網站 2017～2018 收購三家服飾網站

4-4 伍忠賢（2022）公司策略管理量表：以商店數位轉型為例

——沃爾瑪 pk 亞馬遜：47 比 77

一、問題

在數位轉型時，如何判斷自己跟對手（或標竿公司）的優勢劣勢呢？

二、解決之道：伍忠賢（2022）數位轉型的策略管理量表

以伍忠賢（2022）數位轉型的策略管理量表（digital transformation's strategic management scale）中對稱兩題來說。

第 2 題商店自動化目標（以自助結帳為例）：

1. 沃爾瑪 5 分：沃爾瑪顧客自助結帳的目標很「謹慎」。
2. 亞馬遜 10 分：亞馬遜自動結帳技術（just walk out），希望作到「無收銀人員」（cashierless）。

第 10 題商店自動化程度：

1. 沃爾瑪 5 分：2020 年 6 月，沃爾瑪第二次推出顧客自助結帳（self-checkout），店內這區面積很大，約放了 3～4 台自助結帳機（register），但推行速度不快。
2. 亞馬遜 9 分：2018 年 1 月推出，從自己的便利商店 Amazon Go 作起，2020 年 11 月擴大到亞馬遜生鮮超市（Amazon Fresh）。

三、量表的架構

1. 管理循環三步驟：「規劃—執行—控制」
   在大一管理學書中，談到管理循環（management cycle）。
2. 臺灣策略管理大師司徒達賢
   司徒達賢教授對公司策略（corporate strategy）的定義是「公司成長方向、方式與速度」，由右表可見，這跟管理循環三步驟若合符節。
3. 管理（循環細分管理活動）
   管理循環三步驟下，至少有 9 個管理活動（management activites），其中最有名的「修辭策略」是美國伊利諾州芝加哥市麥肯錫公司 1980 年推出的成功企業 7 要素（McKinsey 7s framework），把 9 項中 7 項管理活動，各用 S 開頭英文字。簡單地說，成功的企業就是把管理活動作好。

四、沃爾瑪 pk 亞馬遜

1. 沃爾瑪 47 分

   以 60 分為及格標準，沃爾瑪在數位轉型的策略管理屬於不及格。

2. 亞馬遜 77 分

   亞馬遜 77 分，看似不高，但蘋果公司分數也在這附近，可說 B+ 級。

公司策略管理量表：商店數位轉型

管理活動	司徒達賢公司策略	麥肯錫 7S	項目	1	5	10	沃爾瑪	亞馬遜
一、規劃	一、成長方向	* 目標	1. 零售型電子商務營收占比目標	10%	50%	60%	5	10
		* 目標	2. 商店自動化程度目標	10%	50%	100%	5	10
		策略	3. 總裁領導能力	61	70	80	2	6
		組織 獎勵制度	4. 資訊部員工人數	0.1 萬	1 萬	2 萬	10	5
二、執行	二、成長方式	企業文化	**5. 企業文化評分	50	80	100	4	9
		用人	6. 資訊長能力：伍忠賢量表，5 分	10	100	—	2.5	3
			7. 行銷長能力：伍忠賢量表，5 分	10	100	—	2.5	3
		領導型態	8.1 領導能力：The Comparably	排名第 90%	排名第 50%	排名第 10%	3	7
		領導技巧	8.2 員工淨推薦分數（eNPS）	-50	0	50	3	7
三、控制	三、成長速度		9. 零售型電子商務占營收比率	10%	50%	100%	5	8
			10. 商店自動化程度	10%	50%	100%	5	9
小計							47	77

Ⓡ 伍忠賢，2022 年 6 月 8 日。

* 指原本「沒此項目」。

** Amazon culture-Comparably。

4-5 沃爾瑪與亞馬遜數位經營主管

1994 年 4 月，作者擔任臺灣食品上市公司泰山企業（1218）董事長唯一的特別助理，負責督導兩個虧損事業部（冷凍調理、福客多便利商店），站在董事長立場，體會到公司董事長只要作對兩個決策：「對的事（業），對的人（主要是總經理，其次是各事業部執行副總）」。

以這角度來分析沃爾瑪跟亞馬遜的數位經營三層級人士，於本單元說明。

一、董事會與董事長

1. 沃爾瑪：沃爾瑪是全球最大的家族企業，家族持股公司沃爾瑪企業公司持股比率 35%，所以 2022 年 7 月《富比士》（中國大陸稱福布斯）雜誌上美國前 100 大富豪中，創辦人山姆．沃爾頓次子吉姆排名第 8 名（身價 614 億美元）、女兒艾麗思．沃爾頓第 9 名（605 億美元）、長子羅布森（Samuel Robson Walton，他小名 Rob）第 10 名（603 億美元）。一向由沃爾頓第二代長子擔任董事長。

   2016 年 5 月，由羅布森的女婿佩納（Gregory B. Penner）擔任董事長，他 2008 年擔任董事、2014 年任副董事長。
2. 亞馬遜：創辦人傑夫．貝佐斯擁有公司 9.73% 的股權，是最大股東，機構投資人約占 61%，其中先鋒集團持股約 6.61%，是第二大股東。

二、總裁兼執行長

由右頁下表可見沃爾瑪與亞馬遜總裁兼執行長基本資料。

1. 沃爾瑪：麥當勞、沃爾瑪每次在介紹總裁時，總會強調從高中打工時便進公司，強調正黃旗的血統。
2. 亞馬遜：1997 年賈西（Andrew Jassy, 1968 ～）進亞馬遜，由於他哈佛大學管理碩士等因素，1997 ～ 1998 年，只要貝佐斯開會，他這位「技術助理」（technical assistant）一定在場，作會議紀錄，因而有貝佐斯的影子（Jeff Bezo's shadow）之稱。之後到回事業處衝業績，2003 ～ 2021 年，在亞馬遜網路服務公司待了 18 年。

三、功能部門主管

數位轉型有兩位關鍵部門主管，以交響樂團來舉例。

1. 核心部三部之一「業務／行銷」部：行銷長（有些公司稱為顧客長）偏重了解顧客的偏好，選擇作曲家及其曲目，並且適當搭配。

2. 支援部三部之一「資訊」部：資訊長（有稱為技術長 chief technology officer, CTO），資訊長較像指揮，帶領幾個樂部（打擊、弦樂、鋼琴等）和諧演出。

沃爾瑪與亞馬遜數位經營相關主管

組織層級	沃爾瑪	亞馬遜
一、董事長	佩納（Gregory B. Penner），2015 年 6 月 5 日起，創辦人山姆．沃爾頓孫女的丈夫	傑夫．貝佐斯，創辦人
二、總裁	董明倫	賈西
三、功能部主管	含總裁，共 9 位經營階層	含董事長，共 7 位
(一) 核心部門		
1. 研發	—	—
2. 生產	—	—
3. 行銷長	—	—
* 電子商務長	Cassey Carl，2020 年 9 月起	
(二) 支援部門		
1.（資訊）技術長	蘇瑞希．庫瑪（Suresh Kumar）兼任發展長（chief development officer）	維爾納．沃格爾斯（Werner Vogels）
2. 人力資源		
3. 財務		

沃爾瑪與亞馬遜總裁簡歷

公司	沃爾瑪	亞馬遜
總裁	董明倫（Carl Douglas McMillon）2014 年 2 月 1 日起任職	賈西（Andrew Jassy，俗稱 Andy）2021 年 7 月起任職
出生	1966 年 10 月，田納西州曼菲斯市	1968 年 1 月，紐約州斯卡斯代爾鎮
經歷	2009.2～2013，沃爾瑪國際總裁 2005.8.4～2009.1，沃爾瑪旗下量販店山姆俱樂部總裁 1994～2005.7，沃爾瑪，從他高中起任職	2003～2021.6，亞馬遜雲端服務公司（AWS），職稱總裁 1997～2002，亞馬遜公司 CD 事業處的主管 1992～1996，兩家公司任職
學歷	奧克拉荷馬州塔爾薩（Tulsa）大學企業管理碩士 阿肯色大學學士	哈佛大學企業管理碩士、文學士（政治系）

4-6 伍忠賢（2022）資訊長能力量表

——沃爾瑪 **pk** 亞馬遜：**55** 比 **65**

伍忠賢（2022）資訊長能力量表（CIO competence scale）用於衡量資訊長的能力，沃爾瑪資訊長 55 分、亞馬遜資訊長 65 分。各個項目的給分，詳見下表，這主要是從中高階人力資源仲介公司領英（LinkedIn）上整理。

全球一線公司資訊長能力量表

管理者三大能力	產品五層級觀念	1	5	10	沃爾瑪	亞馬遜
一、觀念	五、未來能力					
占 20%	10. 學歷	學士	碩士	博士	10	10
	9. 國籍	1 國	2 國	3 國	5	5
二、人際關係	四、擴增能力					
占 20%	8. 一線公司資歷 II	1 年	5 年	10 年	5	5
	7. 一線公司資歷 I	1 年	5 年	10 年	7	10
三、專業能力	三、期望能力：顧客端					
占 60%	6. 手機 App	1 年	3 年	5 年	10	5
	5. 軟體開發第 3 部	1 年	3 年	5 年	2	5
	二、基本能力：後勤端					
	4. 軟體開發第 2 部	1 年	3 年	5 年	5	5
	3. 軟體開發第 1 部	1 年	3 年	5 年	5	5
	一、核心能力					
	2. 資訊安全	1 年	3 年	3 年	1	10
	1. 資訊硬體	1 年	3 年	5 年	5	5
	小計				55	65

Ⓡ 伍忠賢，2022 年 6 月 7 日。

沃爾瑪與亞馬遜資訊長簡歷

公司	沃爾瑪	亞馬遜
人	蘇瑞希・庫瑪（Suresh Kumar）	維爾納・沃格爾斯（Werner Vogels）
出生	1965 年	1958 年
現職	（資訊）技術長 2019 年 5 月 28 日起	技術長 2005 年 1 月起

沃爾瑪與亞馬遜資訊長資料

公司	沃爾瑪	亞馬遜
人	蘇瑞希・庫瑪	維爾納・沃格爾斯
10. 學歷	美國普林斯頓大學工程博士（1980～1990）	自由大學電腦博士
9. 國籍	印度裔美國人，印度理工學院科技學士（1983～1987）	尼德蘭，白人
8. 一線公司資歷 II	詳下	詳下
7. 一線公司資歷 I	詳下	詳下
6. 手機 App	2018.3～2019.5，谷歌副總裁兼總經理，展示影音，App 廣告與分析	2005.1 起，升任亞馬遜資訊長
5. 顧客軟體開發	2008.8～2014.5，亞馬遜副總裁零售系統和運作（部）	2004.9，加入亞馬遜
4. 軟體開發第 2 部 3. 軟體開發第 1 部	2002.2～2005.3，亞馬遜軟體開發部下的處負責存貨管理系統	1997～2004，共同創辦電腦網路公司
2. 資訊安全	1992～1997，IBM 華生（Thomas J. Watson）研究中心	1991～1994，葡萄牙波多市 INESC TEC 研究員，專攻防止網路詐欺
1. 資訊硬體	2014.10～2018.2，微軟副總裁，雲端基礎設施與運作	1994～2004，美國康乃爾大學電腦科學系研究人員

資料來源：整理自領英（LinkedIn）、英文維基百科 Werner Vogels。

4-7 伍忠賢（2022）行銷長能力量表

——沃爾瑪 pk 亞馬遜：32 比 54

數位轉型的顧客服務方面，各公司至少有兩大功能部門負責。

行銷長：（星巴克）下轄數位顧客體驗部（digital customer experience）等四個二級（資深副總裁）部。

營運部：下轄數位業務部（處）。

伍忠賢（2022）行銷長能力量表（CMO competence scale），用於衡量行銷長能力，沃爾瑪行銷長 32 分、亞馬遜行銷長 54 分，分數低中，相對之下，星巴克的行銷長布魯爾（Brady Brewer, 1974～）在星巴克行銷長下轄四個部中幾乎資歷完整，分數很高。

一、沃爾瑪顧客長

2022 年 3 月起，珍妮．懷特賽德（Janey Whiteside）離職後，沃爾瑪沒有立即補缺，這職位 2015 年起，7 年內換了 4 位，她作了 3 年 8 個月，可說是當最久的。她是外來的，主要工作在美國運通（American Express）工作了 19 年。至於威廉．懷特（William White）是沃爾瑪美國公司行銷長。

二、亞馬遜北美、會員行銷長

亞馬遜公司並未設行銷長，而是在大事業部下設行銷長，用谷歌搜尋「Amazon chief marketing officer」，得到的結果是珍妮．佩里（Jennie Perry, 1964～），她是北美和會員制的行銷長。

沃爾瑪與亞馬遜行銷長能力評分

公司	沃爾瑪	亞馬遜
人	珍妮・懷特賽德	珍妮・佩里
10. 學歷	英國威爾斯卡迪夫（Cardiff）大學	美國賓州大學企管碩士
9. 國籍	英國	美國
8. 一線公司資歷 II	1998 ～ 2018.7 在 American Express	1998.9 ～ 2007.6 美國蓋普（Gap）公司老海軍服務行銷副總裁
7. 一線公司資歷 I	1993.8 ～ 1997 在英國滙豐銀行行員到經理	1993.9 ～ 1998.5 美國卡夫（Kraft）公司資深品牌經理
6. 手機 App	—	
5. 手機 App 下單付款	1997 ～ 1999 年 International pricing	2009.3～2011.3 新泰萊（Strike Ride）行銷長
4. 會員管理	2014.10 ～ 2016.4 美國運通 Open 公司資深副總裁	2011.2 ～ 2018.7 亞馬遜時尚產品行銷長
3. 顧客接觸中心	2006.9 ～ 2008.9 顧客關係管理	2018.7 ～ 2019.11 亞馬遜北美、會員行銷長
2. 溝通 II	2014.10 ～ 2016.4 在美國運通 Open 公司資深副總裁	
1. 溝通 I		

全球一線公司行銷長（或顧客長）能力量表

管理者三能力	產品五層級觀念	1	5	10	沃爾瑪	亞馬遜
一、觀念能力	五、未來能力					
	10. 學歷	學歷	企管類碩士	企管類博士	4	5
	9. 國籍	1 國	2 國	3 國	5	1
二、人際關係能力	四、擴增能力					
	8. 一線公司資歷 II	3 年	7 年	10 年	10	10
	7. 一線公司資歷 I	3 年	7 年	10 年	2	2
三、專業能力	三、期望能力：顧客體驗					
	6. 手機 App	1 年	3 年	5 年	1	5
	5. 手機 App 下單付款	1 年	3 年	5 年	1	5
	二、基本：顧客關係管理					
	4. 會員管理	1 年	3 年	5 年	1	5
	3. 顧客接觸中心	1 年	3 年	5 年	5	10
	一、核心能力：廣告溝通					
	2. 溝通 II：公共事務	1 年	3 年	5 年	1	1
	1. 溝通 I：品牌、聲譽	1 年	3 年	5 年	2	10
小計					32	54

Ⓡ 伍忠賢，2022 年 6 月 7 日。

4-8 員工對公司評分：沃爾瑪 pk 亞馬遜

數位經營的「機會」是主力顧客群，是 Y 世代（1981 ～ 1995 年生），和 Z 世代（1996 ～ 2010 年生），美國人口數約 1 億人，占人口 30%。站在另一角度，這群人也是公司的新血，這些員工的「三觀」跟嬰兒潮（1946 ～ 1964 年生）、X 世代（1965 ～ 1980 年生）很不同。許多文章主張公司的企業文化、主管領導型態等，皆必須對味，本章以美國「比較」（Comparably）公司的員工調查結果，說明沃爾瑪與亞馬遜的得分。

一、員工評論的市調機構

行銷顧問公司進行商店評論（store rating & reviews），人力資源仲介公司針對員工對公司評論（company employee reviews），提供大公司的就業條件等給求職人士。

1. 全景：15 家公司

 在美國，常見的求職網站約有 15 個。

2. 近景：4 家公司

 其中至少 4 家公司進行員工評論，依公司英文字母順序 Comparably、Glassdoor（2007 年 6 月成立），Indeed、ZipRecuriter。

3. 特寫：The Comparably 公司
 - 時：2016 年 5 月起，提供員工對公司評論。
 - 地：美國加州聖塔莫尼卡市。
 - 人：The Comparably 公司，2015 年成立，約 100 位員工，人力資源服務公司，2022 年 5 月 3 日起，華盛頓州溫哥華市 Zoominfo 科技公司旗下。

二、本書資料來源

本書以此公司的調查結果作資料來源，原因如下：

1. 如何確保是該公司員工

 上網填答的公司員工須填公司電子郵件地址，人力資源仲介公司依此核對身分。

 （詳見 Megan R. Dickey，在 techcrunch 公司網站上文章

"Comparably launches Glassdoor competitor…"，2016 年 5 月 24 日）

2. 項目最廣：約 15 項。
3. 公信力較高，企業內線人士（Business Insider）、雅虎財經（Yahoo Finance）引用。

員工對公司 15 項總平均分數

項目	沃爾瑪	亞馬遜
一、受訪員工數	7,211	8,756
1. 地理	17 個大城市	同左
2. 人文		
2.1 性別	男女性	同左
2.2 膚色	種族（白、非裔等）	同左
3. 功能部門	15 個	同左
二、15 項		
1. 得分	64 分	74 分
2. 排名	第 70 名	第 20 名

註：比較公司 15 項評分項目，詳見 Comparably Employee Review，項目太多，本書不贅述。

4-9 近景：高中低三級主管領導能力評分

——公司總裁、副總裁與經理

——沃爾瑪 **pk** 亞馬遜：**61** 比 **73**

這是管理循環中「執行」階段，屬於管理活動 9 項中的第 6 項「領導型態」、第 7 項「領導技巧」，本單元說明沃爾瑪與亞馬遜各得 61 分（排第 70%）、73 分（排第 25%），差太多了。

一、調查機構

若在谷歌下打上「OO（公司名稱）CEO & leadership team rating The Comparably」。

二、三級主管得分（右頁上表）

- 三級主管得分：這是把三級主管得分平均。
- 總裁級得分：詳見第二段說明。
- 副總裁級得分：這是指 15 個功能部主管平均得分。
- 經理級得分：這是指「部」下級「處」的下級「組」的主管平均得分。

三、針對總裁

1. 兩家公司總裁學經歷：由右頁上表可見沃爾瑪與亞馬遜兩位總裁的學經歷，兩人年齡相近、學歷相同（學校等級不同），主要影響經歷的是所屬行銷、上班地區。
2. 兩家公司總裁評分：以右下表的兩題來說，這是下表中董明倫 62 分（排第 70%）、賈西 74 分（排第 20%）的細項，董明倫皆不如賈西。

沃爾瑪與亞馬遜行銷長簡歷

公司	沃爾瑪	亞馬遜
出生	1971 年，英國	1964 年，美國
人	珍妮・懷特賽德（Janey Whiteside） 2018.8 ～ 2022.3	珍妮・佩里（Jennie Perry） 2018.7 ～ 2019.11
現職	顧客長（chief customer officer）	北美、會員行銷長

沃爾瑪與亞馬遜員工對三級主管領導能力評分（2023 年 3 月）

組織層級	沃爾瑪	亞馬遜
一、受調查員工	8,822 人	9,197 人
二、三級主管		
1. 全體	60 分，第 70%	74 分，第 25%
2. 總裁	63 分，第 80%	74 分，第 20%
• 相關規模公司 1,339 家	第 70%	第 25%
• 同業 6 家	第 5 名	第 4 名
3. 副總裁級	60 分，第 70%	73 分，第 25%
• 資訊部	69	73
• 顧客成功部	46	54
• 顧客支持	61	71
• 行銷	68	79
4. 經理級	61 分，第 70%	73 分，第 25%
• 資訊部	73	79
• 顧客成功部	43	64
• 顧客支持	60	72
• 行銷	60	79

沃爾瑪與亞馬遜總裁的員工評分

公司	沃爾瑪	亞馬遜
人	董明倫	安德魯・賈西
一、題目：Do you approve of your CEO management style?		
1. 是	46	65
2. 不是	54	35
二、題目：How would you rate your CEO about the drive business results?（effectiveness）		
1. 極佳（excellent）	16	41
2. 佳（good）	23	22
3. 普通（average）	36	18
4. 差（poor）	14	12
5. 極差（very bad）	11	7

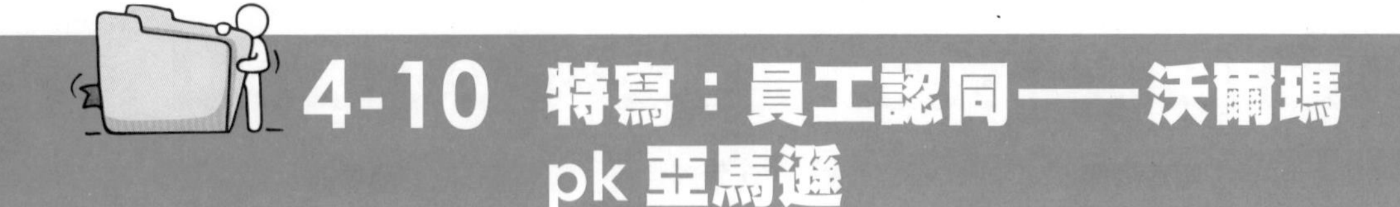

4-10 特寫：員工認同——沃爾瑪 pk 亞馬遜

美國俚語說：「有快樂員工才有快樂顧客」，有許多論文、文章說明，例如：2017 年 5 月 27 日，美國《富比士》雜誌上，名作家薛普・海肯（Shep Hyken）的文章“How happy employees make happy customers”，主要依據是民調機構蓋洛普調查。本單元把「快樂」更名為「高認同」，並且比較沃爾瑪與亞馬遜。

一、重量級論文

有關員工認同的重量級論文，論文引用次數排第一，約 5,400 次。2008 年 2 月 29 日，在 *Industrial and Organizational Psychology* 期刊上論文“The meaning of employee engagement”，pp.3 ～ 30，這論文兩位作者 William H. Macey 與 Benjamin Schneider，都是美國伊利諾州羅靈梅多斯鎮（Rolling Meadows）的人力資源顧問公司 Valtera（1977 年成立）的高階主管。

二、生產因素市場：員工認同

站在公司人力資源部的立場，每季都會作員工認同調查，由右頁表第二欄由低往高分五級。

1. 抱怨：員工抱怨（employee complaints）。
2. 滿意程度：員工滿意程度（employee satisfaction），這方面俗稱「員工滿意程度調查」。
3. 忠誠 I：員工忠誠（employee loyalty），這俗稱「忠心耿耿」，分二級：第一級是努力工作（work harder），第二級是團隊合作。
4. 忠誠 II：團隊合作（team player），俗稱「合群」、「合作無間」。
5. 推薦：員工淨推薦分數（employee NPS, eNPS），但下列二個英文字 employee recommendation 是指向其他公司寫「員工推薦信」，employee promotion 是指員工升官。

三、比較公司的評分項目

1. 抱怨：沒單獨測這項，但是員工幸福分數中的第 5 小題「對工作環境有沒有抱怨」有些像。
2. 留任：以沃爾瑪來說，62 分，第 75%（D+ 級）。

3. 忠誠 I：稱為員工「幸福分數」（happiness score），這跟臺灣的員工票選幸福企業大致相同；這包括五小項。
4. 忠誠 II：以團隊合作項目評分。
5. 推薦：稱為員工推薦分數。

四、沃爾瑪與亞馬遜比較

由於表中第二欄這五項是本書的歸類，而且分數無法加總平均計算，因員工推薦分數是 -100 ～ 100，不是 0 ～ 100。所以只能大抵看其排名。

- 沃爾瑪排名約第 65%。
- 亞馬遜排名約第 35%。

沃爾瑪與亞馬遜員工認同（2023 年 3 月）

得分	大／中分類	沃爾瑪	亞馬遜
200	五、員工淨推薦分數（eNPS）	-20 分，第 65%	13 分，第 35%
150	四、團隊合作	68 分，第 60%	77 分，第 25%
120	三、員工幸福分數	63 分，第 60%	76 分，第 20%
	1. 公司目標清楚，員工願投資	是，59% 否，41%	78 分，第 15%
	2. 薪資公平	是，55%、否 45%	74 分，第 20%
	3. 福利滿意	是，59%、否 41%	78 分，第 15%
	4. 工作太累	是，53%、否 47%	—
	5. 工作環境（正向）	正 64%、負 36%	73 分，第 20%
100	二、留任	63 分，第 70%	73 分，第 25%
80	一、抱怨（work culture）	59 分，第 60%	75 分，第 25%
一、調查員工數		7,211 人	8,756 人
二、比較			
1. 相同規模公司	1,312 家	第 60%	第 20%
2. 同業五家		第四名	—
三、15 項		64 分，第 70%	74 分，第 20%

資料來源：整理自 The Comparably, Overall Culture at Amazon，Walmart Team Employee Review。

4-11 超特寫：員工淨推薦分數

——沃爾瑪 pk 亞馬遜

員工淨推薦分數源自顧客淨推薦分數，後者在單元 6-7 說明，本單元簡單說明，比較沃爾瑪與亞馬遜。

一、題目

1. On a scale from 0 ～ 10, how likely would you to recommend working at Walmart to a friend? to your friends and family?
2. Why did you give the score you did?
3. How can we improve?

二、員工淨推薦分數計算

由右表第一欄可見，把填答問卷員工依給分分三級。

(1) 推薦者（promoters），給 9、10 分，這些人可能是公司好口碑（good word of mouths）。

(2) 中性者（passives），給 7、8 分。

(3) 批評者（detractors），給 6 分以下，這些人可能會是公司「壞口碑」（bad word of mouth）。

(4)=(1) 減 (3)，以沃爾瑪為例。

沃爾瑪 8,882 位填問卷員工，有 29% 是公司「推薦者」，有 49% 是「批評者」，(1) 減 (3)，得 -20 分。

三、沃爾瑪 pk 亞馬遜

員工淨推薦分數的極端值是 -100（即天怒人怨）到 100（眾民擁護），無法像 0～100 分那樣依分數固定級距推論，只能看排序。

沃爾瑪 -20 分，在 1,261 家相同規模（10,000 位以上員工）排名第 65%。

亞馬遜 13 分，排名第 35%。

員工淨推薦分數（2023 年 3 月）

項目	沃爾瑪	亞馬遜
一、調查員工數	8,882 人	9,197 人
二、分數		
(1) 推薦者（promoters）	29%	44%
(2) 中性者（passives）	22%	25%
(3) 批評者（detractors）	49%	31%
三、淨推薦分數 =(1)-(3)	-20 分	13 分
1. 財務部、資訊部	16	46
2. 顧客成功部、行銷部	-56	-31
四、分析		
1. 相同規模（1 萬員工以上）1,261 家	第 65%	第 35%
2. 同業五家	第五	第四

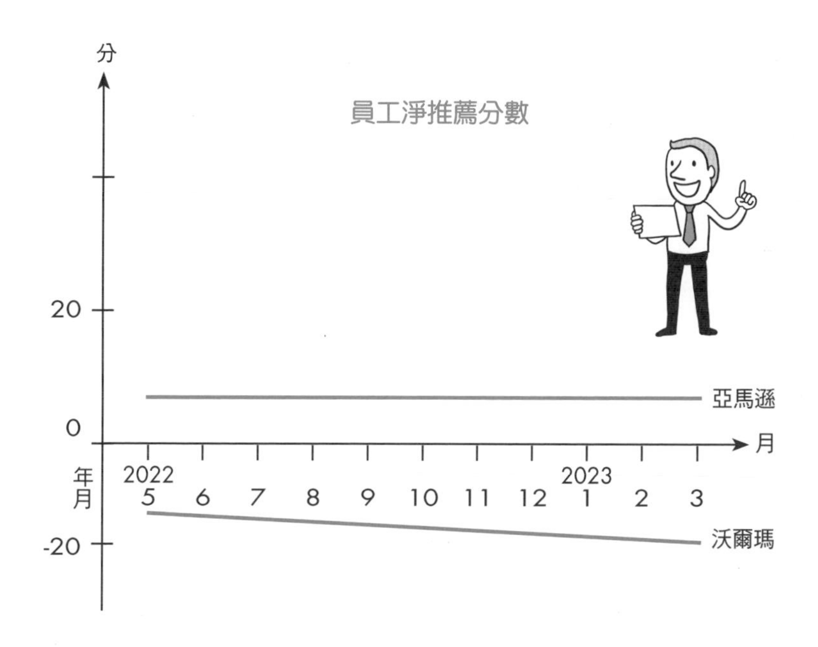

Chapter 5

沃爾瑪數位經營的策略、用人、網路商場

5-1 全景：美國零售型電子商務

本書以美國零售業中的龍頭沃爾瑪為主角，說明其數位轉型，原因依序有四。

- 2023 年美國預測總產值 26.24 兆美元，占全球總產值 24.07%，1895 年起，美國超過英國，成為全球第一大經濟國。
- 產業結構：農業約占 1%、工業 19%、服務業 80%。
- 服務業的第五六行業是批發業（占 5.8%）、零售業（占 5.7%），以 2023 年預估零售總產值 7.2 兆美元（詳見單元 1-2），約占總產值的 27.44%。
- 零售業的龍頭沃爾瑪：2023 年度（2022.2 ～ 2023.1）營收 6,113 億美元，從 2014 年起，便是全球營收最大公司。2000 年起，遭遇零售型電子商務龍頭亞馬遜的挑戰，沃爾瑪開始數位轉型。

一、美國零售型電子商務 I：2000 ～ 2021 年

零售型電子商務二個門檻點時間、市占率如下。

1. 4% 市占率，由導入期進入成長期
   2010 年第 2 季市占率 4%，表示零售型電子商務由導入期進入成長初期，即此行業不會「夭折」。
2. 14% 市占率，由成長初期進入成長中期
   2020 年因新冠肺炎疫情「封城」（lockdown），人們被迫上網購物，表示零售型電子商務進入成長中期。2020 年第 2 季達到頂峰 15.7%，2021 年疫情解封，人們回到商店消費，零售型電子商務市占率往下，約 14.7%。

二、美國零售型電子商務 II：2022 ～ 2025 年

俚語說：「千金難買早知道」，書的內容須在「解釋（過去）」、「預測（未來）」平衡處理，人的消費行為是演進的。

1. 資料來源：由右頁小檔案可見，美國電子商務主要市場調查公司「電子行銷人員」（eMarketer），會跟商業網路新聞商業內幕（Insider Intelligence）合作，每年 2 月刊出未來 5 年美國等零售產值與產品金額、市占率、前三大（尤其是第一大亞馬遜）。
2. 2025 年預估市占率 20.8%：由 2022 年第 4 季的 14.7%，電子行銷人員公司預估 2025 年到達 20.8%。在單元 1-2，本書預估 2025 年最多也 18.96%。

美國零售型電子商務市占率

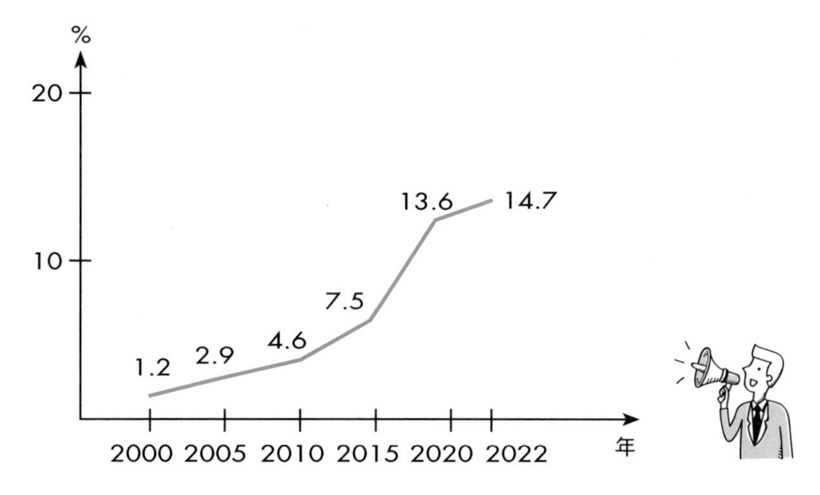

資料來源：美國商務部普查局每年第 4 季，2020 年第 3 季 15.7%、2022 年第 4 季 14.7。

美國電子商務權威市調機構

時：2022 年 2 月

地：美國紐約州紐約市

人：電子行銷人員公司（eMarketer，1996 年成立）與商業內幕情報公司（Bussiness Insider Intelligence，2009 年 2 月成立），後者號稱數位轉型市調公司

書：出版 *US Ecommerce*, by Category 2022，其中 retail ecommerce sales share in the US, by product category 2022～2026

5-2 近景：零售型電子商務在零售市占率

本書聚焦在全球零售業的通路，由商店向網路商店數位轉型，零售公司從1999年起，紛紛推出網路商店與商場。本單元說明2019～2025年零售型電子商務在零售業中市占率或市場滲透率（penetration rate）。

右頁表中＊的項目是指中類的小類，是補充項，不計算在結構內。

一、2019～2025年零售型電子商務滲透率

由右表可見，這是美國依生活項目、產品品類，零售型電子商務的七年趨勢。

1. 全景：全部皆成長

   簡單地說，零售型電子商務樣樣「蠶食鯨吞」商店。

2. 分群：六年累積成長，依成長率大小分二群

   - 高速（成長率50%以上）：全部，不含「其他」。
   - 中速（成長率50%以下）：只有「其他」一項。

二、美國上限大約在30%

每次在預估市場前景時，有人會以滲透率最高的中國大陸27.2%（2022年，2021年24.5%）為例，由此推論美國15%有很大成長空間。各項產品／服務的滲透率，有其時（歷史）、空（地理環境）背景，跨國很難推論。以美國來說，電子行銷人員公司估計2025年，零售型電子商務滲透率20.8%。本書認為長期來說，上限大約在30%，臺灣2022年8.62%（詳下列，2021年8.58%），地小人稠，商店林立，網路購物有運費（門檻）卡著，不易做大。

零售型電子商務占零售比率

$$=\frac{\text{電子購物及郵購業}}{\text{（不含汽機車）零售}}$$

$$=\frac{3{,}103\text{ 億元}}{42{,}815-6{,}820\text{ 億元}}=8.62\%$$

美國零售型電子商務依生活項目市占率

單位：%

年	2019**	2020**	2021**	2022*	2025*
小計（第 4 季）	11.3	13.6	14.5	14.5	16
一、食					
1. 食物與飲料	2.9	5.3	5.5	6.36	9.1
＊生鮮食品	—	—	—	—	—
二、衣					
1. 服裝	26	36.3	32.8	36.54	50.1
＊化妝保養品	12.4	14.9	15.7	20.44	23.7
三、住					
1. 家具	22.3	28.7	30.1	31.86	38.8
2. 辦公設備與日用品	28.5	34.9	35.8	40.8	51.7
四、行					
• 汽機車零配件	3.7	4.3	4.1	5.1	8.0
五、育					
1. 健康保健	10.8	14.8	15.7	16.92	23.7
2. 書／CD／DVD	47	61.2	64.5	65	80.8
六、樂					
1. 玩具與嗜好	33.5	40.7	39	41.61	53.3
＊寵物產品	22.7	30.1	—	34.42	—
2. 3C 產品	37.9	48	50	55.43	78
七、其他	4.3	4.8	3.8	3.52	3.6

* 資料來源：美國 eMarketer，2022 年 5 月。

** 資料來源：Statista 公司，2022 年 11 月 10 日。

5-3 特寫：2022 年美國零售產品結構

零售業產品結構發展趨勢受兩大類因素影響。

- 所得水準：商品類（尤其食）占支出比率降低、服務類增加。
- 年齡結構：少子化、老年化，健康保健類比重增加，本單元以「電子行銷人員」（eMarketer）公司和本書 2023 年預估值為例。

一、依產品別結構

一般在計算零售業產值時會二分法。

1. 常見的，零售業（不含汽機車）
   由右頁表可見，「行」方面的汽機車零配件與燃料，占零售業產值 14.7%，這是第一大項目，比「食物」所占 18.5% 略小，為避免這項目干擾，所以大部分國家在說明「零售」時是不含汽機車，但包括分兩個中類：零配件、燃料。
2. 較少見的，全部零售型（但只限新品）。

二、零售型電子商務商品結構

零售型電子商務依比率大小分三類。

1. 大項：占比重近 21%，衣、「樂」中 3C 產品。
2. 中項：占比重 14% 左右：「住」的家具 12.5%、「育」的健康保健 10.7%。
3. 小項：占比重 7% 以下，依序前三項「行」中的汽機車零配件占 8.3%、「食」（食物）占 7.6%、「育」中的書等。

三、零售型電子商務滲透率

1. 高滲透率（超過 67%）：育中的「書／CD／DVD」65%，接近 67%。
2. 中滲透率（33～66%）：依序「樂」中 3C 產品 55.45%、玩具和嗜好 41.61%、「住」中兩中項家具占 31.86%、辦公設備與日用品 40.8%。
3. 低滲透率（低於 33%）：「食」6.36%、「行」5.1%、「育」中健康保健 16.92%。

2023 年美國零售產品別預測結構

單位：兆美元

產品	(1) 全部 *	%	(2) 電子商務 **	%	(3)=(2)/(1)(%)
O、小計	7.2	100	1.111	100	15.43
一、食					
1. 食物	1.332	18.5	0.0844	7.6	6.34
二、衣					
1. 服裝	0.411	5.71	0.2188	19.7	53.25
＊化妝保養品				1.8	—
＊香水				0	—
＊珠寶				0.9	—
三、住					
1. 家具	0.198	2.75	0.1388	12.5	70.14
2. 辦公設備與日用品	0.1188	1.65	0.021	1.9	17.77
四、行					
1. 汽機車零配件	—	—	—	—	—
2. 燃料	1.0584	14.7	—	—	—
五、育					
1. 健康保健	0.565	7.85	0.1188	10.7	21.04
2. 書／ CD ／ DVD	0.072	1	0.0578	5.2	80.24
六、樂					
1. 玩具與嗜好	0.1426	1.98	0.08	7.2	56.1
＊寵物產品	—	—	0.023	2.1	—
2. 3C 產品	0.1137	1.58	0.0622	5.6	54.72
七、其他	3.188	44.28	0.235	21.2	7.38

* 美國商務部普查局 Advance monthly sales for retail & food service, October 2022; 2022 年 11 月 16 日。

** 表中比率為 2021 年，各細項是 2022 年總額乘上 2021 年結構。

5-4 零售型電子商務產業分析 I：創新擴散模型之運用

——亞馬遜、電子灣與沃爾瑪入市時間

——創新擴散模型與產業生命週期

1991 年網際網路商業化使用，1995 年 7 月，亞馬遜商店營運，是比較常引用的美國零售型電子商務的起源，本單元分析市占率前四大公司進入市場階段。

一、分析架構

由右頁表中可見零售型電子商務市占率前四大公司進入市場時間。

1. 創新擴散模型，表第一列

   1962 年美國大眾傳播學者羅傑斯（Everett M. Rogers）的「創新擴散」（diffusion of innovation, DOI）理論。

2. 產業生命週期，表第二列

   1960年美國學者雷蒙德．弗農（Raymond Vernon, 1913～1999）的「產品生命週期」，擴大到「產業生命週期」（industrial life cycle）。

二、1995 年起，網路商店

1. 創新者：亞馬遜 2022 年市占率 37.8%
   - 1995 年 7 月，亞馬遜網路自營店上線營運。
   - 1997 年 5 月，亞馬遜在那斯達克股市股票上市，承銷價 1.5 美元。
   - 1999 年（曆年制），亞馬遜營收 16 億美元，虧損 9.17 億美元，2001 年第 4 季單季獲利，2003 年起全年獲利。
2. 早期採用者：蘋果公司 2022 年 6 月市占率 3.9%

   1997 年 11 月 10 日，蘋果公司開設網路商店，以自家的個人電腦為主，2001 年加入音樂播放機（iPod）、2002 年加入 App 商店（主要是網路串流音樂），2007 年加入 iPhone 手機。憑著蘋果公司顧客忠誠度，蘋果公司網路商店在美市占率 3.9%，排第三。
3. 早期大眾：沃爾瑪 2022 年市占率 6.3%

   2000 年，沃爾瑪在美國沃爾瑪下設沃爾瑪網路商店（Walmart.com），開始自營零售型電子商務，如同你在臺灣看到的家樂福量販店的顧客「網路下單付款，商店 15 公里內，3,000 元以上免運費」一樣。

三、1997 年起，網路商場

網路商場（Online marketplace）進駐、營業中的「商場」跟實體商場一樣，業主當房東，招攬各網路商店（公司型、個體戶）進駐營業。

1. 創新者：電子灣 2022 年市占率 3.5%

   1997 年 9 月，美國電子灣（eBay）以網路商場方式經營，二手商品拍賣，後來新產品則定價銷售。

2. 早期採用者：亞馬遜

   2000 年 11 月，亞馬遜跟上電子灣的網路商場經營方式，推出亞馬遜網路商場，一開始是為了補亞馬遜商店的不足，例如：二手且特殊的書、CD、DVD 等。

3. 早期大眾：沃爾瑪

   2009 年 7 月，沃爾瑪推出網路商場，這比亞馬遜網路商場落後了近 9 年。

● 美國四大零售型電子商務公司進入市場時機與市占率（2022.6）●

創新擴散角色 占比重	創新者 2.5%	早期採用者 13.5%	早期大眾 34%
產業生命週期	導入期	成長初期	成長中、末期
一、純電子商務公司			
1. 網路商店	1995.7 亞馬遜	亞馬遜合計 市占率 37.8%	
2. 網路商場	1997.9 電子灣 市占率 3.5%	2000.11 亞馬遜	2009.7 沃爾瑪網路商場
二、商店			
1. 專賣店		1997.11.10 蘋果公司網路商店 市占率 3.9%	沃爾瑪合計 市占率 6.3%
2. 綜合零售業		2000 年 沃爾瑪網路商店	

5-5 零售型電子商務產業分析 II：市場結構

產業分析的重點之一是市場結構，即屬於那種「獨占」、寡占、獨占性競爭、完全競爭，淨利率也是依此由高往低排列。開宗明義地說，美國零售型電子商務業市場結構，亞馬遜近乎獨占，市占率約 40%，第二大沃爾瑪 6.3%。

一、產業結構

前 10 大公司市占率：2019 年 58.2%，2020 年 60.1%，2022 年蘋果公司 3.9%、電子灣 3.5%、目標 2.1%。

二、亞馬遜準獨占

- 總額法（gross merchandise value, GMV）：這是把亞馬遜商場的營收算成亞馬遜商店的營收，至少 6,000 億美元，市占率約 56%。
- 損益表法：這是亞馬遜損益表上的數字，亞馬遜只算對亞馬遜商場的網路商店收取服務費用率，約占網路商店交易總額 32%。亞馬遜市占率 37.8%。

三、沃爾瑪市場地位

1. 2013 年以前，市占率無足輕重。
2. 2014 年起，排在第四名。
3. 2022 年，沃爾瑪零售型電子商務營收 651 億美元、市占率 6.3%。

美國零售型電子商務市占率排名

單位：%

年	2018	2019	2020	2021	2022.6**
一、營收金額（GMV）*					
1. 亞馬遜	44.3	48	53.1	56.3	56
2. 沃爾瑪	3.5	4.2	5.6	6.2	—
二、營收法 **					
1. 亞馬遜	49.1	47	38.7	38	37.8
2. 沃爾瑪	3.7	46	6	6.3	6.3
3. 蘋果	3.9	3.8	3.7	3.7	3.9
4. 電子灣	6.6	6.1	4.7	4.1	3.5

* 資料來源：美國 PYMNTS 公司，2023 年 2 月 15 日。

** 資料來源：Statista 公司，2022 年 8 月 1 日。2018 ～ 2020 年 eMarketer。

5-6 2014 年沃爾瑪董明倫加速數位轉型

——外憂與因應之道

2000 年 11 月，沃爾瑪成立沃爾瑪商店，2009 年 7 月，成立沃爾瑪網路商場，以全球和全美最大零售公司的「人貨場（店數）」支撐，在美國零售型電子商務市占率到 2014 年約 2%，亞馬遜 41%，電子灣約 4.2%，蘋果公司 4%。

一、總裁兼執行長

2013 年 11 月 25 日，沃爾瑪九位執行副總裁之一的董明倫（Carl Douglas McMillon, 1966 ～）晉升董事。2014 年 2 月 1 日，新年度（2 月迄翌年 1 月）晉升總裁兼執行長，1962 年公司成立以來的第五任。

二、問題：2015 年內憂外患

1. 內憂

   由次頁表可見，由總體經濟來看，2015 年，歐豬五國中希臘公債第二次違約風暴，拖累歐洲經濟，美國出口大傷，2016 年經濟成長率 1.71%，低於長期平均值的 2.8%。

2. 外患一：八國聯軍

   由次頁圖可見，沃爾瑪三大公司：美國、國際、山姆俱樂部，其中美國沃爾瑪三種店數加上量販店山姆俱樂部，遭遇同行好市多等「相逼」。

   外患二：外敵入侵

   由單元 5-1 圖可見，2015 年，零售型電子商務市占率 7.5%，少數文章用「電子商務潮」（ecommerce boom）形容。

三、解決之道

1. 止血

   沃爾瑪美國商店數成長率 1.28%，低於美國經濟成長率 1.71%，由「英文維基百科沃爾瑪」可看到，2016 年關閉美國 255 家店，大部分屬於鄰近店「相殘」。

2. 開源

   大幅在電子商務發展，2016 ～ 2019 年花 280 億美元，收購網路商場、商店，詳見單元 5-7。

2009 ～ 2018 年沃爾瑪的經營狀況

年	2009	2010	2014	2015	2016	2017	2018
一、總經							
(一) 經濟成長率 (%)	-2.54	2.56	2.53	3.08	1.71	2.33	3
(二) 失業率 (%)	9.25	9.63	6.17	5.28	4.87	4.36	3.9
二、沃爾瑪							
(一) 投入							
1. 店	7,909	8,099	10,942	11,453	11,528	11,695	11,718
美國店	—	—	4,203	4,516	4,574	4,672	4,761
2. 員工數（萬人）	210	210	220	220	230	230	230
(二) 績效（年度）							
(1) 營收（億美元）	4,043	4,081	4,763	4,856	4,821	4,809	5,003
(2) 每股淨利（美元）	3.39	3.71	4.48	5.05	4.57	4.38	3.29
(3) 年股價（美元）	53.45	53.93	85.88	61.3	69.12	98.75	93.15

沃爾瑪美國與山姆俱樂部店型——主要對手

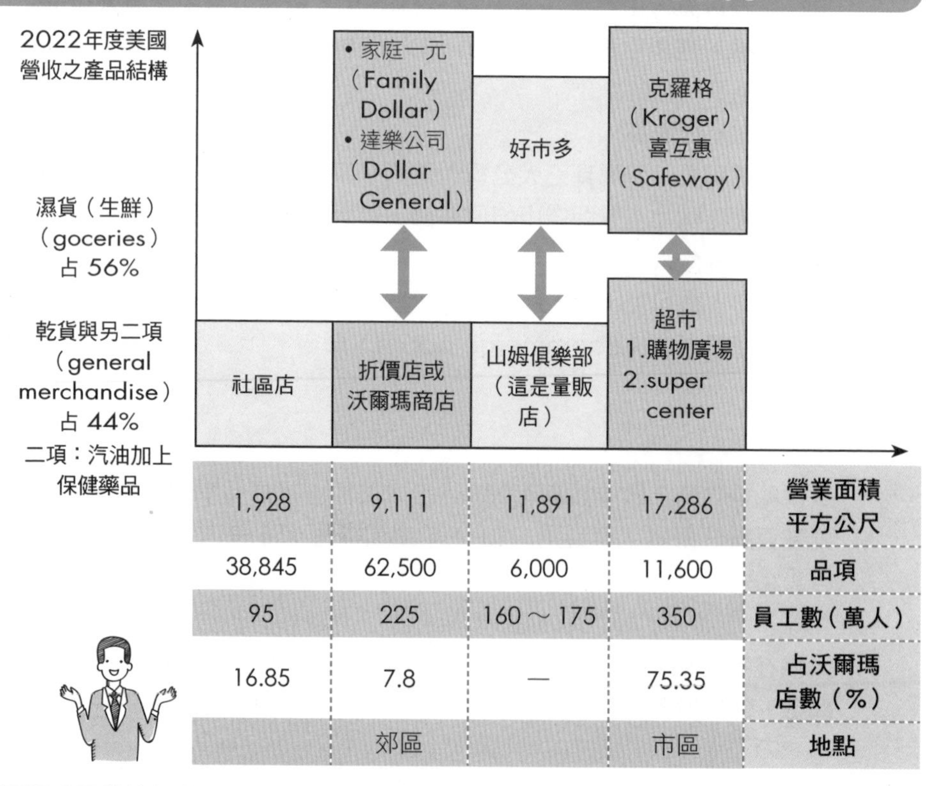

社區店	折價店或沃爾瑪商店	山姆俱樂部	超市	
1,928	9,111	11,891	17,286	營業面積平方公尺
38,845	62,500	6,000	11,600	品項
95	225	160 ～ 175	350	員工數（萬人）
16.85	7.8	—	75.35	占沃爾瑪店數（%）
	郊區		市區	地點

5-7 董明倫在電子商務的經營管理

限於篇幅，本單元以兩個表呈現，文字說明在下兩段。

1. 麥肯錫成功企業七要素

   下表以麥肯錫公司成功企業七要素來說明董明倫在零售型電子商務的經營管理。

2. 公司策略之二：成長方式

   詳見下表，2016 ～ 2019 年，共花了 280 億美元收購，其中 57% 花在印度第一大的網路商場 Flipkart，2017 年營收約 30.7 億美元。

3. 2018 年 2 月，公司改名

   總裁兼執行長董明倫表示：The company legal name from Wal-Mart stores, Inc. to Walmart Inc. reflecting its growing status as an omni-channel retailer.

沃爾瑪在網路商店的收購

時	人 被收購公司	金額 （億美元）	行業 地／行業
2016.8	Jet.com	33	位於紐澤西州霍博肯鎮，收年費 50 美元，有點像團購網 2020 年 5 月，沃爾瑪關閉 Jet.com 公司，導引顧客使用 Walmart.com
2016	Shoebuy	—	鞋
2017.2	Moosejaw	0.51	戶外用品
2017.3	Bonobos	3.1	男裝
	Modcloth		服裝
2018.8	Flipkart	160	印度班加羅爾市的電商公司，賣商業品牌筆電（DigiFlip）
2018.10	Eloquii	—	大尺碼女裝（plus-size），市場規模 210 億美元
2018.10	Base	—	服裝店等，在紐澤西州
2018.11	Necessities art.com	—	室內牆上藝術品與裝飾
2020	Carezone	2	醫療管理軟體公司

2014 年起沃爾瑪在零售業務的經營

麥肯錫 7S	說明
〇、目標	
一、策略	
1. 成長方向	• 商店：2015 年起，減少美國商店數 • 電子商務：2016 年起，加重電子商務
2. 成長方式	外部成長方式，主要是收購美、印度的網路商場、商店，其中 57% 花在印度的網路商場
3. 成長速度	2016 年起，電子商務業務快速成長，在美市占率 3.2%，2020 年起超越電子灣
二、組織設計 1. 組織從屬	1. 在「美國」沃爾瑪公司總裁下轄電子商務公司，下轄二個二級事業部
2. 利潤中心	• 沃爾瑪商店（Walmart.com） • 沃爾瑪商場（Walmart.Marketplace） 各店內設訂單履行中心
3. 資訊系統整合	店外路邊取貨歸在店業績
三、獎勵制度	2019 年 7 月宣布商店與電子商務供應鏈、財務整合，2020 年完成
四、用人	2016 ～ 2019 年，花 280 億美元，收購網路商店 2016 年 9 月～ 2021 年 1 月，美國沃爾瑪電子商務公司總裁兼執行長由馬克．洛爾擔任，他原是 Jet.com 公司創辦人兼總裁兼執行長 2. 數位人才（Digital talent） 主要是 2016 年起陸續收購外界電子商務公司，取得許多電商人才
五、企業文化	1. 2016 年 8 月以前 • 層級式（hierarchical）和笨拙的（stodgy） • 穀倉視野（silo），快速跟隨者策略 2. 2016 年 9 月以後 • 大膽的，尤其是挑戰亞馬遜 • 帶來「數位 DNA」
六、領導型態	—
七、領導技巧	—

5-8 沃爾瑪電子商務管理：用人

策略對了，正確的開始，成功的一半，另一半則靠「贏在執行力」，執行力的重點在於主帥，本單元說明沃爾瑪美國電子商務公司總裁兼執行長馬克．洛爾（Marc Lore, 1971～）的相關事宜。

一、馬克．洛爾離職原因

2016 年 9 月～ 2021 年 1 月馬克．洛爾擔任沃爾瑪美國電子商務公司總裁兼執行長，對內職稱是沃爾瑪美國電子商務長（chief ecommerce officer），他是沃爾瑪零售型電子商務由導入期進入成長初期、中期的主帥。

1. 留任獎勵

   2016 年 8 月，沃爾瑪花 33 億美元收購 Jet.com，一部分原因是衝著馬克．洛爾來的，所以公司跟他簽 5 年留任契約（2016 年 9 月～ 2021 年 8 月），沃爾瑪給他 1.5 億美元的員工認股。他只做了 4 年多，少領一部分。

2. 君子絕交，不出惡言

   2021 年 1 月，馬克．洛爾從沃爾瑪離職，是零售型電子商務業的重磅新聞，他表示沃爾瑪有些承諾的投資（註：主要是沃爾瑪購物廣場的訂單履行中心的興建）跳票。外界則猜測美國沃爾瑪總裁 John Furner 食言。

二、資料來源

1. 外界評論

   Jason Del Rey，在沃克斯傳媒（Vox Media）旗下 Recode 上文章，2021 年 1 月 15 日：Mike Blake, "What the departure of e-commerce head Marc Lore means for Walmart"，2021 年 1 月 16 日。

2. 馬克．洛爾在領英上文章

   他本人在領英上文章則表示他喜歡創業，從沃爾瑪離職後，可以創業或協助別人創業。

三、重商店，輕電子商務

1962 年山姆．沃爾頓創立沃爾瑪，第三任起總裁皆是外人，麥當勞、沃爾瑪、好市多的總裁大都高中便在公司打工，唸完大學（含碩士）後回流。強調根正苗紅、從基層做起。但也因為缺乏跨國、跨行業的工作經驗，以致行業知識缺乏。這表現在 2000 ～ 2013 年，雖已進軍零售型電子商務，但公司、三大事業體之一的沃爾瑪美國公司，對電子商務發展不熱衷，商店端員工擔心沃爾瑪美國電子商務公司搶業績。

1. 網路下單，店外路邊取貨業績算店內的：顧客網路下單，只要在店內或店外「路邊」（含得來速）取貨，業績算在商店端。
2. 店外加蓋訂單履行中心倉儲：想把電子商務作大，必須在店外加蓋訂單履行中心，作為倉儲、接單、撿貨、出貨，但商店端擔心此舉會搶生意，沃爾瑪美國公司對於子公司沃爾瑪電子商務公司的資本支出不太積極。

馬克・洛爾在零售型電子商務的經歷

時	公司	職稱
2021.7 起	數家公司	創辦人
2016.9 ～ 2021.1	沃爾瑪美國電子商務公司	總裁兼執行長 2016 年 8 月，沃爾瑪以 33 億美元收購 Jet.com 公司，2017 年 4 月 19 日因虧損而被美國沃爾瑪關閉
2014.4 ～ 2016.9	Jet.com	創辦人兼執行長
2011 ～ 2013	亞馬遜旗下 Quidsi 公司	總裁兼執行長 2011 年 11 月 8 日，亞馬遜以 55 億美元收購
2005 ～ 2013	Quidsi 公司，二位創辦人之一	旗下網站 Diapers.com，賣嬰兒用品如尿布、濕紙巾 公司在紐澤西州蒙特克萊市
1999 ～ 2001	Pit 公司	共同創辦人

美國沃爾瑪三種店型數目與占比重

年／比重	2015	%	2020	%	2022	%
小計	4,516	100	4,756	100	4,742	100
1. 超市（大店）	3,407	75.44	3,571	75.08	3,573	75.35
2. 折價店（中型店）	470	10.41	376	7.91	370	7.8
3. 社區店（小店）	639	14.15	809	17.01	799	16.85

5-9 伍忠賢（2022）網路商場吸引力量表

——沃爾瑪 **pk** 亞馬遜：**68** 比 **71**

站在網路商店賣家的考量，選擇哪一個網路商場設店，會綜合評估一些項目，伍忠賢（2022）網路商場吸引力（Marketplace attraction scale），以行銷組合為架構，沃爾瑪 68 分比亞馬遜 71 分，略遜一籌。

一、沃爾瑪

限於篇幅，只挑沃爾瑪得分較高項目說明。

第 2 項：生鮮食品 9 分

2021 年 3,700 家沃爾瑪店店內取貨，營業範圍約占美國人口七成，生鮮食品是亞馬遜的弱點，旗下全食超市 520 家，可店內取貨，店數只有沃爾瑪的 14%。

第 4 項：對網路商店的收費 9 分

沃爾瑪商場對網路商店成交的收費名目是推薦費（referral fees），依品類不同，平均約 15%，比較低的是消費性電子（數位相機）。

第 6 項：網路商店網頁設計 9 分

沃爾瑪電子商務公司把提供給網路商店的網頁設計，由加拿大安大略省渥太華市的 Shopify（2004 年成立）負責，公司股票在美國那斯達克股市上市，股價 45 美元左右。許多文章報導，例如：2021 年 5 月 26 日，臺灣《數位時代》雙週刊上文章〈亞馬遜、阿里巴巴都抄他！電商「反叛軍」Shopify 不靠促銷搶客〉。

第 9 項：物流費用 8 分

沃爾瑪的「宅」配費用很低，主要是 2007 年起，「網路下單，店內取貨」，顧客到店取貨，貨沒出店。

二、亞馬遜

第 1 項：產品線廣度 10 分

亞馬遜商店 0.17 億項、亞馬遜網路商場 3.5 億項，萬物皆可賣。2020 年沃爾瑪約 0.5 億項。

第 7 項： 會員人數 10 分

2022年美國會員人數1.53億人，人口普及率46%，沃爾瑪未公布，但德意志銀行估計數最高約 0.32 億人。

第 8 項： 物流地區 9 分

亞馬遜的自營與外包宅配（例如：美國郵局涵蓋 90% 以上美國人口）。

第 10 項： 宅配速度 8 分

亞馬遜的大都市急配，4 小時宅配到府，詳見單元 5-11。

網路商場吸引力量表

行銷組合	項目	1 分	5 分	10 分	沃爾瑪	亞馬遜
一、產品	1. 產品線廣度	窄	中間	廣	1	10
	2. 生鮮商品廣度	窄	中間	廣	9	1
	3. 商品品質		低檔正品	高檔正品	8	8
二、定價	4. 價格	較高	相同	最低	9	8
	5. 先買後付款（BNPL）	沒有		有	6	6
三、促銷	6. 網路商店網頁設計	商店自理	代工弱	代工強	9	5
	7. 顧客關係管理：會員人數（億人）	0.1	0.8	1.5	3	10
四、實體配置	8. 物流地區				8	9
	9. 物流費用率	10%	8%	6%	8	6
	10. 宅配速度		2 日內	4 小時	7	8
小計					68	71

® 伍忠賢，2022 年 6 月 21 日。

5-10 沃爾瑪與亞馬遜網路廣場賣方報告：網路商店經營狀況

在網路商場上，你只會看到許多網路商店，但不知道經營狀況如何。本單元從網路商場市調機構的抽樣調查，來了解沃爾瑪與亞馬遜網路商場上網路商店經營情況，這對潛在加入者有參考價值。

一、資料來源

由次頁表可見，2015 年，亞馬遜為了了解亞馬遜網路商場上網路商店經營狀況，成立一家市調公司，稱為「叢林尖兵」（Jungle Scout）公司，2022 年 4 月，第一次推出沃爾瑪網路商場報告。

二、網路商場報告

由次頁表可見，我們依「投入—轉換—產出」架構把上述報告內容分類作表。

1. 投入：行銷組合。
2. 轉換：經營方式

   由於這些報告分類不當，許多結構加總起來超過 100%，例如：經營方式，分成「打商店品牌」、「買賣業」（分成批發，向商店買商品再到網路商店銷售的「買貨套利」）。

   以宅配方式來說，亞馬遜可分成三類：全部亞馬遜包辦的「亞馬遜訂單履行」（Fulfillment by Amazon, FBA）；向亞馬遜租倉儲「亞瑪遜商品」（Fulfillment by Merchant, FBM）；網路商店直接宅配（dropshipping），例如：透過郵局。
3. 產出：經營績效與未來擴充計畫。

沃爾瑪與亞馬遜網路商場賣方分析

投入	亞馬遜	轉換	亞馬遜	產出	沃爾瑪	亞馬遜
一、行銷組合		一、經營方式		一、損益		上架 1 ～ 2 年營收 10 萬美元占 25%
(一) 產品		1. 品牌	占 59%	1. 營收		
1. 食	50% 賣方新品項					
				2. 毛利率	73% 公司在 20% 以上	75% 獲利
2. 衣	• 衣飾	2. 商品				
	• 美妝 保養品	• 批發	26%	3. 獲利比率	97% 獲利	上架 1 年內獲利占 63%
		• 買賣	26%			
3. 住	• 家具與廚房用品	• 套利	（2021 年 22%）	4. 淨利	50% 獲利	
4. 行					10 萬美元以上	上架 3 年以上營收 10 萬美元占 60%
5. 育	• 醫療保健					
6. 樂	• 玩具電玩					
(二) 定價	11 ～ 25 美元			(二) 中小企業		
(三) 促銷： 廣告		3. 生產方式：手工	8%	1. 年營收	57% 200 ～ 1,000 萬美元	
1. 廣告	85% 的每年花	二、宅配方式				
2. 廣告方式	2,500 美元	4.1 全部訂單履行中心	68% FBA	2. 毛利率	33% 在 20% 以上	58%
1. 亞馬遜 產品廣告		4.2 部分託運	22%，即賣方物流 FBM	3. 淨利	54% 淨利在 10 萬美元	
2. 廣告		4.3 直接運送（drop shipping）	10%			
3. 亞馬遜 品牌廣告				二、		
4. 谷歌廣告				1. 擴大營業		
5. IG 廣告				2. 地區		

5-11 影響宅配費用三大因素

——兼論沃爾瑪電商價格優勢來源

一、影響宅配費用因素有三

- 運輸距離：出貨地點到到貨地點。
- 運輸商品性質：依商品性質，分為冷藏車、常溫車；商品依體積（主要是依長度）、重量細分。
- 運輸時效要求：分成 2 小時、4 小時、當日、兩日四種。

由次頁表第一欄：宅配費用每單金額，10、5～10、5 美元以下，站在顧客角度是依運費占商品金額比重分成 15% 以上、5～15%、5% 以下。

下列是三個常見出貨地點，依距離由遠到近排列。

1. 網路商店自行宅配

   大都由郵局代寄，其次是便利商店，像統一超商的宅急便。

2. 由物流中心

   以亞馬遜網路商場上的網路商店可委由亞馬遜公司負責訂單履行，網路商店至少付三個費用：倉儲、宅配、款項代收費，合計占貨款 32%。

3. 由商店的各店出貨

   有三個英文名詞：delivery from store、ship from store、delivery as a service（DaaS）。

二、顧客收貨地點

宅配費率由高往低。

1. 顧客家中或汽車後車廂

   表中第三欄中有兩項：宅配到顧客家中冰箱或汽車後車廂，合稱白手套服務（white glove service），宅配入府時，家中須換亞馬遜電子鎖。

2. 第三地店內。
3. 網路下單，店內取貨、進貨
   - buy online, pick up in-store（簡寫 BOPIS）。
   - buy online, return in-store（簡寫 BORIS）。
4. 沃爾瑪店內取貨的利基
   - 沃爾瑪（含山姆俱樂部）店半徑 16 公里內人口，占美國人口九成。
   - 2021 年，3,700 家店宅配，涵蓋七成人口。

三、宅配速度

1. 2018 年起

亞馬遜商店推出「限定城市，2 小時到貨」，限定城市占美國人口七成，3,000 家店與都市內物流點、16 萬項商品，每單 25 美元以上，免運費。你在電視上看到由兼職人員（像優步司機一樣），自己騎腳踏車、機車送貨（courier）。

2. 2021 年 8 月起

沃爾瑪網路商場幫網路商店一把，推出「Walmart GoLocal」，提供定期、不定期宅配服務。

2022 年起，在北卡羅萊納州 37 家店，由三家「衣、藥、其他商品」的宅配公司，試辦「無人機」（drone）宅配。

影響網路購物宅配費用三大因素

宅配費用率	出貨地點	顧客地點	限定時間
15%以上	三、網路商場上各網路商店自行出貨	三、顧客 4. 顧客鄰居託收 3. 顧客汽車後車廂 2. 家中有人收貨 1. 家內冰箱	三、4 小時急送 自選宅配服務 （on demand delivery）
5～15%	二、各州各市的物流中心	二、第三方店 2. 俗稱快遞櫃 1. 便利商店	二、一日配 （same day delivery） 2. 下午 4 點前下單，當天送達 1. 下午 4 點後下單，明早送達
5%以下	一、商店兼營網路商務，稱為「由店宅配」	一、本店 網路下單，店內取貨 （click and collect） 3. 自取店 得來速型，2017 年 3 月起，全食超市實驗 2. 店外路旁取貨 （curbside pickup） 1. 店內取貨 大部分都是置物櫃型	一、二日配 （next day delivery） 2. 每單 35 美元以下，須運費 1. 每單 35 美元以上，免運費

Ⓡ 伍忠賢，2022 年 6 月 28 日。

附錄 伍忠賢（2022）行銷組合力量表：運動鞋三強比較

4P	中小分類	比重	1	5	10	耐吉	銳跑	愛迪達
一、產品	(一) 硬體	5				3	2	3
45%	(二) 產品							
	1. 產品廣度	10	5 類	10 類	20 類	10	5	8
	2. 產品深度	10	5	10	20	10	5	8
	3. 產品特色		弱	中	強			
	• 設計製造	5	弱	中	強	5	2	4
	• 產品功能	10	弱	中	強	8	5	8
	運動鞋							
	(三) 店員服務	5				4	4	4
二、定價	• 價格高低	5	高	中	低	3	4	3
15%	• 性價比	10	低	中	高	8	6	8
三、促銷	(一) 溝通							
30%	1. 廣告占營收比率	10	1%	5%	10%	10	2	5
	2. 品牌	5				10	1	5
	(二) 促銷（一年次數）	5	1	3	6	3	3	3
	(三) 顧客服務	10	弱	中	強	9	4	7
	（App 等）							
四、實體配置	(一) 全球普及程度	5	10 國	28 國	50 國	5	1	4
10%								
	(二) 網路購買	5	無	有且快		5	3	4
	小計					93	47	74

Ⓡ 伍忠賢，2022 年 6 月 10 日。

科技／環境對零售業影響

6-1 全景：總體環境之四「科技／環境」對公司經營影響

——資訊技術中的人工智慧的運用

2020 年起，全球各國企業面臨經營環境負面衝擊。

- 2020 年 1 月迄 2023 年，全球新冠肺炎疫情。
- 2020 年起，全球溫度創新高，對全球糧食生產等大不利。
- 2022 年 2 月 24 日起的俄烏戰爭，加重全球油價、糧食價格上漲，5 月起，美國聯邦準備理事會（Fed）開始調升聯邦資金利率，從 0.25% 調高到 2023 年 5.1%，以壓低物價上漲率到 2% 以下。

每次較長期的經營環境變動，全球大型顧問公司都會對全球大公司（尤其美國《財星》500 大企業）高階主管，進行網路問卷調查，了解衝擊程度、因應之道。本單元，以通用型架構來分析總體環境之四「科技／環境」對公司經營影響。

一、公司經營的目標

在大一「管理學」中第一節課，開宗明義地說明公司經營的目標。

1. 右頁表中第一欄，企業社會責任五層級

   2004 年 12 月，在美國哈佛大學出版的《哈佛企業評論》上，英國人西蒙．查德克（Simon Zadek, 1957 ～）的文章“The path to corporate responsibility”，把公司的社會責任的考量分五個層級。

2. 表中第二欄，行銷觀念五層級

   行銷觀念（marketing concept）的五階段演進來說，與公司公民責任的第三～五階段對應。

二、平衡計分卡四大績效的第四項「財務績效」

財務績效（financial performance）主要是指四大財務報表中的損益表，分成三大項，詳見表第三欄。

1. 營收

   透過產品（環境、商品、人員服務），來提高顧客體驗（user experience, UX），以增加營收。

2. 營業成本／費用

   分成營業成本（包括三小項）、費用，追求降低成本。

3. 淨利

這進一步會得到每股淨利（EPS），進而延伸到股票價格，稱為「股票市場績效」（stock market performance）。

三、公司問題解決之道

由表第四、五欄可見，遇到「問題」，公司各層級的權責區。

1. 公司組織層級

公司副總級以上，分成兩層。

- 經營階層：主要是經營階層（董事會、總裁）、事業部主管（執行副總裁級）。
- 功能部門階層：各部核心、支援部門，資深副總裁級。

2. 解決之道

由表第五欄可見，這是全球四大會計師事務所，英國倫敦市普華永道（PwC，臺灣稱為資誠），2022 年 5 月以人工智慧對美國企業的影響，每年一次高階主管調查的結論。

總體環境等對公司經營影響

企業社會責任五層級	行銷觀念五層級	公司損益表	公司部門	說明 *
五、企業公民責任（ESG）	五、社會行銷導向：1980 年起		一、經營階層 • 董事會 • 總裁 • 事業部主管	一、enhanced decision-making 例如：simulation modeling demand projection
四、策略：增加營收	四、行銷導向：1950 ～ 1970 年 三、銷售導向：	營收	二、核心部門 (一) 研發	二、公司轉型占 41% innovate our products & service
三、管理：降低成本	廣告 1890 ～ 1949 年 二、產品導向：1841 年起 一、生產導向：	營業成本 • 原料 • 直接人工 • 製造費用 毛利	(二) 生產 (三) 營業與行銷	supply chain resilience 占 20% 占 40% customer experience achieve cost savings
二、社會觀感	1840 年以前	- 營業費用 = 營業淨利	三、支援部門 (三) 管理費用	三、資訊系統現代化 increase productivity
一、法令遵循				41%

* 摘自資誠會計師事務所（PwC），AI Business Survey 2022。

6-2 伍忠賢（2018）版：零售 1.0～4.0 I

「零售 1.0」到「零售 4.0」的用詞。本文以伍忠賢（2018）定義零售業四次業務自動化，跟坊間的分類方式不同。

一、工業 1.0～4.0

工業革命 1.0～4.0，主要內容有二：

1. **機器取代人力和獸力**

這包括第一、二次工業革命的蒸汽動力、電力、取代人力、獸力（主要是農業中的牛馬、工業中的馬騾等）。

2. **產值要大**

像第一次工業革命，在農業、工業（例如：紡織業）、服務業（主要是運輸，如：火車、蒸汽輪船），對總產值提升的金額、比率皆很大。

工業 4.0，這可能是修辭策略語言，跟服裝一樣，有流行用詞，由右頁表可見，2013 年，德國政府為了因應「少子女化、老年化」，決定以智慧機器人來協助勞工生產，預計到 2025 年，勞工年齡中位數 48 歲。此計畫稱為「工業 4.0」（Industrial Revolution 4.0），本意是第四次工業革命，但有可能只是取個流行用詞。

二、零售 1.0～4.0

2010 年起，美國有些作者沿用「工業 4.0」的概念，以機器取代勞工的工業革命想法，把銀行的業務自動化分成四期，稱為「Bank1.0」到「Bank4.0」。

「舉三反一」，我們說明工業、銀行 1.0 到 4.0，再來說明零售業的四次自動化革命，就同理可推了。

1. **1916 年起，大賣場取代小店，零售** 1.0（**即** Retail 1.0）

美國小豬商店（piggly wiggly store）以開放式賣場，出口收銀檯結帳方式，解決了類似菜市場小店人滿或人稀的極端情況，流行後，大店取代小店，小店人力釋出。

2. 1975 **年起**，POS、EDI，**零售** 2.0（**即** Retail 2.0）

由於工業電腦（在零售業，例如：銷售時點系統 POS）、電子資料交換（electronic data interchange, EDI，在 1975 年起訂貨）運用，大量節省人力。

3. **1995 年起，電子商務，零售** 3.0（即 Retail 3.0）

網路商場，商店推動電子商務，取代很多店面人力，簡單地說，電子商務把商店放到網路上。

4. **2018 年起，無收銀人員商店，零售** 4.0（即 Retail 4.0）

2018 年 1 月 22 日，美國亞馬遜公司推出第一家無人商店（cashierless store，直譯無收銀員商店）Amazon Go，本質上跟工業 4.0 無人工廠一樣，詳見下表。店內有 3 位員工，1 人負責補貨，1 人負責餐飲訂做，1 人負責客服（進場等）。這是智慧零售（smart retailing）的大項，是透過顧客的手機把網路帶到商店。

工業與服務業中零售業 1.0 ～ 4.0

階段	I	II	III	IV
一、工業	工業 1.0	工業 2.0	工業 3.0	工業 4.0
(一)時	1760 ～ 1840 年	1870 ～ 1914 年	1946 年起	2013 年起
(二)科技	蒸汽機	電力	資訊科技	同左，人工智慧俗稱智慧科技
(三)產業	紡織、運輸（火車、輪船）	電器、通訊	資訊	2019 年 3 月 5G 手機、物聯網
(四)地	英法德	美	美	德美中
二、服務業				
(一)時		1916 年起	1974 年 6 月 20 日起	1995 年 7 月起
(二)零售科技			1973 年統一編碼協會（UCC）條碼（barcode）	1991 年網路
(三)經營方式		Retail1.0	Retail2.0	Retail3.0
(四)地		田納西州孟菲斯市	俄亥俄州特洛伊鎮	華盛頓州西雅圖市
(五)人		小豬超市	沼澤（Marsh）公司	亞馬遜
(六)事		開放式大賣場以取代攤位式小攤、小店	店面結帳，銷售時點系統（POS）、後場訂貨的電子訂貨系統（EDI）	零售型電子商務

Ⓡ 伍忠賢，2022 年 4 月 12 日。

6-3 零售 1.0 ～ 4.0 II：顧客旅程、體驗

——公司策略階段，增加營收考量

有比較才會看出差異，一般來說，消費者的消費行為是演化的，不是革命式一夕變天，一個國家、地區，百萬、千萬、億萬消費者的數位消費行為，有快有慢，本單元從公司角度來看消費者在「零售 1.0 到零售 4.0」的演進。

一、兩個本書不太使用的名詞

有些公司、人喜歡把消費者消費過程以下列兩個名詞來稱呼，但筆者覺得「消費過程」（或 AIDAR）就很清楚，不需多說明。

1. 顧客旅程（customer journey）：例如：星巴克把顧客得來速分成購物七步驟，詳細找出消費痛點（consumption pain points），予以改善。
2. 顧客體驗（customer experience）：從英文維基百科可見，這是指消費過程 AIDAR，但這詞沒標準含意，以星巴克來說，是指行銷長下轄四個部中的數位顧客體驗部（digital customer experience），偏重手機下單與支付。

二、顧客端

右頁表中第 1 ～ 3 列，延續單元 6-2 表中第 1 ～ 3 列。

三、零售 1.0 到 4.0，表中第一欄

表中第一欄，延續單元 6-2 的表第一欄「自動化程度」，隱含 Y 軸：把零售 4.0 到 1.0，由高到低排列。

四、零售 2.0 的銷售時點系統

1. 加速顧客結帳速度：1995年起，便利商店普遍採用銷售時點系統（POS），以加快顧客結帳速度，這是因為顧客「不耐久候」，希望「入店一買商品一結帳」在三分鐘內完成，西式速食餐廳也是如此，顧客耐性不高。
2. 不用討論節省收銀人員薪資：零售業（甚至航空公司的空服員）薪資占營收比重極低，在進行自動化「效益成本分析」時，把一年一店省幾萬元收銀人員薪資費拿出來分析，會讓別人覺得「目光短淺」。
3. 服務零售 4.0 的「無收銀人員」商店呢？

2018 年 1 月，亞馬遜推「無收銀人員」商店（cashierless store）Amazon Go，重點有二。

- 封閉型商店：例如：軍營、辦公大樓，晚上店員下班，但店可以像自動販賣機一樣營運，顧客一切自助。
- 少子女化地區：有些國家的一些地區，勞動力不足，無收銀人員商店是透過技術以解決缺工問題。

零售 1.0 ～ 4.0

購買階段	購買前	購買中			購買後
AIDAR	注意 興趣 慾求	購買			續購推薦
流	資訊流	金流	生產流	商品流	（註：物流）
四、零售 4.0：智慧零售，2010 年起	1.（零售）公司網頁上的產品頁有產品價格 2. 超市內有可能擺自助機（kiosk），作為自助查商品用	商店自動化自助結帳	快，有些顧客會在到店之前先手機下單	網路購買，主要是店內（路邊）取貨	
三、零售 3.0：零售型電子商務，1995 年起	1. 多，上網可查到所有商品的價格 2. 少，但無法親手碰到商品	快，手機付款	快，可預先下單，店內接單生產，顧客到店可拿商品	慢，因宅配至少須 30 分鐘	可預先購買（subscription），類似開放型基金的「定期定額」扣款
二、零售 2.0：銷售時點系統（POS），1975 年起	1916 年起，超市幾乎所有商品都是開放式賣場（open store），消費者在各貨架間比較商品	快，銷售時點系統掃描商品條碼，結帳速度快			
一、零售 1.0：超市，1916 年起	多，在超市以前，小商店大都是「攤販式」店面，有事只能問店員	快	—	一手交錢 一手交貨	

Ⓡ 伍忠賢，2022 年 6 月 19 日。

6-4 顧客體驗五層級

——伍忠賢（2022）顧客體驗量表

站在公司角度，希望能系統性衡量顧客體驗各層級，尤其是跟對手比較（右頁表中第六欄，沃爾瑪 pk 好市多），本單元以伍忠賢（2022）顧客體驗量表（customer experience scale）來衡量，由於缺乏資料，沃爾瑪與好市多分數由你決定。

一、全景：投入—轉換—產出

從顧客交易「前」、「中」、「後」，來區分顧客體驗。

1. 投入：消費前體驗的資料來源
   有人把顧客體驗分成親身（直接）、別人說的（間接），「別人說的」往往是看網路上的消費者評論（consumer reviews），但這比較不算數。
2. 轉換：消費中
   詳見下一段說明。
3. 產出：消費後顧客認同
   詳見單元 6-6，顧客認同比較狹義的便是顧客滿意程度，以美國消費者滿意程度指數來說，81 分以上算「好」，71 ～ 80 分算「普通」，70 分以下算「差」，原因前三項如下，顧客等太久、店員搞不太懂顧客要什麼、問題沒解決。

二、近景：消費者體驗的架構

表中三欄，三種分類架構

1. 表中第一欄：1943 年，美國心理學者馬斯洛的人類需求層級，這說明消費者消費的「動機」。
2. 表中第二欄：1967 年，美國行銷大師科特勒的產品五層級，這比較偏重公司提供消費者體驗的層級。
3. 表中第四欄：這是 2013 年 6 月 3 日，Anna Mar，在 business.simplecable.com 上的文章“15+ types of customer experience”，我們予以分類。

三、伍忠賢（2022）顧客體驗量表：右頁表第三欄

顧客在店內（少數情況網路）體驗，主要是指行銷組合（4Ps）中的商品策略。這分為三小類。

- 環境：包括 1. 安全（例如：消防逃生設備）；2. 舒服；9. 尋寶；10. 沉浸式體驗（immersive experience），例如：2018 年起，中國大陸火鍋一哥海底撈使用 3D 投影在店入口、用餐區。
- 商品：包括 5. 時尚；6.（品牌）形象；7.（社會）地位身分。
- 人員服務：包括 3. 效率，這很重要，包括上菜、結帳等；4. 商流，例如：網路下單，店內取貨；8. 零售娛樂（retail entertainment），以海底撈來說，指的是二小時一次的四川變臉秀，其次是單點麵食時甩麵秀。

顧客體驗量表

需求五層級	商店體驗		說明	1 分 5 分 10 分	沃爾瑪	好市多
	五層級	10 小類				
五、自我實現	五、未來體驗	10. 沉浸式（immersive） 9. 尋寶（treasure hunt）	10. 未來永續的（sustainability） 9. 生命（life）			
四、自尊	四、擴增體驗	8. 零售娛樂（retail entertainment） 7. 親手作樂趣（hands-on fun）	8. 忘我（forgiveness）或奢侈（luxury） 7.（社會）地位身分（identity）			
三、社會親和	三、期望體驗	6. 社群媒體 IG 拍攝打卡專區 5. 社會聚會座位區	6.（品牌）形象 •（品牌）支持（advocate） •（品牌）忠誠 •（品牌）擁有（ownership） 5. 時尚（fashion）			
二、生活	二、基本體驗	4. 網路下單一店內取貨（click-and -collect） 3. 效率 點餐、付款	4. 親切（intimate） 3. 服務（service）			
一、生存	一、核心體驗	2. 健康（health） 1. 安全（safe、secure）	2. 舒服（comfort） 1. 安全（securily）			
小計						

6-5 人型服務機器人九成失敗

——餐廳、銀行與旅館的例子

2010 年起，幾乎每個月電視新聞都會報導美中日，哪一個行業的大公司推出服務機器人，靠這免費的宣傳，打知名度，宣傳主軸之一是給顧客帶來「新奇」、「科技」體驗。本單元以三個行業來舉例說明，顧客百百種，服務機器人功力有限，撐不起來。

一、工業使用機器人

少子化造成缺工，是美德等汽車、手機工廠使用機器手臂生產主因，汽車業占工業機器人使用量 38%。

1. 工業稱為機器手臂

   在工業，機器手臂的自動化程度低往高：機器人協助人作業（即協作），這在電動汽車特斯拉的工廠中「組裝廠」，至於塗裝廠、車體廠，機器手臂完全取代人，稱為「無人工廠」（unmanned factory），全自動化工廠。

2. 機器手臂的主訴求不在降低人員成本

   工業中工廠使用機器手臂生產，大都用於「高風險」、「重複且枯燥」（例如：汽車電焊）、高精準度要求，主要是保護人身安全、產品品質，其次才是降低成本。但是服務業，這些狀況大都不存在。

二、服務業使用機器人

在服務業也逐漸採用「服務（型）機器人」（service robots），其中有人型機器人（humanoid robot），詳見右頁表。

1. 服務業後場可能用得上機器手臂

   服務業的後場，例如：零售業倉儲，餐廳業的炒菜等，工業中的機器手臂「有用武之地」。

2. 服務業前場，服務機器人功能有限

   服務機器人可用於機場中噴消毒液等簡單動作，高難度服務機器人作不來，例如：不會給顧客的水杯加水，要作到這功能，服務機器人成本太高，用真人來作又便宜又好。

三、電影星際大戰中的機器人 R2-D2 呢？

- 時：1980 年～ 2015 年 12 月。
- 人：類人形機器人 R2-D2。
- 事：星際大戰系列一至七（原力覺醒）中，有趣角色機器人 R2-D2，會走路會説話，由英國演員肯尼·貝克（Kenny Baker, 1934 ～ 2016）飾演，他身高 112 公分。

服務機器人分類

外型	常見
一、人型機器人 （humanoid service robot） 二、不是人型機器人 （not humanoid service robot）	1. 電影 2019 年迪士尼動畫公司的電影 「戰鬥天使—艾莉塔」 2. 商業運用 詳見下表 顧客接觸中心（customer contact center） 聊天機器人（chat robot）

三種服務機器人行業的起伏

時	2010 年	2015 年 4 月 13 日	2015 年 4 月
地	中國大陸山東省濟南市	日本東京都	日本東京都
人	山東大陸科技	三菱日聯銀行（三菱 UFJ）	海茵娜（Henn na Hotel）飯店有 9 家
事	以人民幣 5,000 萬元，開出機器人服務餐廳，占地 2,300 平方公尺	推出名字為 Nao（身高 58 公分）的機器人，由軟銀公司旗下法國子公司研製	推出「全球機器人」（robot-staffed hotel），連櫃檯「人」員都是類人型機器人
結果	2017 年機器人服務餐廳紛紛倒閉，因為機器人服務範圍太窄，例如：不會給顧客水杯加水	2017 年起，Pepper 逐漸撤下	2019 年 2 月起，長崎市豪斯登堡的海茵娜旅館關門，服務機器人能作的項目太少

6-6 顧客認同五層級

——伍忠賢（2022）顧客認同量表

顧客在交易前、中、後的每個過程，皆有機會上網發表對公司的評論。伍忠賢（2022）顧客認同量表（customer engagement scale），把顧客消費後的行為，列於表，重點是以顧客首次光顧後，繼續留在公司，視為 100% 忠誠。以星巴克來說，這主要是行銷長下轄四個二級部（資深副總裁管理）的顧客關係部負責。

一、第一、二級認同

1. 第一級認同：減少客訴

   這包括下列兩小項，這是顧客消費五層級中的「核心」，低於及格標準，顧客會流失。

   - 第 1 項：商品／服務滿意程度。
   - 第 2 項：客訴處理（例如：退貨）得當。

2. 第二級認同：留任

   當顧客滿意程度夠高，便會「一再光顧」，由「生客」變成「熟客」（regular customer）。

   - 第 3 項：人員服務滿意程度力。
   - 第 4 項：集點送 App 福利，例如：4 點折抵消費 1 元。

二、第三、四級認同

1. 第三級認同：顧客忠誠 I，追加銷售

   這是第一級忠誠，忠誠程度 120%，顧客會買更高價產品，站在公司角度，這稱為「追加銷售」（upsell）。

2. 第四級認同：顧客忠誠 II，交叉行銷

   這是更高忠誠程度（例如：150%），顧客「愛屋及烏」，多買公司的產品線（例如：買衣服後，後續買食品），甚至是公司的關係企業產品，稱為「交叉行銷」（cross-selling）。

三、第五級認同：顧客推薦

為了鼓勵、回饋顧客的好口碑（word of mouth, WOM）、推薦（recommendation），公司會實施「顧客推薦方案」（advocacy programs），這是顧客忠誠計畫的升級版，依回饋方式區分。

1. 第 9 項：鼓勵顧客推薦

   這至少包括兩種方式：

   - 產品型激勵（product incentive），即給贈品。
   - 「貨幣性激勵」（monetary incentive），給「集點」（折價點數）。

2. 第 10 項：精神上回饋顧客推薦

   這包括個人激勵、社會型激勵（social incentives）。

四、沃爾瑪 pk 亞馬遜：51 比 61 分

顧客認同量表

忠誠度	顧客認同五層級	項目	1分	5分	10分	沃爾瑪	亞馬遜
200%	五、顧客推薦：淨推薦分數（NPS）	10. 其他品牌支持者計畫（brand advocate）	無	2家	5家	5	5
		9. 推薦者回饋點數	10點	100點	200點	5	5
150%	四、顧客忠誠 II 交叉行銷（cross-selling）	8. 粉絲俱樂部	無	一年一期	有	5	5
		7. 不同等級會員禮遇	一視同仁	分4級	分8級	5	5
120%	三、顧客忠誠 I 追加銷售（upsell）續任（retention）	6. 付費會員福利（詳見單元 8-10 現金回饋）	0%	3%	5%	5	6
		5. 預先購買（subscription）折扣	不折扣	九折	八折	7	9
100%	二、顧客滿意程度	4. 集點送 App 福利	4點1元	2點1元	1點1元	5	5
		3. 人員服務滿意	60%	80%	100%	4	7
80%	一、抱怨	2. 客訴處理滿意	60%	80%	100%	5	9
		1. 商品滿意	60%	80%	100%	5	5
	小計					51	61

Ⓡ 伍忠賢，2022 年 6 月 22、26 日。

6-7 顧客認同之五：顧客淨推薦分數

顧客對公司忠心耿耿的極致表現便是「獨樂樂，不如眾樂樂」，也就是心甘情願的替公司「敲鑼打鼓」。

一、發明者

由右頁上表可見，顧客「淨推薦分數」（net promoter score, NPS）的發明人、發表時間。

1. 發明人：佛瑞德．賴希霍爾德（Frederick F. Reichheld, 1952～）在美國是可列入名人堂的人。
2. 2003年12月第一版：2002～2003年試作了二年，2003年12月，發表：顧客推薦分數，實際運作是由加州紅木城的Satmetrix系統公司（1997年成立），後來陸續推出第二、三版，NPS的S改成system，強調不只是計算（metric）等罷了。

二、調查機構

消費者調查是門好生意，以顧客淨推薦分數來說，大約10家公司在作，依數據查詢時，出現順序如下：

1. 美國加州聖塔莫尼卡市的比較公司（Comparably），2015年成立。每個月公布一次分數，例如：亞馬遜2023年3月51分，詳下段。
2. 印度班加羅爾市的「顧客大師」公司（Customer Guru），2014年成立。
3. 尼德蘭阿姆斯特丹市的「顧客衡量」公司（CustomerGauge），2007年成立。

三、以亞馬遜公司為例

以2023年3月比較公司調查亞馬遜18歲以上顧客給分0～10分，依分數分成三級，以期間來說，長期穩定。

1. 給9、10分，推薦者（promoter）占67%。
2. 給7、8分，中立（neutral）、被動滿意者（passively satisfied）占17%。
3. 給6分以下，批評者（detractor）占16%。
4. 淨推薦分數51分（67%減16%）。
5. 深入分析：詳見下頁表。

四、參考標竿

2018 年，亞馬遜公司的亞馬遜支付（Amazon Pay），打算推出促銷方式，顧客使用此，可享受消費 2% 現金折抵回饋，為了了解顧客的意願，貝恩顧問公司調查 2,600 人，在公司網站發表一份報告“Can Amazon take customer loyalty to the bank?”共 12 頁。顧客淨推薦分數依序如下：聯合服務汽車協會銀行（USAA）79 分、亞馬遜 47 分、地區性銀行 31 分、全國性銀行 18 分。

顧客淨推薦分數的發明人與發表的事

時	2010 年	2018 年 4 月
地	俄亥俄州克里夫蘭市	麻州波士頓市
人	佛瑞德．賴希霍爾德（Frederick F. Reichheld）	同左，註：他學歷是哈佛企管碩士（1978 年）
事	1997 年在貝恩顧問公司（Bain & Company）任職，擔任「院士」（fellow，研究員）	在《哈佛商業評論》上文章“The one number you need to grow”

資料來源：部分整理自英文領英。

亞馬遜顧客淨推薦分數細部分析

行銷組合	顧客年齡	品牌排名
1.2 產品：品質 1.3 顧客服務 2. 定價 註：1.1 硬體還沒列入	1. 依年齡（5 歲一個級距） 1. 1 Y 世代（1981 ～ 1996）排名第 2 名 1. 2 Z 世代（1997 ～ 2018）排名第 3 名 3. 性別 4. 依種族（膚色）	• 全球 100 大品牌中排第 5 • 零售業第 2 • 同業 4 家排第 2，第 1 名是好市多 58 分

資料來源：Comparably 公司，Amazon is ranked #2 in top brands for millennials。

沃爾瑪顧客淨推薦分數解讀

行銷組合	顧客淨推薦	品牌排名
1.2 產品品質 1.3 顧客服務 2. 定價	(1) 推薦者 46%（promoters） (2) 中立者 20%（neutrals） (3) 批評者 34%（detractors） NPS = (1) - (3) =46% - 34% = 12%	• 全球 100 大品牌中未列名 • 零售業第 19 名 • 同業 4 家排第 4 • 顧客忠誠程度前 25%

資料來源：整理自美國 Comparably 公司，2023 年 3 月 10 日。

6-8 零售 1.0 ～ 4.0 III：公司角度

——管理階段，降低成本

以零售業來說，低技能工作要求學歷低，工作枯燥、升遷慢，人員年流動率 15%，而且招募不易，經常缺工。資訊技術中人工智慧技術的進步，使服務型機器人功能愈多，以解決缺工問題，其次是降低員工的薪資成本。

一、從損益表切入

降低成本就得從損益表切入，本書聚焦在以機器自動化取代員工，那就得由人資部提供資料，由會計部成本會計課分析，找出店內哪些課的薪資成本較高。

1. 營業成本三項
   - 原料：倉儲中的人員。
   - 直接人工：這是指前場直接接觸顧客人員。
   - 製造費用中的間接人工：這是指後場人員。
2. 營業費用三項
   - 研發：品質管理課。
   - 行銷：店面行銷課。
   - 管理：這包括財務會計、資訊、清潔保全人員等。

二、適合自動化

由右頁表第三欄可見適合自動化的項目。量販店家樂福停車場出口處，顧客憑發票由店員審核，蓋章抵停車費，尖峰時刻，顧客常大排長龍。2021 年起，改由入場時電腦辨識車牌，顧客出場前，去自助繳費機繳費（消費發票可抵繳一些金額），一勞永逸的自動化。

2022 年 8 月起，日本全家便利商店公司，在 300 家店試辦補飲料櫃機器人，TX SCARA 機器人由日本東京都的 Telexistence 公司（2017 年成立）出貨，其中使用輝達（Nvidia）的人工智慧晶片。

三、不適合自動化

由表第二欄可見不適合自動化的項目，以貨架盤點機器人為例。

在沃爾瑪租用了一年（2019.10 ～ 2020.10），決定不再續約，主因是不划算；至於亞馬遜在訂單履行中心（fulfillment center）不用的原因是貨架盤點機器人會撞到員工，導致員工受傷。

商店自動化可行與不可行項目

損益表	不適當	適當
營收		
–營業成本		
(一)原料		
• 自動倉儲		
• 自動盤點	2020年11月沃爾瑪放棄租用賓州匹茲堡市巴薩諾瓦（Bossa Nova Robotics）公司的存貨盤點機器人，以免傷人	2022年8月，日本全家便利商店採用Telexistence公司的店內補貨機器人
(二)直接人工		
• 自助點餐機（self-service ordering machine）	2015年，麥當勞推自助點餐機，但不可以用折價券、App優惠	
• 自助報到機（spelling check-in machine）	2003年起，開始測試 旅館，包括入住、進房、退房等	機場，顧客公司櫃檯
• 巡視型機器人		例如：Badge科技公司的機型Marly
• 自助結帳		例如：沃爾瑪使用中國大陸廣東省天波（Telpo）的自助結帳機
(三)製造費用		
• 水電、能源	—	有
• 間接人工	全自動掃地機，俗稱掃地機器人（sweeping robot）	人工手推式或駕駛式掃地機

6-9 倉儲自動化的典範：亞馬遜

服務業中數位經營中的降低成本最大公司、最大項目，是全球營收第三大公司亞馬遜，最大項目可能是倉儲自動化（warehouse automation），本單元說明。

一、亞馬遜訂單履行中心的重要性

經濟學說明一個行業、一家公司的重要程度，一般均衡架構來看，詳見下表，右頁下表亞馬遜第二欄，以下貨區員工的商品上架（stow，或上貨）來說，透過拍攝員工上架數百萬部影片，訓練上貨機器人上貨。

二、倉儲自動化策略

亞馬遜的訂單履行中心扮演倉儲、物流中心等功能，網路商店拼的是速度、費用，這一切都必須透過倉儲自動化方式解決，由右頁上表可見，2012 年起，亞馬遜推動倉儲自動化。

三、近景：人工智慧中機器學習的運用

由右頁下表可見，訂單履行中心三大作業區中有兩區兩項作業都是人工，一是下貨區的上架，從拆箱、上架都是人工；一是撿貨區的撿貨（picken）。這兩項目都有高有低，工人上上下下很容易跌傷，2015 年跌傷率 2.9%、2018 年 11.3%、2019 年 7.9%，2021 年 5 月，亞馬遜宣布投入 3 億美元，2025 年目標跌傷率降至 4%。

亞馬遜訂單履行中心的投入與產出

投入／產出	說明
一、生產因素 (一) 地	2021 年 12 月 7 日，現代物料處理公司（Modern Material Handling）公司以倉儲面積大小，發表 2021 年北美十大倉儲公司。前二名如下：第二名亞馬遜 290 個倉庫、0.172 億平方公尺；第一名是優比速快遞公司 497 個倉庫、0.13 億平方公尺
(二) 人	
1. 員工數	150 萬人（2023 年 3 月）、2020 年 93.5 萬人；占美國服務業勞動人口 1.612 億人 1.31%
2. 倉儲員工	24 萬人，占全美 150 萬人中 16%
二、產出	2021 年 10 月，康乃迪克州斯坦福市運輸技術公司，必能寶公司（Pitney Bowes）的《運輸技術報告》，2020 年包裹量前三，美國郵政署（USPS）76 億件、亞馬遜包裹量 42 億件（2019 年 18.5 億件）、聯邦快遞（FedEx）32.5 億件

亞馬遜倉儲自動化的說明

項目	說明
一、策略	1. 2012 年亞馬遜以 7.75 億美元收購 Kiva 系統公司 2. 2012 年起，內部發展
二、組織設計	亞馬遜機器人公司（Amazon Robotics），把 Kiva 公司更名
(一) 成立時間	2003 年元旦，Kiva 系統公司成立
(二) 地點	麻州米德爾塞克斯縣 North Reading 鎮
三、自主研發	
(一) 電腦主機	租用亞馬遜雲端服務公司
(二) 人工智慧中機器學習	1. 2017 年推出 Amazon SageMaker 2. 2020 年 1 月 10 日推出 Amazon Inferentia 品牌，這是英國安謀（ARM）公司 4 核心，加速機器學習推論
(三) 試作	2020 年在威斯康辛州的物流中心

亞馬遜倉儲自動化三大工作區與合作公司

自動化程度	1. 投入：下貨區		2. 轉換：撿貨		3. 產出	
	(1) 上架	(2) 運送	(1) 撿貨	(2) 裝箱	(1) 分類	(2) 上車
一、英文	stower		pickening	packer	sorting	
二、高：80% 以上	✓ 1.1.1 進貨，日本發那科（Fanuc）公司 6 軸機器手臂，可卸 1,300 公斤貨	✓ 自動行動機器人 20,000 台以上，Bert、Kermit、Scooter 等機器人		✓ Box on Demand 自動判斷所裝箱子尺寸	✓	
三、低：20% 以下	1.1 進貨拆箱 1.2 商品上架 1.3 依訂單撿貨到檢貨商品架（pods）		✓ Kiva 車運商品架（pods），依訂單撿貨，2018 年以前 1 小時 100 件，2019 年 350 件訂單			✓

附錄 1995年起，美國零售型電子商務發展

時	1991～2001年	2002～2009年	2010～2019年3月	2019年4月起
一、手機 1. 世代 2. 公司 3. 銷售值（億美元）	 2G 1991年7月 芬蘭諾基亞 —	 3G 2002年2月28日 威瑞遜公司 3G手機 2007年865	 4G 2010年6月 史普林特公司 2010年180 2014年529 2018年4,100	 5G 2019年4月3日 威瑞遜公司 2021年4,480
二、零售型電子商務	1994年上網買必勝客的披薩 1995年7月亞馬遜上線，1999年9月電子灣 1999年手機買電影票	2000年起，傳統零售公司逐漸推出網路商店、商場		專營零售型網路商場市占率55%，傳統零售公司45%
三、支付 1. 電腦支付	— 1998年12月 貝寶控股公司（PayPal）	 2006年4月推出行動支付		
2. 手機支付		以手機儲值卡來說，2009年3月星巴克會員卡Starbucks card Mobile App 2011年谷歌電子錢包	2014年10月20日蘋果 2015年8月20日三星 2015年9月11日谷歌 2015年9月24日星巴克	2020年10.6億人 占手機用戶38.4% 2023年13.1億人 占手機用戶42.2%

Chapter 7

數位經營之科技：2014 年起，沃爾瑪迎戰亞馬遜

7-1 伍忠賢（2022）公司策略管理成功機率量表

——沃爾瑪 pk 亞馬遜：48 比 86

東漢末年，蜀漢的宰相諸葛亮五次伐魏，看似精彩，但從公司策略管理角度，便可發現不用打，勝負已見。

蜀漢後主劉禪好享樂，施政績效差，國力差（人口 108 萬人），只有宰相諸葛亮想北伐，打到最後，將官老了，才有成語「蜀中無大將，廖化（曾為山賊，被關羽收編）做前鋒」。相形之下，曹魏兵精將廣，國力強（443 萬人），以消耗戰來說，曹魏終究會贏。

時空換到 1995 年起的美國零售業，零售型電子商務亞馬遜，鯨吞零售商店市場，零售業一哥沃爾瑪 2014 年起才積極應戰。本單元以策略管理角度來看，2030 年度，亞馬遜營收可能超越沃爾瑪，成為全球營收第一大公司，只花了 35 年。

一、分析方法，切入點

1. 問題：實體商店由商店數位轉型到數位經營，這屬於公司組織管理中組織變革範疇，等到我們仔細分析沃爾瑪，例如「高階管理者承諾」（top manager commitment），這是指沃爾瑪 9 位執行副總裁到總裁，在過程中每個重要節點（node），皆捲起袖子參與，文章不少，但大都是作文比賽；即這角度資料不足。
2. 解決之道：以全面角度來看，套用「策略管理」，會看到數位經營全景。

二、伍忠賢（2022）公司策略管理成功機率量表

伍忠賢（2022）在其《策略管理》（三民書局，2002 年 6 月）的基礎上，發展出公司策略管理成功機率量表（corporate strategic management success probability scale）。

三、沃爾瑪 48 分

沃爾瑪得 48 分，在策略管理 100 分來說，可說「不及格」，以其中得分最低的項目來說。

1. 不想砸錢
    - 研發費用不公布，但可能原因是金額極低。
    - 資本支出，你看沃爾瑪的現金流量表，資本支出僅高於折舊攤銷費用，

談不上「砸大錢做大事」。

2. 帶人但無法帶心：以美國比較（Comparably）公司對沃爾瑪員工的網路評分來說，員工對三級領導者的評分大都在 60 分（D 級），而且不太想建議外人到公司上班，詳見單元 4-8 ～ 4-11。

四、亞馬遜 86 分

以滿分 100 分來看亞馬遜 86 分，分數高得出奇，幾乎每項都滿分，以其中兩項說明。

1. 第 1.2 項成長方式：在英文維基百科「list of mergers and acquisitions by Amazon」中會發現，2017 年 8 月，137 億美元收購全食超市；2021 年 5 月，84.5 億美元收購米高梅影視（Metro Goldwyn Mayer）公司。
2. 第 5.2 項行銷長：珍妮．佩里（Jennie Perry），她 2011 年 2 月進入公司，學歷、資歷中上，以滿分 5 分來說，我們給她 3 分，2019 年 11 月離職，她是全球、北美行銷長，詳見單元 4-7。

公司策略管理成功機率量表

麥肯錫 7S	項目	1 分	5 分	10 分	沃爾瑪	亞馬遜
O、目標	占 50%					
一、規劃	（用 1.3 成長速度）					
1. 策略	1.1 成長方向	水平	垂直	複合	5	10
	1.2 成長方式	內部成長	內外	外部成長	5	10
	1.3 成長速度	1%	5%	10%	7	10
2. 組織設計	主責部門主管職級	經理	副總裁	子公司總裁	9	10
3. 獎勵制度	3.1 研發費用	標竿公司 0.5 倍	跟標竿	標竿公司 1.5 倍	1	10
	3.2 資本支出		公司同	同上	1	10
二、執行	占 30%					
4. 企業文化		同業後 10%	同業前 5%	同業前 10%	3	8
5. 用人（能力）						
5.1 資訊長 5 分	（單元 4-6）	40 分	60 分以上		4	5
5.2 行銷長 5 分	（單元 4-7）	40 分	60 分以上		2	3
6. 領導型態 5 分	員工評分	40 分	70 分		3	4
7. 員工推薦 5 分	員工淨推薦分數：The Comparably	後 10%	前 10%		1	4
三、控制	占 20%					
8. 績效	每股淨利（EPS）	1 美元	5 美元	10 美元	4	1
9. 修正					3	1
小計					48	86

7-2 7S 之 1：策略

——沃爾瑪科技管理

一般來說，服務業的公司研發費用占營收比率在 1% 以下，其中零售業更是如此，當然，網路公司（例如：亞馬遜）例外。全球零售業一哥沃爾瑪也是如此，所以要討論沃爾瑪的科技管理或研發策略，相關文章少且空洞，相關資料（例如：研發費用金額）也不存在。

一、資料來源

- 時：2022 年 6 月 22 日。
- 地：新加坡。
- 人：GreyB 公司，人工智慧中的機器學習，員工數 320 人。
- 事：在公司網站上文章“Walmart innovation strategy uses emerging tech and acquisitions”。

二、問題

由右頁上圖可見，沃爾瑪在 2014 年以前，專利數少，經常遭遇其他公司的專利訴訟。

三、解決之道

- 時：2014 年 6 月。
- 人：董明倫，沃爾瑪總裁兼執行長。
- 事：啟動研發策略：We will develope new capabilities to serve customers in new ways.
  It is important that we all understand the shift that has happened in technology & retail.
  There is a lot of innovation and opportunity available to us.

四、研發管理

1. 專利策略：由右頁表第一欄可見，專利策略有二：「部分集中」，「部分」指的是像自助結帳購物車；「集中」指的是專利「海」，衡量。
2. 專利績效：詳見右上圖。
3. 研發績效：詳見右頁表第二欄。

專利申請、訴訟案件數

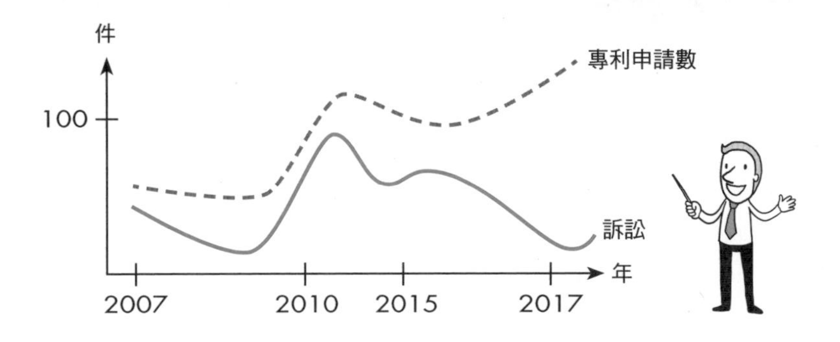

沃爾瑪專利策略與研發績效

投入、轉換：專利策略	產出：研發績效
一、投入 1. 自我引用 （self citation） 2. 專利申請 搶先申請專利，經常申請專利 （file first, file often） 二、轉換 形成專利入場券 （patent ticket，例如：自助結帳購物車）	一、對外：技術轉出 時：2021 年 7 月 18 日 人：蘇瑞希．庫瑪，沃爾瑪（資訊）技術長 事：在（沃爾瑪）公司網站上文章 "Walmart to offer technologies and capabilities" 二、對內：沃爾瑪 時：2022 年 2 月 18 日 人：董明倫，沃爾瑪總裁 事：在 diginomica 公司網站上文章提到 Our stores have become hybrid, they are both • store more automated • interent store and fulfillment center 美國網路商務營收占美國沃爾瑪營收 21%

7-3 全景：技術取得方式

公司數位經營，必須取得數位（資訊通訊）技術，以技術建立競爭優勢，拉開跟對手的距離，本單元先說明技術「取得」方式，再來分析沃爾瑪的技術取得方式。

一、技術性質

技術性質（technology characterization）有許多分類方式，其中之一是技術具體呈現程度，二分法分為兩大類，這在經濟、企管、會計「學門」（即學院）有詳細說明，右頁上表作表整理，會發現名異實同。

1. 嵌入式（embedded），有形的、顯性的：embedded 譯為「具體呈現」（不宜簡稱體現），常見的是有些機器內有嵌入式（資訊）系統（embedded system），像尼德蘭的艾司摩爾（ASML）的極紫光（EUV）光刻機。
2. 非嵌入式（non-embedded），無形的、隱性的：以台積電的微縮製程來說，分大中小三層級，以下只說明中、小二層級，「大」到整個公司。
   - 組織能力（organization capability）：例如：三星半導體整廠挖角台積電部門員工，這涉及晶片的良率。
   - 個人能力（personal capability）：這是指台積電關鍵員工的「一身本領」。

二、公司成長方式

套用公司成長方式，二分法分為兩種方式，套用海外直接投資（foreign direct investment, FDI）的用詞。

1. 內部成長：即綠地投資（greenfield investment），這是比喻你買塊草地，花錢整地；技術研發、機器自主研發皆是。
2. 外部成長：即棕色投資（brownfield investment），這是比喻你買塊已除草的泥地，甚至水泥土，撿現成的，以技術、機器來說，大抵可說技術轉移（technology transfer）、公司收購與合併。

三、影響公司技術取得方式因素

許多人套用 1986 年美國德州理工大學學者戴維斯（Fred D. Davis）的技術接受模型（technology acceptance model, TAM），其 1989 年 9 月論文，引用次數 7.3 萬次。

以問卷等方式研究某國某行業的一、二線公司技術取得方式的影響方式。六個變數最常見，以本書作者對全球晶圓製造業的了解，技術取得方式最主要影響因素是「營收」。詳見伍忠賢著《圖解財務報表分析》（第三版，五南圖書公司，第 7、8 章）以全球晶圓代工業市占率 54% 的台積電來說，摘要如下：

- 研發費用占營收比率 8% 以上。
- 資本支出占營收比率 50% 以上。

三個學門名異實同的用詞

實體程度	10% 以下	100%
一、經濟學	非嵌入式（non-embedded）	嵌入式（embedded）
二、企業管理學	能力（capability）	資產（assets）
1. 策略管理：資源二大類	1. 組織能力 2. 個人能力	1. 有形資產（機器） 2. 無形資產
2. 知識管理	隱性知識（tacit）	顯性的（explicit）
三、會計學	無形的（intangible）	有形的（tangible）
資產負債表	資產負債表「表外」	資產中非流動資產之下的固定、無形資產

技術取得方式

本公司規模：營收（億美元）	一、技術性質：（一）非嵌入（non-embedded）	一、技術性質：（二）嵌入式（embedded）
	二、技術取得方式	
1,000（超級） 700 ~ 1,000（一線）	（一）內部成長 1. 自主研發（independent R&D） 合資研發（joint venture R&D） 1.1 公司擁有他公司控制權	（一）內部成長 = 自主研發（self research） 自主研發機器 （machine independent R&D）
500 ~ 1,000（二線） 300 以下（一線）	（二）外部成長 技術引進 （technology introduction） 1. 公司收購 2. 技術採購 2.1 專屬授權（exclusive license） 2.2 非專屬授權（non-exclusive license） 3. 外部契約研發 • 產學合作	（二）外部成長 1. 買資產 1.1 工業互惠協定 （offset agreement） 1.2 整廠輸入 （turn key）import

7-4 數位經營之外部成長方式

由於沃爾瑪與亞馬遜（幾個自我品牌產品例外）的研發的文章很少，外人難窺堂奧。以外部成長方式中的公司收購與合併來說，報刊有新聞題材，會報導，對我們寫書的「資料可行性」較高，限於篇幅，本單元聚焦沃爾瑪。

一、沃爾瑪與亞馬遜比較

1. 沃爾瑪併購資料來源

   在美國明尼蘇達州「Mergr」公司（2008 年 6 月成立）網站上可看到「Walmart mergers and acquisitions summary」，買進 18 筆。另「Tracxn」網站上「Acquisitions by Walmart」也有彙總。

2. 亞馬遜併購資料來源

   在谷歌下可查到「list of mergers and acquisitions by Amazon」，1998 年起迄 2022 年 4 月，共有 111 筆併購案，另股權投資案 21 筆。

二、沃爾瑪

維基百科的表大都是大事記，我們以顧客服務的資訊技術公司收購來說，以顧客交易「前中後」、AIDAR 架構分類，把沃爾瑪幾個收購案整理於表。最重要的是收購金額大都不公布，沃爾瑪收購都是「無足輕重」的小公司。

三、沃爾瑪 8 號店實驗室

——電子商務新創公司的育成中心

時：2017 年 3 月。

事：成立沃爾瑪 8 號店實驗室，在公司網站 the incubation arm of Walmart 對沃爾瑪的預期功用如下：

- expand Walmart digital presence and shape its operations.（擴展沃爾瑪網路可見度和塑造營運方式。）
- making big bets on transformative ideas that have the potential to fundamentally change how people shop in the future.（針對公司數位轉型的點子進行巨額投資，期盼未來能根本改變顧客購物方式。）

沃爾瑪在科技公司收購

交易階段	交易前			中	後
AIDAR	注意	興趣	慾求	購買	續薦
	資訊流			商品流、金流	物流
時	2019.2	2021.11	2021.5	2019.2	2017.9
地	加州舊金山市	加拿大渥太華市	以色列特拉維夫市	同左	紐約市布魯克林區
人	Polymorph（Labs）2013 年成立	Thunder 工業公司	Zee Rit 2014 年成立	Aspectiva 2013 年成立	Parcel
事	廣告科技公司	同左，偏重廣告自動化	虛擬實境	語音下單等把顧客的產品評論轉換成購買經驗，提供網路商店分析	當日宅配
金額	—	—	2 億美元	—	—

7-5 7S之2：組織設計

——沃爾瑪全球科技 pk 亞馬遜

政府、公司網路經營（數位轉型是過程），會比傳統公司花更多經費在資訊、通訊等「數位」技術；中小企業「錢少之又少」，大都從外界電腦資訊公司買現成軟體（包括手機 App）；中大型公司則「職有專司」。本單元以沃爾瑪與亞馬遜兩家公司為例說明。

一、科技管理組織設計

由右頁上表可見，沃爾瑪與亞馬遜旗下各成立子公司，負責集團的資訊通訊系統開發，對外營業，扮演印度印孚瑟斯（Infosys，或資訊系統技術公司）的「研發外包公司」（R&D outsourcing）功能。簡單地說，這兩家公司都是以公司內研發（in-house R&D）為主。

1. 沃爾瑪旗下沃爾瑪全球科技公司
   由右頁上表第二欄可見，沃爾瑪全球科技公司（Walmart global tech），特點是公司地點在美國加州矽谷，以利用網路業群聚效應。公司員工人數最大估計 2 萬人，但外部營收很少。
2. 亞馬遜旗下亞馬遜雲端服務公司
   亞馬遜雲端服務公司是全球市占率 33% 的公司。

二、資訊長的職稱

右頁下表先拉個全景，把公司核心、支援部門的相關主管英文名稱先認識，再來看資訊部主管的名稱。

1. 工業內的公司
   資訊相關部門的主管稱為資訊長（chief information officer, CIO）。
2. 服務業，以沃爾瑪為例
   服務業的公司大都沒有工廠，就不會有技術長（chief technology officer）一職，於是把負責公司資訊通訊技術（ICT）主管稱為（資訊）技術長，例如：星巴克，下轄四個「二」級（資深副總裁）部，展開成八個「三」級（副總裁）部，員工數約 1,000 人。沃爾瑪的資訊部主管也稱為（資訊）技術長。

沃爾瑪與亞馬遜的資訊公司

公司	沃爾瑪	亞馬遜
時	2011 年	2006 年
地	美國加州矽谷聖塔克拉拉縣森尼韋爾市（Sunny Vale）	美國華盛頓州西雅圖市
人	沃爾瑪（全球科技公司）	亞馬遜雲端服務公司
事		
• 研發中心	全球有 16 個，主要在美國，其次是海外營業店較多國家，例如：墨西哥、印度	全球有 13 個雲端創新中心（cloud innovation centers, CICs），這是對外合作研發
• 員工人數	20,000 人	11,000 人以上
• 營收	預估 0.25 ～ 1 億美元	801 億美元（2022 年）

公司核心與支援部門主管英文名稱

公司	主管英文名詞	沃爾瑪	亞馬遜
一、核心活動			
(一) 研發	chief R&D officer	同資訊管理	同資訊管理
(二) 生產			
• 生產技術	chief technology officer（CTO）	—	—
(三) 行銷／銷售			
1. 行銷	chief marketing officer（CMO）	山姆俱樂部資深副總裁 Ciara Anfield 1. 行銷長	北美區、會員行銷長 珍妮．佩里（2019 年 11 月離職），詳見單元 4-7
2. 銷售	chief customer officer（CCO）	2. 會員長（chief member officer） 蘇瑞希．庫瑪	
二、支援活動 資訊管理	chief information officer（CIO）	1. 技術長 2. 發展長	維爾納．沃格爾斯，詳見單元 4-6

7-6 伍忠賢（2021）創新育成中心吸引力量表

——沃爾瑪 **pk** 亞馬遜：**60** 比 **70**

本單元延續說明 7S 之 1 公司策略之外部成長第二項，臺灣的內政部警政署有句名言：「警力有限，民力無窮」，站在公司研發角度，如何把外界研發能量納為本公司助力，本單元說明沃爾瑪與亞馬遜的「孵小雞」作法，即成立創新育成中心（incubator）、加速器（accelerator），以伍忠賢（2021）創新育成中心吸引力量表（incubator attractiveness scale），站在創業團隊角度給兩家公司打分數。

一、伍忠賢（2022）創新育成中心吸引力量表

這個量表資料來源如下。

1. 「沃爾瑪 8 號店實驗室」（Walmart No.8 Labs）
   這是沃爾瑪的技術方面創新育成中心，2017 年 3 月 20 日成立，員工人數約 125 人，有兩個地點，美國東岸在紐澤西州、西岸在加州，第一任總裁是 Seth Beal，他原是沃爾瑪全球事業部（三大之一）中網路商場與數位商店營運資深副總裁。
2. 亞馬遜旗下亞馬遜雲端服務公司
   公司下設「新公司育成中心與事業加速器」（startups incubators and business accelerators）。
3. 如何挑選創新育成中心的論文
   這是一個老題目，從 1980 年代起，就有許多論文探討，大都是大同小異結果。

二、沃爾瑪 60 分

僅針對三項高分說明。

第 3.1 項資本中資金 7 分：沃爾瑪宣稱從公司天使、創投、私下募資權益階段，甚至新股上市，沃爾瑪都有財力投資，或張羅外部資金。

第 3.2 項資本中機器設備 8 分：在沃爾瑪阿肯色州總公司，號稱全球最大私有雲，每小時處理 2.5「拍位元組」（pytebyte, PB）。且外部租用全球市占率第二大微軟公司的天藍（Azure）雲端系統。

第 4.1 項技術中的內部技術服務能量 8 分：這主要是有沃爾瑪全球科技公司（員工最多 2 萬人）的支援。

三、亞馬遜 70 分

僅針對三項高分說明。

第 3.2 項機器設備資源 9 分，2023 年 2 月，Synergy Research 公司評亞馬遜雲端服務公司全球市占率 33%，而且外界難以撼動其地位，外部公司有如在寶山內。

第 5.1 項企業家精神之經驗分享 9 分：在公司網站上宣稱只要是其輔導創業團隊，所有的募資說明書甚至團隊創辦人的經驗談（文字部落格或影音檔）皆有。

第 5.2 項企業家精神之創業生態圈 9 分：像旅行日租分租房 Airbnb 便是由公司輔導的，每年公布當年成功孵育公司。亞馬遜雲端公司會設法把相關公司湊在一起。

創新育成中心能力量表

一般均衡架構	項目	1 分	5 分	10 分	沃爾瑪	亞馬遜
一、生產因素市場						
1. 自然資源	1. 辦公室空間與鄰居以平方米	2	10	20	5	5
2. 勞工	2. 育成中心法律等服務	1 人	5 人	10 人	5	5
3. 資本	3.1 資金：財務資源協助	10%	50%	100%	7	5
	3.2 機器設備，雲端資源	三線	二線	一線	8	9
4. 技術	4.1 內部技術服務能量	弱	中	強	8	8
	4.2 外部：產學合作	弱	中	強	5	7
5. 企業家精神	5.1 創業公司經驗分享	少	平	多	5	9
	5.2 創業生態圈	弱	中	強	5	9
二、轉換、產出	6. 商業化輔導：行銷等	弱	中	強	5	7
• 商品市場	7. 代價：創新公司的成本	高	中	低	7	6
小計					60	70

® 伍忠賢，2022 年 7 月 10 日。

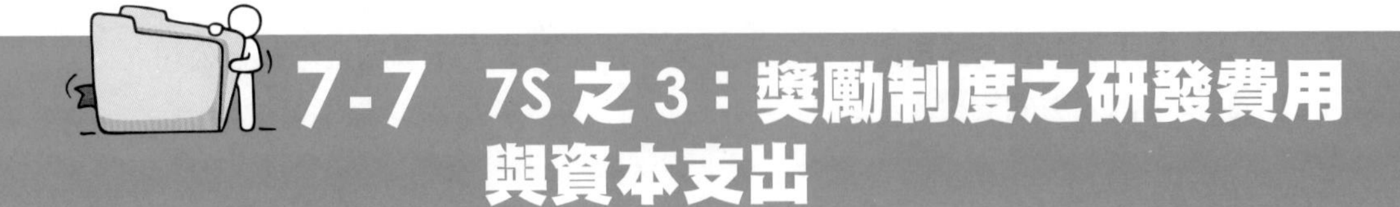

7-7 7S 之 3：獎勵制度之研發費用與資本支出

——沃爾瑪 pk 亞馬遜

公司任何策略的執行，「錢」是基本，錢夠就能聘到足夠數量的一流人才。開宗明義地說，由於沃爾瑪與亞馬遜的年報資料太籠統，只能說亞馬遜在研發、資訊設備資本支出皆在沃爾瑪 4 倍以上。

一、二個生產因素，二種財務報表

以公司科技管理來說，這涉及二個生產因素，二種財報。

1. 生產因素之四技術

   技術有兩種取得方式，在財務報表上處理方式不同

   - 內部成長的自主研發（independent R&D）：損益表上營業費用中的研發費用。
   - 外部成長方式的技術引進與發展（technology acquisition & development），這金額表現在資產負債表上非流動資產中的「無形資產」。

2. 生產因素之三資本

   這在現金流量表上有二項。

   - 營業活動現金流「入」：機器的「折舊」、無形資產的「攤提」。
   - 投資活動現金流「出」：固定資產、無形資產兩項資本支出。

二、研發費用比較

1. 沃爾瑪：年報、損益表的研發費用皆是省略，好市多也不揭露。
2. 亞馬遜：由右頁表第四欄可見，2022 年亞馬遜的研發費用 732 億美元占 14.24%（占營收 5,140 億美元），英特爾才 175 億美元（占營收 630 億美元 27.78%），這是會計科目的分類方式，亞馬遜合併報表，把子公司亞馬遜網路服務公司的營業成本費用掛在母公司亞馬遜的研發費用科目上。
3. 亞馬遜金額高且領先。

三、投資活動比較

1. 沃爾瑪：沃爾瑪的固定資產支出，在 2022 年度年報第 36 頁，131 億美元，

明細如下表。有文章說 2015 年度沃爾瑪資訊設備支出 105 億美元，名列全球百大資訊系統支出公司。但 2015 年度固定資本支出 108.42 億美元，上述 105 億美元，是把固定資本支出當作資訊設備支出，這是錯的。

2. 亞馬遜：由下表可見，亞馬遜的折舊費用金額是沃爾瑪的 2.33 倍，固定資產投資是 3.78 倍；顯示亞馬遜為了擴充，捨得砸錢，不在意每股淨利對股價的影響。

沃爾瑪與亞馬遜研發費用與資本支出比較

五種生產因素	財務報表	沃爾瑪	亞馬遜		
	一、會計年度	2023 年度（2022.2～2023.1）	曆年制	2022 年	
	二、損益表		1. 全部	2. 雲端服務公司（AWS）	3. 其他
	1. 營收	6,113	5,140	801.1	
	2. 成本費用	5,908.72	5,004.89	652.73	
	3. 營業淨利	204.28	135.7	148.73	
之三：資本	三、現金流量表				
	1. 營業活動：折舊費用	109.45	255.28		
	2. 投資金額	168.57	636.45		
	2.1. 固定資產投資	168.57	—		
	2.2. 公司收購與合併	—	—		

2022 年度沃爾瑪資本支出結構

國家	中分類
一、美國 占 80%	1. 供應鏈 55%
	2. 舊店翻新 25%
二、國外 占 19%	3. 開新店 1%

7-8 亞馬遜的專利績效

公司科技策略的直接績效是美國或本國的專利核准數，由於沃爾瑪在美國的專利數少，分析文章少，本單元以亞馬遜為對象。

一、全景

在 2019 年 8 月，*Technology in Society* 期刊中，以芬蘭于韋斯屈萊大學（Jyvaskyla）為主的六位教授與博士班學生的論文“The transformation of R&D into neo open innovation — a new concept in R&D endeavor triggered by Amazon”，引用次數 25 次。

二、對科技的重視：全面研發

在 2010 年，亞馬遜年報中，董事長貝佐斯致股東書中：「Technology infuses all our decision-making, and process, and our approach to innovation in each of own business」（科技運用於公司決策、各事業的創新與流程）。

這個全面研發的想法，跟全面品質管理（TQM）、全員行銷觀念一致的。

三、研發績效

2018 年 9 月 14 日，在中國大陸北京市，亞馬遜的中國大陸創新日，首度公開迄 2018 年 1 月底，全球專利數 10,400 件，其中美國占 7,096 件，科技政策方向是「全球資源，本地創新」。

由下表可見，2018 年起，許多專利機構分析亞馬遜在美的專利成績。

亞馬遜在美國 4 年的專利核准數

項目	2018 年	2019 年	2020 年	2021 年
(1) 全美（萬件）	33	35.2	32.73	32.73
(2) 亞馬遜（萬件）	0.2035	0.504	0.2373	0.211
(3) 市占率 (%) =(2)/(1)(%)	0.617	1.432	0.725	0.644
排名	15	11	14	15

資料來源：美國專利申請市調公司 IFI claims 公司，每年約 2 月 5 日 Trend Insights。

7-9 伍忠賢（2022）網路購物顧客服務技術優勢量表

——沃爾瑪 **pk** 亞馬遜：**37** 比 **70**

數位經營重點在於「滿足顧客，增加營收」，因此在技術的運用，關鍵在跟對手比，看誰最能「抓住顧客的芳心」。本單元以伍忠賢（2022）網路購物顧客服務技術優勢量表，評比沃爾瑪 37 分、亞馬遜 70 分，E 級跟 B 級的差別。

一、伍忠賢（2022）網路購物顧客服務技術優勢量表

1. 問題

   有關沃爾瑪和亞馬遜在顧客服務技術優勢的文章如過江之鯽，針對單一項目都有詳細說明，筆者作了許多筆記，不知如何以 2 頁篇幅說明。

2. 解決之道：推出量表

   競爭優勢分析須跟對手比，於是一小時內便發展出伍忠賢（2022）網路購物顧客服務技術優勢量表（online store customer service technologies competitive advantage scale）。

二、量表架構

由次頁表第一、二欄可見，依交易「前中後」分成五流。

1. 資訊流占 30%：消費者有精準的產品（含價格）資訊，迅速貨比三家，找到適合的產品。
2. 商品流占 20%：商品流指的是「買方下訂單，賣方接訂單」，分成兩種下單方式：語音、文字（例如：手機）。
3. 資金流占 10%：資金流是指「買方付款，賣方收款」。
4. 生產流占 20%：以電子商務來說，是指在倉儲中心，把顧客幾個商品裝箱。
5. 物流（宅配）占 20%：宅配速度快，但宅配費用跟著高。

三、沃爾瑪 37 分

沃爾瑪只有一項高分，即商品流中的語音下單，得 8 分，詳見單元 8-4。

四、亞馬遜 70 分

簡單地說，套用 2013 年 CNBC 主持人 Jim Cramer「尖牙股」（FANG, Facebook、Amazon、Netflix、Google），便可了解亞馬遜本業是零售業，但投資人卻把它視為網路股，因此在顧客服務相關技術大都是「作得又快又好」。

網路商店顧客服務技術優勢量表

交易	AIDAR	流	項目	1分	5分	10分	沃爾瑪	亞馬遜
前	一、注意	資訊流 30%	—					
	二、興趣		2. 商品個人化推薦	10%	50%	100%	5	10
	三、慾求		3.1 庫存預測供應鏈優化	弱	中	強	5	10
			3.2 虛擬試衣間	10%	50%	100%	1	5
中	四、購買	商品流 20%	4.1 語音下單辨識	50%	80%	100%	8	10
			4.2 一鍵購買	5 鍵	2 鍵	1 鍵	5	10
		資金流 10%	4.3 無收銀人員商店普及	10%	50%	100%	1	2
		生產流 20%	4.4 自動化倉儲機器人	10%	50%	100%	5	10
			4.5 撿貨與自動化包裝	10%	50%	100%	5	9
		物流 20%	4.6 自駕汽車送貨	10%	50%	100%	1	2
			4.7 無人機宅配（Drone）	10%	50%	100%	1	2
後	五、續購與推薦							
小計							37	70

® 伍忠賢，2022 年 7 月 21 日。

零售個人化指數（retail personalization index）

時：每年 3 月 20 日，2017 年開始作

地：美國紐約州紐約市

人：Sailthru（2008 年成立），Campaign Monitor 集團旗下

事：針對全球 260 家零售公司、500 個品牌，調查 5,048 位消費者（18～84 歲），80 個因素，2021 年 10 月調查

7-10 虛擬實境技術的運用

——沃爾瑪與亞馬遜網路上虛擬試衣間

商店與網路商店運用資訊技術中的虛擬實境、擴增實境技術，顧名思義便是「如擬實境」，以生活項目中的「衣」來說，依人體由上而下分成三部分。

- 臉上化妝：這是化妝品公司報告，例如：2020 年法國萊雅公司推出網路版的「虛擬試妝」，有如人到了專櫃，讓專櫃人員對你化妝，眼見為憑。
- 衣服：即虛擬試衣間，本單元重點。
- 鞋子：像耐吉、愛迪達推出的虛擬試鞋，重點在於掃描人的腳部，去試看看那雙鞋合不合腳。

一、虛擬試衣間

人到了服裝店，挑了衣服，到了試衣間換上衣服，再到大鏡子前看看合不合身。同樣地，在商店、網路商店皆推出虛擬試衣間（virtual dressing room，有人用 fitting 取代 dressing）。

1. 關鍵技術
   - 投入：顧客臉、身材的 3D 掃描（body scanner）。
   - 產出：虛擬實境的 3D「解決」（solution 或 simulation）。
2. 效益

   以虛擬試衣間的以色列資訊系統開發公司 Zeekit 的說法，在網路商店，可降低 36% 的退貨率。

二、早期大眾：亞馬遜

亞馬遜旗下兩個零售型電子商務主體，先後順序如下：

1. 亞馬遜網路商場「網路商店」是創新者

   網路商店「女主角的」（Divalicious），銷售 300 個服裝品牌，2011 年 9 月 27 日宣稱是第一家推出虛擬試衣間的網路商店。
2. 亞馬遜商店 2018 年是「早期大眾」。

三、落後者：沃爾瑪

沃爾瑪在虛擬試衣間的運用，在業界是「落後者」。

1. 2018 年 2 月

   沃爾瑪收購虛擬試衣間的新創公司 Spatialand，這是在 2017 年 8 號店實驗室成立後入主孵化的新創公司。

2. 2019 年 2 月，推出試用版。
3. 2022 年 3 月 15 日

由下表可見，沃爾瑪推出遠端試衣間（remote fitting room），稱為「挑選我的模特兒」（choose my model）。

美國零售公司虛擬試衣間

項目	創新者	早期採用者	早期大眾	晚期大眾	落後者
占比重	2.5%	13.5%	34%	34%	16%
1. 時	2011 年 9 月 27 日	2011 年 10 月 10 日	2018 年 6 月 5 日	2019 年 6 月	2022 年 3 月 15 日
2. 人	亞馬遜網路商場的網路商店 Divalicious	梅西百貨	亞馬遜	英國服裝公司（ASOS）	沃爾瑪
3. 事	銷售各品牌公司 300 個服裝品牌	在店、網路商店，推出「魔術試衣間」（magic fitting room），但技術較淺	推出亞馬遜試衣鏡（Amazon mirror）	推出 virtual catwalk	推出 choose my model

7-11 零售 4.0：無收銀人員商店

——亞馬遜無收銀人員商店（Amazon GO）

銀行 4.0 可說是自動化營運極致，典型便是「純網路銀行」（internet-only bank），沒有分行，一切交易都透過網路。

在零售業的「自動化經營」便是「無店員商店」（unmanned store），一切顧客自理。

一、分類與技術

1. 無店員商店分類

   由次頁表第一欄可見，依店型分兩類：數台販賣機組成的店，即開放型商店，這分兩中項。

2. 無店員商店的技術：人工智慧

   商店要無店員經營，必須作到兩步。

   - 貨架上商品辨識與結帳：這比「人臉辨識」的難度更高，也遠超過商店自助結帳櫃檯的 QR 碼掃描。
   - 無接觸付款：在出口處，自動偵測到手機內支付帳戶，予以扣款。

二、美中日發展

由次頁表可見，美中日在「無店員商店」的發展，技術成熟，大國的一線公司都在發展，小國的公司採取整廠輸入（turn-key）方式，表中第四欄星巴克實驗店技術來自亞馬遜。

三、近景亞馬遜「自助結帳」商店

1. 亞馬遜 Go

   這是採用顧客「自助結帳」（self-checkout）的「掃描與離店」（scan & go）技術，完全沒有收銀人員，稱為「無收銀人員商店」（cashierless store）。一家店至少有三位店員：入口處有人員協助，店內有一人補貨、一人提供餐飲服務。

2. 發展沿革

   由次頁表可見亞馬遜「無收銀人員商店」的發展，是踩著石頭過河。

四、效益成本分析

以中國大陸來說，2018～2019 年，無收銀人員商店一窩蜂。以效益成本來說，只省了收銀人員（一個月一天三班，一人月薪人民幣 3,500 元，三個人一個月 1 萬元），但全店智慧化設備人民幣 120 萬元，以五年攤提折舊，每個月人民幣 2 萬元，不划算。

商店自動化程度：以顧客自助結帳為例

自動化程度	日本	中國大陸	美國
商店分二水準： 100% (一)全面防盜機制	便利商店採用無人方式經營，必須設置防盜門、監視攝影機，在商品上貼電子標籤等防盜措施	1. 2015 年阿里巴巴集團推出了電子支付的生鮮超市「盒馬鮮生」 2. 2017 年 9 月 • 浙江省杭州市 • 淘寶 • 事：開了「淘咖啡」概念店，240 項商品，另有咖啡吧檯，有店員服務	1. 2018 年 1 月 • 亞馬遜 • 事：推出「無收銀人員商店」 2. 2021 年 • 紐約市 • 星巴克 • 事：星巴克開了一家星巴克自助結帳店（Starbucks Go）、採用亞馬遜自助結帳系統
50% (二)無防盜機制	1. 2020 年 9 月 • 永旺集團（AEON）旗下的便利商店迷你島（MINIS-TOP） • 推出針對辦公室的小型無人店「MINIS-TOP Pocket」，銷售 120 種商品，電子支付的自助結帳櫃檯 2. 2020 年起 • 7-ELEVEn • 事：企業或學校向 7-11 總公司提出設置要求後，公司就會去向附近的 7-11 分店討論設置自動販賣機。設置完成後，分店員工會負責補貨，營收算在該分店，販售便當、麵包、飲料、甜點等自家商品，一個地點最多賣 92 個品項商品		

Chapter 8

沃爾瑪運用人工智慧提升商店到零售 4.0

8-1 全景：零售 4.0——智慧零售

智慧冰箱、智慧汽車、智慧城市這些名詞的交集是「智慧」，主要是指透過「電腦」、「手機」與網路連線，讓冰箱、汽車甚至城市可以更有智慧，幫人們分擔一部分工作，這個科技應用在零售公司稱為「智慧零售」（smart retailing），有稱為「第四代零售商店」。

一、資料來源

2021 年 12 月 29 日，在美國喬治亞州商業軟體（MobiDev）公司網站上 Liam Shotwell 的文章“7 New Retail technology trends reviving the stores in 2022.”，在右頁表中 1 ～ 7 項。

二、兩項不屬於零售科技

下列兩項明顯屬於其他領域，不宜放在零售科技範圍內。

1. 行銷科技中的行銷自動化

   為了版面平衡起見，我們把金融科技中的八大類的行銷自動化，放在表第四欄上半部。詳見拙著《超圖解數位行銷與廣告管理》（五南圖書公司）第 4 章。

2. 金融科技中的支付科技

   這屬於金融科技營運公司推出的手機支付（mobile payment），試圖融合銀行金融卡、信用卡，加上電子票證的支付方式。詳見伍忠賢、劉正仁著《圖解數位科技》（五南圖書公司）第 4、5 章。

三、架構

表中第一、二欄，採用兩種分類方式，大同小異。

1. 第一欄：企業公民化五階段

   套用 2004 年 11 月，《哈佛商業評論》上，英國倫敦市（企業社會）責任協會賽門．查達克（Simon Zadak, 1957 ～）把公司社會責任發展階段由低往高分五級：「法令遵循—社會觀感—管理—策略—公民化」階段。商店自動化「對內」（不涉及顧客）是管理階段，降低成本為主；對外（顧客）是策略階段，以增加營收。

2. 第二欄：交易前中後三階段。

四、適用對象

由表第三、四欄可見，商店自動化依商店實體程度分成兩種。

商店，包括五中類。

網路商店，包括兩中類。

商店自動化的運用分類

企業社會責任五層級	顧客交易階段	商店 7 中類	網路商店
四、策略階段：增加營收	（五流） (一)交易前資訊流 1. 店門	1. 零售自動化 （automation in retail） 1.1 顧客「服務機器人」 （customer service robot）	註：下列屬於行銷科技 • 消費者行為分析 • 個人化訊息 （personal recommended action） • 人工智慧驅動需求預測（AI driven demand forecasting）
	2. 店內	2. 顧客「店內定位」系統 （indoor positioning system） 2.1 店內地圖（indoor map）	
	(二)交易中 1. 商品流	3. 虛擬實境（virtual reality） 3.1 顧客用虛擬實境 4. 人工智慧 4.1 數位菜單（digital menu） 4.2 動態展示（display） 4.3 動態定價 （dynamic pricing）	6. 語音下單 （voice commerce）
	2. 資金流	5. 自助結帳 （self-checkout） 5.1 無收銀人員商店 （cashierless store） 5.2 自助結帳	6.1 手機 例如：蘋果公司 iPhone 的 Siri、三星電子手機 Bixby
三、管理階段：降低成本	(三)交易後 1. 物流（宅配）	5.3 銷售時點系統（pos） • 數位儀表板 （digital dashboard） 1.2 機器人清潔 1.3 機器人存貨管理 （robot inventory management） 3.2 員工用虛擬實境	6.2 智慧音箱 例如：谷歌的 Alexa 7. 自動出貨宅配 （autonomous delivery） 7.1 美國二日宅配 7.2 無人機宅配

Ⓡ 伍忠賢，2022 年 4 月 12 日、6 月 5 日、6 月 6 日。

8-2 近景：人工智慧在經營時的運用

——以自動化為例

公司在選擇解決問題的決策時，主要透過「效益成本分析」（cost-benefit analysis），選擇投資報酬率較高的方案。

投入成本容易估算，效益中的降低營業成本也一樣，本單元以人工智慧（深度學習是其中大分類）在四類企業活動中的自動化為例說明。

一、運用科技的目的

1. 1990 年的「科技—組織—環境架構」：有許多論文採取「科技—組織—環境架構」（technology-organization-environment framework, TOE）來分析，我們看一下英文維基百科，會發現這架構太廣泛了，以致「無所指」。
2. 以公司運用科技的驅動力來源來說，套用「80：20 原則」
   - 顧客「吸引力」（pull）占 80%。
   - 科技、同業「推動力」（push）占 20%。

二、顧客端

以商業組織（包括攤販）運用數位科技，主要有兩種分類階段。

1. 三階段：購買「前」、「中」、「後」。
2. 五階段：即伍忠賢（2021）AIDAR；以交易中五個「流」，分成兩部分。
   - AID 階段是「資訊流」。
   - A「購買」涵蓋三個流：資金流（支付）、生產流（例如：7-11 便利商店店員現煮咖啡）、商品流。商品流即一手交貨，這包括物流中的宅配（home delivery）。

三、公司端：四個部門、自動化技術

由右頁表第四列可見，顧客消費三大階段，AIDAR 中的 AIDA 由四個功能部負責。

1. 行銷部利用行銷科技：以行銷科技中的行銷自動化來說，最常見的便是透過軟體，自動化發送電子郵件 DM、App 通知給上百萬位顧客（尤其是會員）。
2. 財務部利用金融科技：金融科技中的財務自動化，協助財務部把現金收支等處理。

3. 生產部利用工業科技：以餐飲業來說，生產部是指後場（廚房），例如：機器人煮麵。
4. 運籌部利用零售科技：零售科技常見的自動化，例如：倉儲進貨、盤點、撿貨等。

四、自動化程度分級

1. 下表第一欄，自動化程度五等分分類：由表第一欄可見，把 1 ～ 100% 五等分分類，每 20% 一個級距，加上 0%，成為六個級距。
2. 自動化程度：以汽車自動駕駛六級為例，根據國際汽車工程師協會（society of automotive engineers, SAE，1905 年成立，美國密西根州特洛伊鎮）的分類，把汽車自動駕駛分 0 ～ 5，共六級，0 級是純人駕駛。

顧客消費過程中公司自動化活動

購買階段	購買前	購買中	購買後	
AIDAR	注意 興趣 慾求	購買	續（購）（推）薦	
流	資訊流	資金流	生產流 商品流 物流	
公司部門	行銷部	財務部	生產部、運籌部	業務部、運籌部
科技	行銷科技	金融科技	工業科技	零售科技
科技小分類	行銷自動化（marketing）	財務自動化（finance）	生產自動化（production）	零售自動化（retail）
自動化程度	汽車自動化駕駛	自動化分級	同上	同上
100% 80% 60% 40% 20% 0%	L5 L4 L3 L2 L1 L0	一、人工自動化 人工智慧自動化（artificial intelligent automation） 二、流程自動化（robotic process automation）	（一）供應鏈管理 自動購買 （二）倉儲管理 1. 自動倉儲 2. 自動盤點 3.（倉儲）機器人隊伍管理	（一）訂單履行中心自動化（fulfillment center automation） 1. 自動化接單 2. 自動撿貨（automatic picking） （二）物流自動化 零售物流技術（retail delivery technology）

單元 8-1 表中店內地圖（indoor map）功用如下：
這屬零售科技第2中類：
2. 店內定位系統
2.1 店內導航（indoor navigation）
2.2 找商品（targeted deal）
2.3 顧客動線資料（customer traffic data）此有助於店內布置
2.4 品項追蹤（item tracking）物聯網、電子標（RFID）等

8-3 伍忠賢（2022）商店自動化程度量表

——沃爾瑪 **pk** 好市多：**39** 比 **25**

零售科技最基本的是商店自動化，行銷科技的部分稱為行銷自動化。本單元以伍忠賢（2022）商店自動化程度量表（degree of store automation scale）為基礎。

一、商店自動化範圍

1. 商店自動化範圍：許多商店自動化設備公司都會說明其機器適用的範圍，可說是很實用的範圍，沒有標準定義。
2. 伍忠賢（2022）商店自動化程度量表：由右頁表可見，伍忠賢以兩種架構把商店自動化 10 項分類。

二、商店自動化程度量表架構

1. 第一欄：企業社會責任五層級
   在單元 8-1 第三段賽門．查達克中說明。
2. 第二欄：產品五層級
   1969 年，行銷大師柯特勒的《行銷學原理》書中，提出的產品五層級（Kotler five product levels）觀念，本書沿用其用詞。

三、量表 10 項

限於篇幅，本段說明其中兩項。

1. 第 6 項迎賓機器人（welcome robot）：詳見單元 6-5，雖然不成氣候，但未來發展前景佳。
2. 第 8 項自助下單機器（self-service ordering machine）：最常見的是 2015 年起，麥當勞點餐機，一般由於長得像票亭，所以通稱 kiosk，在便利商店業稱為多媒體事務機（multi-function product, MFP，P 有時用 printer 或 peliphceral）。

四、評分：美國兩大量販店比較

右頁表中第五欄，以美國兩大綜合零售業一哥比較。

1. 超市龍頭：沃爾瑪 47 分
   自動化程度 47 分，像「第 8 項自助下單」得 1 分，這方面報導較少。

2. 量販店龍頭：好市多 39 分

好市多的資料較少，常見的是零售型電子商務的自動倉儲，但這不屬於「商店」範圍。另外，商店部分偏重商店布置。

商店自動化程度量表

企業社會責任五層級	產品／服務五層級	中文英文	1分	5分	10分	好市多	沃爾瑪
四、策略階段：損益表上營收	五、潛在						
	10. 自助結帳 II	無收銀人員商店普及（cashierless store）	10%	50%	100%	1	1
	9. 自助結帳 I	自助結帳（self checkout）	10%	50%	100%	1	8
	四、擴增						
	8. 店內自助 II：票亭	自助點餐（self-service ordering machine）	10%	50%	100%	5	1
	7. 店內自助 I	產品位置、價格查詢	10%	50%	100%	1	4
三、管理階段：損益表上營業成本、費用	三、期望						
	6. 迎賓機器人	迎賓機器人（welcome robot）	10%	50%	100%	1	1
	5. 停車車牌辨識	自動車牌辨識（license plate recognition）	10%	50%	100%	9	10
	二、基本						
	4. 顧客接觸中心（customer contact center）	顧客支持（customer support）	10%	50%	100%	1	8
	3. 手機 App		不好用	普通	好用	9	8
	一、核心						
	2. 貨架盤點機器人		10%	50%	100%	5	1
	1. 掃地機器人		10%	50%	100%	1	5
小計						39	47

Ⓡ 伍忠賢，2022 年 6 月 5 日。

8-4 手機 App：顧客語音下單

——兼論店內語音助理

行動裝置的語音助理（voice assistant）從 2011 年 10 月，蘋果公司 iPhone4S 的西麗（Siri）開始，「使用者有問，語音助理有答」的強大功能。2017 年起，手機語音助理成熟，軟體公司、手機公司開放程式碼，讓各行各業可以藉以開發「對話平台」（conversational platform）。2017 年起，零售業沃爾瑪推出手機 App 語音下單，限於篇幅，本單元重點在科技管理，不是手機 App 的系統開發。

一、需求分析：語音商務

1. 語音商務
   - 英文：conversational 或 chat-based 或 voice commerce。
   - 涵義：主要是指透過手機、智慧音箱（smart speaker）等通訊裝置，對賣方下單，甚至付款。
2. 語音的商業運用

   人與人的會話是最有效率的溝通方式，在 AIDAR 過程中，主要是顧客跟公司的顧客接觸中心（註：顧客電話服務中心 call center 只是其一）詢問，業務人員下單等，皆用得上。

二、解決之道：人工智慧中的機器學習

語音助理的運用可分為兩階段。套用 1962 年羅傑斯（Everett Rogers）的創新擴散模型，來分析手機語音助理在手機、零售業一線公司的運用。

1. 第一階段：手機 App

   由右頁上表可見，這是手機上語音助理技術的運用，1994 年 IBM 手機功能僅止於語音撥號。2011 年 10 月，蘋果公司 Siri 是人配音的，歸在「創新者」也可以。
2. 零售業的發展
   - 創新者：2014 年亞馬遜。
   - 早期採用者：2017 年沃爾瑪手機 App 第一版，但沒有大肆宣揚，以其技術來源 2016 年 5 月谷歌發表的谷歌助理來說，沃爾瑪採取「敏捷開發」（agile development），算快的。

2019 年 4 月 2 日，推出安卓系統第二版，並且加上蘋果公司 Siri 系統，號稱跨作業「系統」（俗稱平台）。

2020 年 7 月 29 日，沃爾瑪對店員推出手機 App「詢問山姆」（沃爾瑪創辦人山姆・沃爾頓），店員協助顧客找商品、查價格等。

三、沃爾瑪語音助理技術彎道超車之道

1. 問題

利用谷歌、蘋果公司語音助理技術，去開發任何單一功能，皆須數個月。

2. 解決之道

2021 年 11 月 2 日，沃爾瑪宣布收購加拿大渥太華市的語音技術公司 Botmock（2016 年成立），該公司強項在人工智慧下的機器學習，一些「原型套件」（suite of prototype），（軟體）開發工具，例如：無代碼工具（no-code tools）。使用 Botmock 會使 App 開發時間數天即可；相似公司依英文字母順序如下：Act-on Software、Drift 和 Truebase。

3. 負責單位

有關顧客端的 App 開發，沃爾瑪旗下由 8 號店實驗室公司的會話商務部負責。

行動裝置中語音助理技術發展與零售業運用

時	1994 ～ 2010 年	2011 年	2014 年	2017 年
一、技術 (一) 手機	創新者 1994 年 IBM Simon	早期採用者 2011 年 6 月 4 日 蘋果公司 iPhone4S 上的 Siri	早期大眾 2014 年 4 月 2 日 微軟公司 Cortana	晚期大眾 2016 年 5 月 谷歌 谷歌助理
(二) 市占率	—	34%	4%	19%
二、零售業 時 人 事	2014 年 亞馬遜 Amazon Alexa 市占率 6%	2017 年 沃爾瑪 採用谷歌 助理中的 Google Home	—	—

8-5 沃爾瑪 pk 亞馬遜顧客手機 App

網路上有許多文章，站在顧客角度，依範圍分析下列事情。

- 全景：到沃爾瑪商店（含網路商場）或到亞馬遜商店，哪家購物比較划算？
- 近景：付費成為沃爾瑪會員（年費 98 美元、月費 12.95 美元）、亞馬遜（年費 139 美元），哪一個比較划算？

本單元拉了極特寫鏡頭，只比較兩家公司手機 App，哪家比較討喜。

一、全景：沃爾瑪 pk 亞馬遜

由右頁上表可見：

1. 會員人數
   沃爾瑪 0.4 億人比較亞馬遜 2 億人，看起來當亞馬遜會員性價比較高，主要是可省宅配費，加上可免費看一些影片。
2. 手機 App 每月活躍用戶人數
   1.2 億人比 3.1 億人，1 比 2.58 的比率。
3. 可見度，沃爾瑪 App100 分。
4. 好用程度，亞馬遜 77 分。

二、近景：沃爾瑪

限於篇幅，只討論沃爾瑪手機 App 兩階段發展。

1. 第一階段：2012～2020 年 4 月
   - 功能：分兩個 App，一是「雜貨」（grocery，占營收 56%，主要是鮮食）、一是一般商品與二大類（汽柴油與保健藥品）（占營收 44%）。
   - 技術：這是「谷歌地球」（google earth）的基本運用。
2. 2020 年 5 月起
   - 功能：兩大類商品 App 合併成一個。
   - 技術：加上虛擬實境，例如：找商品在商店的哪一區，以取代向店員的問路服務。

沃爾瑪與亞馬遜手機 App 用戶比較

項目	沃爾瑪	亞馬遜
App 名稱	Walmart shopping & grocery	Amazon shopping
時	2022 年 7 月 22 日	
地	德國漢堡市	
人	Statista 公司	第三名目標公司
事	月活躍用戶數 1.2 億人（第二名）	3.1 億人（第一名）
1. 市調機構	App 武士（App Samurai），美國加州舊金山市，2016 年成立	註：顧客評論分數（customer reviews score）
2. 可視度（visibility）	100 分	77 分

沃爾瑪商店兩類手機 App

時	2012 年～2020 年 4 月	2020 年 5 月起
一、手機下單 App 1. 雜貨（鮮食）	分成兩個 App 俗稱「日用品」（grocery）占營收 56%，每週購買即鮮食以外，占營收 44%，每個月以上購買	兩個 App 合併 你可在 App 上，在家先列出： • 採購單（shopping list） • 有前幾期採購單可參考，稱為採購歷史紀錄
2. 一般商品、其他		
二、店內手機 App 2.1 店內導航	依入店順序 ✓	2021 年 11 月 25 日，推出黑色星期五互動地圖，可看到 25 項暢銷商品的店內位置
•技術	• 地理位置定位（geolocation） • 地圖圍欄（geofencing） • 全球定位系統（GPS） • 商品：電子標籤（RFID）	同左
2.2 找商品	顧客在家時，手機已有些商品的電子折價券，到店內，很快找到折價券商品，掃描商品的條碼（QR code）	2022 年 3 月推出擴增實境 App，依序適用下列影帶： • 「蜘蛛人」（web slinger）迪士尼影業旗下復仇者聯盟（The Avengers） 擴增實境（AR）
•技術	同上，地理定位系統	同左
2.3 顧客動線資料	知道哪位顧客何日何時到店	
2.4 自助結帳	註：這在沃爾瑪 App 中屬於（金融）服務（service）項目	2021 年 11 月 24 日「掃描與離去」手機（Scan & Go），用顧客手機掃描商品，便逐步完成結帳付款，有電子發票消費者，可進一步分析最常見的品牌等
2.5 品項追蹤	這是指網路訂單與宅配追蹤（order & delivery tracking）	稱為「訂單追蹤」（order tracking）與宅配追蹤（delivery tracking）

8-6 商店自助服務機（kiosk）

商店自動化是最常見的二分法是依對外對內而言。

- 店員：例如：收銀人員的銷售時點系統（POS），另一是公司內部給員工用的自助服務（employee self-service, ESS）。
- 對顧客：自助服務機（self-service machine，更常用的字是 kiosk）。

本單元先拉個全景，說明顧客自助服務機；下一個單元聚焦沃爾瑪的運用。

一、票亭（kiosk）字的起源

商店自動化最常見的字是「自助服務機」（self-service kiosk），但不宜簡寫成 kiosk，因有許多含意。

由右頁小檔案可見 kiosk 這個字的起源，「了解」比較容易記住，而且可以當故事說，比較引人入勝、有趣。

二、自助服務機在營業的運用

由右頁表可見，自助服務機在生活領域中，「食、衣、住、行、育、樂、金融、其他」八大方面，幾乎無孔不入。主要運用的考量有二。

1. 增加營收，占 20%

   以麥當勞的自助點餐機（self-service ordering machine）來說，可說是給「龜毛」的顧客用的，例如：漢堡中可點選不加「酸黃瓜」、「美乃滋」等，因為臨櫃交易時，店員不會接這種「客製化」訂單。就因為有客製化服務，有些顧客才會來。

2. 降低成本：占 80%

   大部分自助服務機，是以機器取代店員，不在於降低成本，而是這些「枯燥、重複性高、低成就感」的工作，人員流動率高，甚至找不到人。

三、自助服務機的供應公司

自助服務機屬於工業電腦（industrial pc, IPC）的三支中之一，另二支是工業電腦、銷售時點系統（POS）。

1. 全球

   在谷歌上會看到 2021 年 3 月 24 日，美國麻州 BCC 研究公司的一篇文章“10 leading companies in self-service kiosks”。

2. 10 家公司，依英文字母順序；美國以外的以括號表示

   DanaTouch、Honeywell、Kiosk Group、（加拿大）Lilitab、

Naronation、Parabit Systems、（德）Pyramid Computer GMBH、Self-service Networks、TEAM Sable、Zebra 科技。

kiosk 字的起源

時：1347 年起
地：伊朗（古波斯）
人：伊朗皇帝
事：在皇宮中的小「亭」（主用途是涼亭），17 世紀傳到英國，英文是 pavilion Kus（波斯，伊朗）→ kosk（土耳其）→ kiosque（法語）→ kiosk（英文）

資料來源：整理自英文維基百科 kiosk。

生活領域中的自助服務機

生活	行業	公司	時（年）	事
一、食	便利商店	日本 Lawson 臺灣統一超商	1997 2006	同下 多功能媒體資訊（ibon）
	餐廳	美國麥當勞	2015	自助點餐機（self ordering kiosk），15,000 家
二、衣	—	—	—	
三、住	—	—	—	
四、行	停車場	—	—	自動繳費機
五、育	醫院 機場航空公司櫃檯	—	—	自動報到機
六、樂	—	—	—	—

8-7 沃爾瑪的顧客自助服務機

2017 年起，沃爾瑪陸續在美國店中、網路商店，推出顧客自助服務機，至少在店內三個區，有三種功能，本單元說明之。

一、資料來源

沃爾瑪是全球營收第一大的公司，外界拿顯微鏡看它，再小的事，都會有許多報導，對寫書的人來說，資料太多，右頁上表是針對沃爾瑪顧客自助服務機中，值得看的文章。

二、全景：店內許多區

由右頁下表第二欄可見，2017 年起，沃爾瑪推出店內、網路商店的自助服務機，外觀比較像麥當勞的自助點餐機。

三、近景：店內 3C 販賣區

由第三欄可見，沃爾瑪跟「生態 ATM」公司合作，在美國大部分店內，設立 3C 產品（主要是手機）的回收站，這機台會估價，會折抵一些消費點數給沃爾瑪顧客。

有關生態 ATM 公司（ecoATM）的資料如下：2008 年 8 月 2 日成立，公司位於美國加州聖地牙哥市。

四、近景：店內化妝品區

- 時：2022 年 1 月。
- 地：美國 140 家店。
- 人：沃爾瑪跟「他的和她的（Hims & Hers）」公司合作，後者是遠距健康平台。
- 事：針對有頭髮特殊問題的人（主要是掉髮），這在 50 歲以上，三分之二男性、三分之一女性會有這問題，推出頭髮保健（hair care）產品。

沃爾瑪店內顧客服務機之參考文章

時	地／人	事
2018 年 7 月 19 日	Beth Harris， 沃爾瑪溝通部	在公司網站上文章“More than a store：the tech bringing you more than items”
2022 年 3 月 7 日	羅賓漢公司（Pymnts）， 加州門洛帕克市， 那斯達克股票上市	在羅賓漢公司網站上文章“Walmart to import British cosmetic kiosk concept ‘Beauty space’ to US store”

沃爾瑪商店、網路商店的顧客自助服務機

時	2017 年	2022 年 1 月	2022 年 3 月 7 日
地	• 店內自助服務機 • 沃爾瑪網路商店（不含網路商場）	• 美國沃爾瑪 5,000 家店	• 同左，250 家店
人	由沃爾瑪 8 號店實驗室（Walmart Lab）發展	沃爾瑪	沃爾瑪商品部，例如：Laurie Tessier 商品部優質美妝（presting beauty）處長
事	機台三大功能 1. 瀏覽商品 2. 支付：收現、信用卡等 3. 取貨與宅配 店內人員手持平板電腦也有這三功能，以協助顧客 • 實驗 1 期：5 家店，每家店 1～2 台 • 實驗 2 期：50 家店	跟 ecoATM 公司合作，又稱 phone kiosks，這是二手 3C 產品的回收站 1. 1C：平板電腦 2. 2C：手機 3. 3C：消費性電子，音樂播放機（MP3）	跟英國零售公司 Space NK（1991 年成立）合作，引進化妝品自助服務機，涵蓋： 1. 品牌：15 個，By Terry、Lancer、Silp 2. 產品廣度 護髮 化妝品 護膚 沐浴

8-8 商店自助結帳 I：全景

1974 年起，美國商品條碼標準化，全國統一，商店開始在收銀櫃檯銷售時點系統（POS），以光學鏡頭掃描商品上二維條碼，結帳速度加快。但是 2001 年起，商店才開始試辦由顧客自己結帳，難的不是科技，而是如何防止「顧客詐欺」（customer fraud）。

一、問題

一般商店的顧客消費的瓶頸點在收銀櫃檯，主要是排隊太久。

1. 商店

   以排隊到結帳，美國顧客所期望平均時間如下。

   - 零售業中的便利商店，進店門到出店門，3 分鐘。
   - 餐飲業中的西式速食業，點餐到結帳，3 分鐘。
   - 零售業中超市，顧客希望在收銀櫃檯等待時間，4 分鐘以內。

2. 網路商店交易

   以美國網路證券公司羅賓漢公司推出的「結帳轉換指數」，2018 年第 2 季美國網路購物顧客每單平均花 2 分 25 秒。

二、解決之道：顧客自助結帳：第一階段：2001 ～ 2017 年

1. 2001 年起，以量販店來說，凱瑪（Kmart）是第一家。
2. 2003 年：在零售商店的顧客自助結帳不容易實施，主要是約有 4% 的奧客（difficult customer）會作弊，這比率太高，零售公司試點後又恢復人工收銀。詳見 Kaitlyn Tiffany 在沃克斯（Vox）傳媒旗下公司網站上文章“Wouldn't it be better if self-checkout just died”，2018 年 10 月 2 日。
3. 顧客詐欺率 4%，商店就虧損了。

以美國的美國食品工業協會（The food industry association），2020 年美國超市的總計（supermarket facts）來說，淨利率 3%，扣除顧客在自助結帳時的詐欺（少算商品），公司就虧損了。

- （毛）淨利率 3%

  – 顧客詐欺損失率 4%X0.97=3.88%

  =「淨」利率 -0.88%=3%-3.88%

8-9 商店自助結帳 II：沃爾瑪

顧客自助結帳第二階段發展，在本單元第一段說明，並且以沃爾瑪為對象，說明兩階段的因應措施。

一、第二階段：2018 年起，人工智慧購物車

由下表可見，智慧收銀購物車的發展沿革。2018 年 1 月，亞馬遜的無收銀人員商店「亞馬遜買了就走」（Amazon Go），投資金額太大，只能視為概念店。

1. 2020 年商業化

   2020 年，智慧購物車已大量生產，售價降了一些，有些美中的大型超市採用。

2. 2022 年：每台售價 1,500 美元以上

   中國大陸陝西省西安市超嗨科技（Superhii）公司的智慧購物車，每台起跳價 1,500 美元；是陽春購物車（35 美元）的 43 倍。

二、沃爾瑪的顧客自助結帳

1. 第一階段：2012 ～ 2020 年 6 月 7 日

   沃爾瑪兩時期措施：

   - 2013 年：兩階段試辦顧客自助結帳，但顧客詐欺比率太高，只好放棄。
   - 2018 年 11 月起：在忙碌區配置收銀人員（check out with me）。

2. 第二階段：2020 年 6 月 8 日起

   - 2020 年 6 月 8 日起：分三階段試辦人工智慧的顧客自助結帳櫃檯，在 1,000 家店，配有監視器，稱為 Missed Scan Detection 強調能抓出顧客詐欺。
   - 自助結帳機：沃爾瑪採用中國大陸廣東省佛山市特力寶集團旗下特力寶公司（Telpo，1999 年成立）TPS750 機台。

智慧收銀購物車（smart shopping cart）

時	1994 ～ 2010 年	2014 年	2017 年
地	美國華盛頓州	同左	中國大陸廣東省深圳市
人	亞馬遜	同左	華潤超市，萬象天地店
技術	just walk out，這主要在無收銀人員商店	Dash carter，這主要在有收銀人員商店	來自「嗨科技」，公司的技術上有平板電腦作為商品條碼的掃描機

8-10 伍忠賢（2022）會員制吸引力量表

——沃爾瑪 pk 亞馬遜：63 比 73

你在臺灣，到統一超商、全家收銀櫃檯結帳時，店員會問你「是不是會員？」兩家公司喜歡每個月發表會員人數。同樣地，全球第一零售公司沃爾瑪與第二大的亞馬遜，使出渾身解數，來推動人們加入會員，透過此方式，黏住顧客，本單元以量表方式說明，亞馬遜勝。

一、伍忠賢（2022）會員制吸引力量表

1. 問題：歧路亡羊
   在谷歌下打上「Walmart vs Amazon membership」，至少會出現 10 則以上，依英文順序如下：CNBC、CNET、Gear Patorl、Money Crashers、Passionate Penny、PCMag Tom's Guide、The Penny Hoarder。
2. 解決之道
   由於資料太多，很容易造成歧路亡羊，伍忠賢（2022）推出會員制吸引力量表（membership attraction scale）。

二、沃爾瑪 63 分

限於篇幅，只挑沃爾瑪得分數高的項目作說明。

1. 第 1 項會員費用：以年費來說，120 美元得 5 分，沃爾瑪 98 美元（月繳 12.95 美元），得 10 分，符合「俗擱大碗」中的「俗」（臺語，便宜）。相形之下，亞馬遜年費 139 美元，或月繳 14.99 美元，得 2 分。
2. 第 6 項會員福利 6 分：沃爾瑪店外加油站（埃克森美孚）1 加侖（3.78 公升）最多減少 0.1 美元。

三、亞馬遜 73 分

限於篇幅，只挑亞馬遜得分數高的項目作說明。

1. 第 2 項會員費特價方案 9 分：亞馬遜針對大學生、家庭有年費打折方案，這跟網飛（Netflix）類似。
2. 第 6 項付費會員福利 9 分：全食超市店內購物打 9 折，另每年 7 月左右，有兩天的會員日（prime day），會員購物有折扣價。

3. 第 7 項影音服務 8 分：會員有基本影片可看，有 20% 會員衝著這項目來。但是想享受「隨選視訊」，2013 年亞馬遜推出 Prime Vedio，2022 年每月費率 8.99 美元。

四、總結

1. 量表得分
   - 沃爾瑪：63 分。
   - 亞馬遜：73 分。
2. 會員人數
   - 沃爾瑪：未公布，外界估計會員人數 0.32 ~ 0.44 億人。
   - 亞馬遜：2 億人（2021 年 3 月），2018 年 3 月時為 1 億人。

會員制吸引力量表

產品五層級	小項	1 分	5 分	10 分	沃爾瑪	亞馬遜
五、未來	10. 買保險	不打折	折 10%	折 20%	7	7
四、擴增	9. 買處方藥（免費）	不打折	折 10%	折 20%	8	6
	8. 網路服務	1G	5G	10G	5	8
三、期望	7. 串流影音（1 片）	10 美元	5 美元	2 美元	5	8
二、基本	6. 會員福利（回饋）	0%	3%	5%	6	9
	5. 預先購買	折 1%	折 10%	折 15%	5	9
一、核心	4. 宅配時間	3 天	1 天	4 小時	7	10
	3. 會員，每單免運費金額	50 美元	35 美元	20 美元	5	5
	2. 年度特價	折 1%	折 10%	折 15%	5	9
	1. 年費	150 美元	120 美元	100 美元	10	2
小計					63	73

® 伍忠賢，2022 年 6 月 25 日。

附錄 網路購物相對於商店購物的評分

交易過程	1分	5分	10分	網路購物（標準為5分評估）	說明
一、購物前：資訊流					
(一)產品					
1. 廣度	1品類	10品類	20品類	8	網路上萬物皆有，且二手商品多
2. 深度	10品項	50品項	100品項	8	各類商品、各種規格、品牌皆有
(二)搜尋成本					
3. 貨比三家	網路不提供		比價網站	6	大商店也有網頁、網路評語
4. 產品適用（適合）	不能接觸	可接觸	可試用	2	在商店可試吃、試穿
二、購物中：商品流					
(一)購物機會成本					
5. 何時：1年365天	朝九晚五	朝九晚九	全年無休	6	網路購物隨時
6. 何地：交易安全	商店偏僻	商店	宅配到府	8	這項在2020～2021年新冠肺炎期間變首選
(二)價格：資金流					
7. 商品價格	溢價	平價	折價2折	8	網路消費最大好處是「便宜」
8. 宅配費用	20%	10%	0%	1	以亞馬遜公司宅配費用占營收16%
(三)商品：物流					
9. 商品可立即使用	2天內	4小時	立即	1	在美國，網路購物平均到貨時間2.5天
三、交易後					
10. 商品退貨、退款	10%可退	50%可退	90%可退	4	這涉及網路購物詐欺
小計				52	

Ⓡ 伍忠賢，2021年9月5日。

第四篇
美國餐飲二哥
星巴克數位轉型

星巴克與麥當勞數位經營 SWOT 分析與階段

9-1 全景：全球、美國速食業——產業分析的 SWOT 分析中的機會威脅分析、營收／店數

本書以美國星巴克為二大主軸之一，咖啡店在行業分類分在「餐廳飲料業」，美國餐飲業分成二中類。

- 店員服務（full service），即店員到桌邊接受顧客點餐。
- 快速服務（quick service），即顧客到櫃檯點餐、取餐，又稱 limited service、fast food。

二者占產值比率幾乎 1 比 1，本書以速食餐廳業（quick service restaurants, QSR）為對象，大公司大抵全球設店經營，所以本書以攝影的全景（全球）、近景（美國）、特寫（本書星巴克、麥當勞）三層說明。

一、全景：全球

由右頁表前四列可見，以括弧內符號代表。

(4) 速食業產值：水準值在 2023 年大概 1.01 兆美元。

(5) 比率：速食業產值占總產值比重約 0.98%，通俗講法，全球每 100 美元總產值，約 0.98 美元來自速食業。

- 成長率，由 (4) 可算出全球速食業產值平均成長率 3%，由 (1) 可算出全球「總產值」成長率 2.7%，前者略高，這有點反常。
- 國家市占率，以 2023 年來說，美國速食業產值 3,239 億美元占全球 1.052 兆美元的 30.79%，比美國總產值占全球總產值 24.07% 略高，這正常，速食店以美國麥當勞等為主，漢堡等原本就是美國人主食。

二、近景：美國

(9) 美國速食業產值 2023 年約 3,239 億美元，2020 ～ 2021 年因新冠肺炎疫情造成的封城、店內人潮限制，產值衰退。

(10) 比率：美國速食業產值占美國總產值比率約 1.354%，比 2017 年 1.408% 衰退，餐廳產值占總產值比率逐年降低，德國恩格爾法則適用。

- 產值成長率 4.5%，比總產值平均成長率 3.4% 高。
- 店數成長率 0.55%，大方向來說，速食業在美國已到成熟期，不太敢再開新店；麥當勞年報中表示的「競爭」激烈，以致公司營收下滑。

- 速食業結構：漢堡類占 31%、披薩 15%、三明治 12%、雞肉類 8%、墨西哥美食 7%、其他 27%，此結構穩定。

（註：限於篇幅，「特寫」轉至單元 9-4 第一項。）

全球、美國速食業與麥當勞營收

單位：億美元

年（20XX）	16	17	18	19	20	21	22	23
一、全球								
(1) 總產值（兆美元）	76.158	80.833	85.897	87.345	84.537	96.3	103.87	109
(2) 人口（億人）	74.64	75.48	76.31	77.13	77.95	78.7	80	80.78
(3)=(1)/(2) 人均 GDP（美元）	10,203	10,709	11,256	11,324	10,845	12,236	12,983	13,493
(4) 速食業（億美元）	7,761	8,155	8,626	8,753	8,600	8,851	10,110	10,520
(5)=(4)/(1)(%)	1.019	1.008	1.004	1.002	1.017	0.919	0.973	0.965
二、美國								
(6) 總產值（兆美元）	18.747	19.543	20.612	21.433	20.933	23	24.694	26.24
(7) 人口（億人）（年底）	3.23	3.25	3.27	3.28	3.314	3.32	3.334	3.383
(8)=(6)/(7) 人均 GDP（美元）	58,040	60,132	63,033	65,344	63,165	69,277	74,067	77,564
(9) 速食業	2,760	2,884	2,992	3,102	3,015	3,220	3,314	3,370
(10)=(9)/(6)(%)	1.472	1.475	1.451	1.447	1.440	1.400	1.342	1.284
・店數（萬）	18.48	19.15	19.31	19.50	18.96	19.76	19.67	20.18
三、麥當勞								
(一) 店數	36,899	37,241	37,855	38,695	39,100	40,000	40,100	40,200
* 加盟率 (%)	84.63	91.6	92	93	93	93	93	93
(二) 員工（萬）	42	37.5	23.5	21	20	20	20	20
(三) 營收								
(11) 全部	827	851	910	964	1,005	1,120	1,160	1,230
(12)=(11)/(4)(%)	10.66	10.44	10.55	11.01	11.69	12.65	11.47	11.69
(11.1) 加盟店	662.26	697	782	861.34	907.57	851	1,069.07	1,134
(11.2) 自營店	167.88	152.96	127.19	100.31	94.31	97.87	87.5	92.70
(11.3) 其他	-	1.5	1.4	2.33	2.88	3.43	3.43	4
(13) 財報上	246.2	228	212	364	192	232	232	251
(13.1) 美國占比 (%)	33.7	33.52	35.08	36.46	40.6	37.5	37.5	38
(13.2) 美國市場營收	96.76	93.27	101.01	110.01	120.84	87.1	87.1	95.52
(14)=(13.2)/(11)(%)	11.7	10.96	11.1	11.41	12.02	7.78	7.5	7.76

9-2 麥當勞公司營收：二種角度

——國際財務報告準則第 18 號：中等會計中的營收認列。

我們可從麥當勞年報、損益表，發現一個奇怪現象，全球 120 國、4 萬家店，2023年預測營收251億美元；與全球80國、3.3萬家星巴克營收356.7億美元少。這數字沒錯，那問題出在哪裡？出在會計準則，針對營收認列；星巴克 51% 店自營（company-operated stores）、49% 授權經營店（licensed stores），麥當勞自營店比率 7%、加盟店比率 93%。

可是在計算速食業全球、美國市占率時，卻不是拿麥當勞 2022 年 232 億美元這數字，絕大部分人都不知道用哪個數字，本單元說清楚。

一、通俗的觀念：全部店營收加總

以臺灣的統一超商來說，6,300 家店，89% 是加盟店，單家（即不是合併報表）營收 1,400 億元，每家加盟店都開統一超商公司的發票，營收算在公司帳上；百貨公司的專櫃也是如此計算。加盟總部再針對營收來跟加盟主拆帳。

套用這原理，由單元 9-1 表可見，以 2022 年麥當勞直營店營收 87.5 億美元、加盟店營收 1,069 億美元，加其他收入 3.43 億美元。全店 1,160 億美元，這比較是一般人認為的加盟總部營收。在計算麥當勞在全球速食業市占率時，分子用這數字。

二、會計上，依店所有權型態區分

依國際財務報告準則（IFRS）第 18 號「營收認列」，來分析麥當勞營收。

1. 以店數 40,100 家店來說：1955 年雷・克洛克（Ray kroc, 1902～1984）成立麥當勞「公司」，加盟麥當勞餐廳，他資金有限，靠加盟展業，這政策持續進行，加盟店目標 95%，2022 年已達 93%。
2. 以營收來看：麥當勞營收分兩大塊：加盟店約占 56%、直營店 42%、其他 2%。

三、來自加盟店營收占營收 56%

全球（含美國）各加盟店營收屬於各加盟主，麥當勞「加盟總部」向加盟主收三種費用。

1. 加盟金（initial franchise fee）占營收 2.6%：這是新加盟主加盟時支付，每店 45,000 美元。

2. 權利金收入（royalty fee）占營收 4%：三種加盟店比重如下：
   - 委託加盟 I（conventional franchise）：占 57.9%，加盟主出「人」。
   - 委託加盟 II（development license）：占 33.3%，加盟主出「人」、「錢」，麥當勞出「地」、「招牌」。
   - 特許加盟 III（affiliate）：占 8.8%，麥當勞出「資」。

   由下表可見，以 2020 年權利金收入 38.11 億美元，除以加盟店營收 852 億美元，權利金抽成 4.5%。
3. 房租占營收 35.65%：麥當勞 40,000 家店，麥當勞公司土地自有比率 45%，建物 70%，簡單地說，麥當勞買了房（或租了房）再租給加盟主，向加盟主收房租。

四、2023 ～ 2030 年營收、股價預測

全球約有 10 個股票投資網站，找 20 家知名證券公司分析師預測一線公司未來 8 年營收等，下表資料來源是其中筆者較常引用的，展望 2030 年，麥當勞、星巴克股價看好。

2022 ～ 2030 年麥當勞、星巴克股價展望

年（度）	2022	2023	2024	2025	2026	2030
一、麥當勞（曆年）						
(1) 營收（億美元）	232	251	262	285	299	338
(2) 淨利（億美元）	61.77	179.4	84.1	96.3	83.8	101.6
(3) 每股淨利（美元）	8.33	10.88	11.78	13.94	11.94	16.38
(4) 本益比（倍）	31.45	26.65	26.65	26.61	26.67	26.68
(5) 股價（美元）= (3) × (4)	262	290	314	371	318	437
二、星巴克（今年 10～明年 9 月）						
(1) 營收（億美元）	322.3	356.7	386.3	420.6	449	577.1
(2) 淨利（億美元）	32.82	43.3	48.4	56	60.4	87
(3) 每股淨利（美元）	2.83	3.79	4.3	5.14	5.66	9.47
(4) 本益比（倍）	34.87	28.23	28.33	28.33	28.33	28.3
(5) 股價（美元）= (3) × (4)	98.7	107	121.82	145.62	160.35	268

資料來源：整理自 Stock Forecast.com，2023 年 3 月 19 日，跟 2022 年 11 月預測同。

9-3 近景：2003 年以來的麥當勞行銷管理

—— 2000 年以來，美國總體環境之三「社會／文化」不利速食業

2000 年起，人們健康意識大幅抬頭，對有害人體健康的食物（高糖、高油、高鹽）、飲料（碳酸飲料、酒）逐漸減量。在美國風頭上的公司便是麥當勞、可口可樂公司，本單元說明之。

一、問題：總體環境之三「社會／文化」，對麥當勞極不利

美國人健康意識大幅抬頭，尤其是對速食業油炸（薯條、炸雞）高鹽、高糖食物成為垃圾食物，下列兩則報導影響甚大。

2000 年 7 月，（新聞週刊）封面，是一位大胖男孩子手拿冰淇淋，凸顯垃圾食物致胖，有害健康；2004 年 5 月，麥胖報告（Super Size Me）。

二、麥當勞的對策

1. 2003 年「贏的計畫」（plan of win）

   這計畫，主要是產品類等行銷組合（4Ps，麥當勞細分到 8Ps），其中也把公司使命宣言改了。

   - 之前：The world's best quick service restaurant。
   - 之後：Being our customer's favorite place and way to eat，逐漸往高品質食物（例如：沙拉）、顧客體驗傾斜。

2. 2014 年 11 月，未來體驗計畫，詳見單元 9-9。

三、2004 年 11 月 22 日～ 2012 年 6 月 30 日，史金納掌權

2004 年 6 月 19 日，董事長兼執行長坎塔盧波（James Cantalupo, 1943～2004）心臟病猝世，6 小時後，董事會任命總裁貝爾（Charlie Bell）接任執行長，但他 12 月因癌症過世。2004 年 11 月 22 日，董事會任命副董事長史金納（James A. Skinner, 1944～）兼執行長，以免新董事長、總裁太嫩，這因史金納總裁任內曾兼執行長。

許多人以股票市值來衡量公司對股東財富貢獻，以 2005 年來說，麥當勞約 426 億美元，2012 年 6 月 30 日 893 億美元，史金納任內使麥當勞股票市值成長 1.1 倍，年平均成長率 15%，跟股票報酬率相近，詳見右頁下表。

四、房地產概念股

有些美國證券分析師以下列事實，主張麥當勞是房地產股，有部分道理。

1. 以資產負債表為例，2022 年
   資產 504 億美元，房地產（與改良）占 72%，另機器設備占 6.46%。
2. 以股票市值為基礎，1,930 億美元
   房地產歷史成本 384 億美元，約占股票市值 20%。

美國上市股票基本分析重要網站

時：2021 年 7 月 19 日

地：美國加州舊金山市

人：Aditya Ragunath

事：在 Investment Zen 公司（2013 年成立）網路上文章 “9 Best stock research websites & tools”

1. Wallstreet Zen，依 5 個指標算出各公司股票的 Zen Score
2. Motley fool stock advisor
3. 晨星（Morning Star）
4. Seeking Alpha

美國二大股票指數與餐飲業一、二哥股價變動率

單位：%

（20XX）年	15	16	17	18	19	20	21	22	8 年平均
一、指數									
1. 道瓊	-2.33	13.42	25	-5.13	22.34	7.25	18.73	-8.78	8.75
2. 標普 500	-0.73	9.54	19.42	-6.24	28.88	16.26	26.89	-19.44	9.32
二、股票									
1. 麥當勞	30.42	6.2	45.02	5.78	13.97	11.32	27.81	0.51	17.63
2. 星巴克	48.21	-6.12	5.37	14.75	38.43	24.17	11.16	-13.18	15.35

資料來源：整理自 MecroTrends，2023 年 3 月 19 日。

9-4 特寫：麥當勞財務、股市績效

麥當勞「營收、淨利跌，每股淨利高，股價高」這個矛盾是許多投資人關心的，本單元來破解。

一、特寫：全球、美國速食業競爭麥當勞

為了篇幅平衡，單元 9-1 的最後兩項在此說明。

1. (12) 麥當勞全球速食業市占率 11.4%
   以 2023 年來說，麥當勞以全球店營收 1,230 億美元，占全球速食業產值 10,520 億美元的 11.69%，由單元 9-1 表可見，比 2016 年高，麥當勞努力衝刺。
2. (14) 麥當勞美國速食業市占率 14.08%
   為了節省篇幅起見，麥當勞來自美國營收，是 (11)（麥當勞全球店營收）乘上 (13.1) 下「美國占比」，再除以 (9)（美國速食業產值）。

二、財務績效

1. 2013 年營收 281.1 億美元，達到高峰
   營收下滑原因來自加盟店比率從 2013 年 82% 到 2019 年 93%，加盟店營收 4% 成為麥當勞抽的權利金，96% 都算加盟主的，如此，麥當勞的營收便每年減少 10 億美元以上。
2. 淨利一直往上
   主要原因是公司營收仍在成長，加盟比率逐漸提高，來自加盟業務淨利率較高。

三、股價變動率比較

1. 1985 年 10 月 30 日，麥當勞成為道瓊指數成分股
   取代「通用食品」（General Foods）公司成為道瓊工業指數的成分股，由右頁表可見，2016 ～ 2022 年 7 年平均報酬率 15.43%。
2. 比下有餘
   麥當勞比美國兩大股票指數平均「報酬率」（變動率）高 7 個百分點。
3. 大挫星巴克
   跟星巴克相比，麥當勞股價報酬率高 2.45 個百分點，詳見單元 9-3 右頁表。

2016～2022 年美國麥當勞經營績效

單位：億美元；EPS：美元

年（20XX）	16	17	18	19	20	21	22
一、消費者績效	註：2009 年 59 分，高點 2012 年 73 分						
(0) 消費者滿意	69	69	69	69	70	70	68
(0) 品牌價值	394	415	434	453.62	428	458	486
(0) 排名	12	12	10	9	9	9	11
二、財務績效	註：股數、每股淨利皆是稀釋後						
(1) 營收（註 (1.3) 不列出）	246	228	210	211	192	232	231.82
(1.1) 加盟店	101.32	108.8	114.08	120.84	107.3	97.8	100.4
(1.2) 自營店	152.96	127.19	100.31	94.31	81.39	123	127
(2) 淨利	46.87	51.92	59.24	60.25	47.3	60.25	61.77
(3) 股數（億股）	8.616	8.15	7.856	7.646	7.5	6	7.415
(4)=(2)/(3)，每股淨利	5.44	6.37	7.54	7.88	6.31	10.04	8.33
三、股市績效							
(5) 股價（美元）	121.72	172.12	177.57	194.6	200.8	263.6	262
(6)=(5)/(4)，本益比（倍）	22.375	27	23.55	24.7	31.82	26.26	31.45
(7) =(3)X(5)，股票市值	1,049	1,403	1,395	1,488	1,506	1,582	1,933
(8) 股價變動率（%）	6.21	45.02	5.78	13.97	11.32	27.81	0.51

消費者消費後五層級行為：星巴克與麥當勞

得分	消費者	市調公司	地	時／事	星巴克	麥當勞
81～100	推薦（promote）	Comparably	美國加州	淨推薦分數（NPS）（2023 年 3 月）	35	26
61～80	品牌價值	國際品牌公司（Interbrand）	紐約市	每年 10 月 21 日全球百大公司	140.5 億美元（第 51）（2022 年）	486 億美元（第 11）（2022 年）
41～60	續購	—		7 月 20 日		
21～40	滿意程度	密西根大學品質研究中心	密州安娜堡	美國消費者滿意程度（ASCI）	77	68
1～20	抱怨	Consumer Affairs	內華達州太浩湖市	各公司 Consumer Review * 分數	3.8/5	3.9/5

Ⓡ 伍忠賢，2021 年 10 月 8 日。

9-5 近景：SWOT 分析中的優勢劣勢分析（SW analysis）

——伍忠賢（2021）個體環境分析量表：五力分析（five forces analysis）

一、全景：個體環境，SWOT 分析中的優劣勢分析——麥克．波特的五力分析

伍忠賢（2021）「公司個體環境量表」（corporation's microenvironment scale）的靈感來自下列兩種理論。

1. 麥克．波特五力分析：五種「力量」，每項占比重 20%；其中生產因素市場有五種因素，但此處只考慮前四種，每項 1 ～ 5 分。
2. 擴增版一般均衡架構：五力分析是擴增版一般均衡架構的運用。

二、近景：SWOT 分析中的產品角色

依照營收的貢獻，分成三種，這跟產品五層級用詞不同。麥當勞情況如下。

1. 基本產品：占營收 50%，主要是正餐，包括早、午、晚餐三餐。
2. 核心產品：占營收 30%，主要是下午茶或正餐附餐（沙拉、湯等）。
3. 支援商品：占營收 20%，這主要是社交時間，主要是飲料、薯條。

三、麥當勞 65 分

由右頁表第三欄可見，麥當勞得分 65 分，中上，有四項得分較低。

第 1.2 項勞工，麥當勞、沃爾瑪、亞馬遜（2021 年 9 月調薪後，除名）在美國公認是三大低薪公司，工會對公司較有敵意，會採取示威、罷工。

第 1.4 項技術，從數位（資訊通訊）技術運用於顧客服務來說，麥當勞 5 分中得 2 分。

第 3.3 項雞塊，雞塊是顧客買第七多的商品，但是以肉漿組合的肉塊，比較難跟肯德基等雞塊比，但此處是跟星巴克比，星巴克沒炸雞塊餐。

第 5.2 項顧客忠誠、認同程度：2021 年 6 月，麥當勞推動顧客忠誠計畫，以「淨推薦分數」來說，是負分，認同程度低。

四、星巴克 65 分

表中有三項，星巴克得分較低，本處說明。

第 2.1 項，早餐，星巴克從 2010 年起，耕耘早餐市場；站穩腳步後，進軍午餐市場，但偏「冷食」，以免熱烹調再加上顧客用餐時味道四散，打亂了咖啡

店的氣氛。早、午餐得分較低。

第 5.1 項：零售公司支持程度：星巴克的包裝商品（主要是紙裝咖啡豆、飲料等）由瑞士雀巢公司的子公司總代理，在全球超市鋪貨，但營收一直有限。

個體環境（五力分析）量表

五力分析、擴增版一般均衡架構	1 分	5 分	10 分	星巴克	麥當勞
一、生產因素市場	占 20%，每項 1 ～ 5 分				
1.1 自然資源				3	5
1.2 勞工（工會支持）	工會強勢	工會中立	沒有工會	5	3
1.3 資本（股票）		股票	股票	5	8
1.4 技術		上櫃	上市	5	2
二、轉換	占 60%，每項 1 ～ 10 分				
(一) 替代品	占 20%				
2.1 基本產品：早餐	1 種	5 種	10 種	5	8
2.2 核心產品：甜點（蘋果派）	1 種	5 種	10 種	7	5
(二) 對手	占 30%				
3.1 基本產品 I：主食類	1 種	5 種	10 種	8	8
3.2 基本產品 II：兒童餐	1 種	3 種	5 種	3	7
3.3 基本產品 III：雞塊	1 種	3 種	5 種	3	5
(三) 潛在競爭者	占 10%，每項 1 ～ 10 分				
4. 支援產品：下午茶（薯條、飲料）	1 種	3 種	5 種	8	4
三、商品市場	占 20%				
5.1 零售公司支持程度	低	中	高	5	4
5.2 顧客忠誠度（淨推薦分數）				8	6
小計				65	65

Ⓡ 伍忠賢，2021 年 8 月 29 日、9 月 20 日。

星巴克與麥當勞在美國市場定位

區隔變數	星巴克	麥當勞
一、地理		
1. 地區	東、西兩岸居多	—
2. 城、鎮	城市	—
二、人文變數		
1. 性別	—	—
2. 年齡	28 ～ 34 歲占 37%；18 ～ 27 歲占 18%	8 ～ 45 歲
3. 婚姻	未婚者居多	結婚且小孩小
4. 學歷	大專以上	—
5. 年薪（萬美元）	7.2	較低、上班族等

9-6 7S 之 1：數位經營策略——星巴克與麥當勞數位經營路徑圖

星巴克數位經營路徑圖

時	2008～2016 年	2020 年	2025 年	2030 年
一、產品策略				
(一)環境				
1. 無線上網	付費 2010.7 免費上網			
2. 店內第四台	2010.10 跟雅虎合作，店內第四台，5 個頻道			
(二)產品	產品創新			
(三)人員服務				
1. 手機下單	2015.1	2019.1 語音下單		
2. 手機下單營收占營收比率	10%	30%	35%	40%
二、定價策略				
(一)價格水準				
(二)支付方式占營收比率	2008.4 儲值卡 2009.9 手機儲值 App 2015.1 手機綁提款卡（含信用卡）	25%	30%	35%
三、促銷策略				
(一)溝通				
1. 數位廣告	2008.3	2020 年占廣告 40%		
2. 精準行銷：但比較偏會員		2019		
(五)顧客忠誠計畫				
1. 顧客忠誠計畫	2008.4			
2. 會員占營收比率	2015 年占 20%	40%	55%	60%
四、實體配置策略				
(一)店內				
1. 店內手機下單專用櫃檯		2017.1		
2. 得來速：智慧面板普及率		2019.11		
(二)自取店占店數比率		1%	2%	3%
(三)外送		2020.3 美國本土 48 州		
1. 外送				
2. 占營收比率		1%	3%	5%

2012 年起的麥當勞行銷組合與經營路徑圖

時	2012.3 ～ 2015.2	2015.3 ～ 2019.10
一、人		
總裁兼執行長	唐納德．湯普森（Donald Thompson, 1961 ～）	伊斯特布魯克（Stephen Eastbrook, 1967 ～）
二、行銷管理之二行銷組合		
1. 產品策略		
1.1 環境	體驗升級	
• 無線上網	2010.3 免費上網	
1.2 產品		對核心產品承諾漢堡、炸雞、咖啡
• 早餐	2010 年燕麥粥	2015 年每天早餐 2017 年麥滿分
• 三明治	1965 年	
• 咖啡	2001.3 麥咖啡（McCafe）	
1.3 人員服務		
• 手機點餐	簡化菜單面板，各店依地方核心菜單	2015 試驗 2017.3 擴大 2018.10 全美
• 點餐機		2015
2. 定價策略	1991 年稱為 Extra Value Meals	價值感
2.1 定價	美元菜單（dollar menu）	2018.1.4 $1、$2、$3 Dollar Memu
2.2 支付方式		2018.10 數位支付
3. 促銷策略		
3.1 溝通	主要是電視廣告，詳見英文維基 McDonald's advertising	
3.2 社群媒體行銷		
3.3 顧客關係管理		2021.7.8 McDonald's Rewards program
4. 實體配置策略		
4.1 店數	2005 年 30,766 2010 年 32,737	2015 年 36,526 2023 年 42,000
4.2 得來速	1975 年	
4.3 外送	1993 年 McDelivery	2017 年 Uber Eats 2019 年 7 月加上 DoorDash

9-7 全景：伍忠賢（2021）策略性資訊管理量表

——星巴克 pk 麥當勞：84 比 56

公司數位轉型（corporate digital transformation）重要方式是透過資訊通訊技術，改變經營方式（business model）。

本章以 2008 年起的美國星巴克為對象，套用伍忠賢（2021）「策略性資訊管理量表」（strategic information management scale），星巴克 84 分、麥當勞 56 分。

一、策略性資訊「系統」、「管理」起源

- 時：1982 年起。
- 地：美國紐約州紐約市。
- 人：Charles Wiseman，Competitive Application 公司（1982 年成立）。
- 事：在紐約大學一系列講課，有關於策略性資訊系統（strategic information system），簡單地說，策略性資訊管理拆成三部分：

strategic	+	information	+	management
公司經營階層		這主要指資訊技術、系統		這主要指資訊管理部

二、策略性資訊管理量表

由右頁表第一欄可見，依管理活動分成三大類。

1. 投入：規劃，占 60%，偏重董事會在生產因素投入。
   由比重來看，在經營階層（一般是指董事會）的公司目標、策略、生產因素投入（資金、人事）。
2. 轉換：執行，占 30%，偏重資訊管理部執行效率。
3. 產出：控制，占 10%，偏重競爭優勢、經營績效等效果。

三、星巴克 84 分

限於篇幅，僅針對星巴克得分較低項說明。

第 2 項經營者承諾 6 分：由於星巴克董事會性質屬於監督型，實權在總裁兼執行長手上，因此董事會組成的委員會只有常見公司治理三個委員會：審計、薪酬、提名。沒有經營方面的委員會，例如：資訊安全，但 11 席董事中有 3 席是

科技董事。

第6項轉投資（或收購）科技公司，一般以取得特定技術，這方面星巴克很少作。

四、麥當勞56分

2017年3月起，麥當勞的營收加速成長計畫，進入策略性資訊管理階段，得分56分，但仍然無法跟星巴克84分比。以其中較低分項目說明。

第3項數位經營起跑點，以「創新擴散模型」來說，麥當勞大抵是「晚期大眾」，起步晚。

第9項數位長人選，麥當勞習慣一級主官內升，新設數位長也是如此。

第10項麥當勞數位顧客服務App，推出時間比星巴克晚，而且不夠「殺很大」。

公司數位經營的策略性資訊管理量表

麥肯錫 7S	伍忠賢 項目	1分	5分	10分	2008年起 星巴克	2014~2017.2 麥當勞	2017.3起 麥當勞
一、規劃	1. 數位目標	應付法令	降低成本	增加營收	10	5	8
*0. 目標	2. 董事會中科技董事人數	0人	2人	5人	6	1	1
1. 策略	3. 數位策略	落後者	早期大眾	創新者	10	5	3
2. 組織設計	4. 數位組織	矩陣	委員會	部	10	5	8
	5. 資訊部位階	五級	三級	一級	10	7	10
3. 獎勵制度	6. 資訊支出占營收比率（%）	0.5%	1.2%	2%	5	3	7
二、執行	7. 資訊技術水準	落後	同步	領先2年	9	2	5
4. 企業文化	8. 授權等	中央集權	混合	地方分權	8	5	5
5. 用人	9. 數位長人選	公司內升	外來弱將	外來強將	6	1	4
三、控制 *8. 績效	10. 創新的破壞程度——以手機App為例	差強人意	可用	殺手級	10	3	5
小計					84	37	56

Ⓡ伍忠賢，2021年9月11日。

* 第0、8項，7S中沒這些項目，本書新增。

9-8 近景：星巴克和麥當勞數位經營層級

公司數位經營只是經營方式之一，可說是策略性資訊管理；在本單元中，以星巴克、麥當勞為例說明。開宗明義地說，2008年1月8日，星巴克董事長霍華・舒茲的數位計畫可說是雄才大略的「策略」層級，透過數位服務，以提高營收。麥當勞分二階段，主要是兩任總裁的企圖心由小到大，簡單地說，以起跑時間而言，星巴克早麥當勞6年。

一、殊途同歸的三種觀念（右頁表）

1. 第一欄：1943年馬斯洛需求層級。
2. 第二欄：1978年Freer Spreckley的三重底線

   這很簡單，詳見英文維基百科Triple bottom line，英國作者Freer Spreckley著作*Social Audit-A management tool for co-operative working in 1981*，本書把「社會底線」定位在總體環境之三「社會／文化」中的社會觀感。
3. 第三欄：2004年公司社會責任發展階段

   2004年12月有英國人、Institute Account Ability的創辦人賽門・查達克（Simon Zadek, 1957～）在美國《哈佛商業評論》上提出，論文引用次數1,500次。

二、星巴克2008年起，採策略性資訊管理

1. 第二欄：策略層級

   2008年，霍華・舒茲帶頭推動數位轉型，著眼點在於透過數位服務、行銷，以吸引數位原住民，擴大營收。
2. 策略性資訊管理（strategic information management）

   策略性資訊管理這字兩個涵義，站在總裁兼執行長角度，便是拿資訊通訊技術，建立「價量質時」競爭優勢，主要會反映在營收上。第二個涵義是資訊部人員在運作時，要以大局為重，不是小心眼的「穀倉效應」（silo effect）。限於篇幅，詳見單元9-9的表。

三、麥當勞兩階段數位經營層級

1. 2014年11月～2017年2月，管理階段

這階段計畫稱為「未來體驗」（experience of the future），每季法人說明會，都是財務長在說明自助點餐機（self-service kiosk）等可以節省多少成本，格局有限。

2. 2017 年 3 月，加速（營收）成長計畫，策略階段

光看這名稱，就知道數位服務等是衝著提高營收來的。

三種相近觀念架構分析公司經營層級

馬斯洛需求層級	會計上三重底線	企業社會責任五階段	星巴克	麥當勞
1943 年	1978 年	2004 年 12 月	2008 年 1 月 6 日起	2014 年 11 月起
五、自我實現	三、環境底線（environmental bottom line）	五、公民階段	5.1 2020 年 1 月 21 日推出長期（到 2030 年）的「資源正面策略」：減碳節省水，減廢 50% 5.2 2010 年 7 月推出「綠色商店」（綠建築）架構	2002 年麥當勞開始公布企業社會責任（QSR）報告
四、自尊 三、社會親和	二、財務底線（financial bottom line）	四、策略階段：增加營收 三、管理階段：降低成本	1. 2008 年 1 月 6 日轉型計畫 1 號公報 第 2 號「星巴克體驗」（Starbucks experience），第 3 號透過資訊技術等以提高店營運效率，進而提升顧客體驗	2. 2017 年 3 月 加速成長計畫（velocity growth plan） 3. 2014 年 11 月～2017 年 2 月「未來體驗計畫」（experience of the future）
二、生活 一、生存	一、社會底線（social bottom line）	二、防禦性階段：社會觀感 一、守法階段：法令遵循	2000 年，在股東會上，公益團體要求星巴克要公平貿易採購咖啡豆 2001 年，星巴克跟「國際環境保育組織」CCI 訂定優先供應公司計畫（PSP） 2004 年，星巴克國際環境保育組織開發認證	2001 年起，麥當勞開始執行 • （社會）責任供貨（responsible sourcing） • 供應鏈永續（sustainability） • 倫理採購（ethic procurement）

Ⓡ 伍忠賢，2021 年 9 月 13 日。

9-9 近景：麥當勞數位經營二階段

—— 2014 年 11 月～ 2017 年 2 月，戰術級；2017 年 3 月起，策略級

2014 年 11 月～ 2017 年 2 月，麥當勞二次推出數位轉型計畫，換湯不換藥，可用 1.0、2.0 版形容。

一、麥當勞數位經營的重要人物

伊斯特布魯克（Stephen Easterbrook, 1967 ～）兩階段職稱如下。

1. 2013 年 6 月～ 2015 年 2 月：這近二年內，他晉升速度很快，皆擔任全球品牌長，2013 年 6 月～ 2014 年 4 月，執行副總裁；2014 年 5 月～ 2015 年 2 月，資深執行副總裁。
2. 2015 年 11 月～ 2019 年 10 月，擔任總裁兼執行長；2019 年 11 月 1 日，他因辦公室婚外情，被董事會解僱。

二、2014 年 3 月～ 2017 年 2 月，未來體驗計畫

以「未來體驗」（experience of the future, EOTF）為名。

1. 作文比賽，修辭策略

   三 D 數位：（digital）、得來速（drive-thru）、外送（delivery）。

   數位包括手機 App 四項：手機點餐、付款、顧客忠誠計畫（集點送）、店內自助點餐機（kiosk）。
2. 戰術級計畫：這名稱看似是想增加顧客體驗，例如：自助點餐機、手機點餐和支付等，每年的數次法人說明會，都由財務長說明這計畫節省多少成本。

三、2017 年 3 月起，加速營收成長計畫，策略性資訊管理階段

到這階段，麥當勞數位經營的目標是提高營收，也就是後文表中第二欄的「策略階段」，二個計畫對「服務」（service），強化數位服務，這部分用詞很混亂。

三個項目跟「四個標準」（quality, service, cleanliness, value）如下。

1. 產品策略之一：顧客體驗

   尤其是數位得來速、外送的 3D 顧客體驗（customer experience）。
2. 產品策略：食物（food）

   提供核心菜單品質。

3. 價值（value）

損益表上營收每年成長 3 ～ 5%，降低管銷費用。

損益表結構

單位：億美元

損益表	2023 年度（F）星巴克	2022 年度 100%	2023 年度（F）麥當勞	2022 年度 100%
• 營收	356.7	100	251	100
- 營業成本		74		43.03
• 原料與包裝		32.72		
• 人工				
• 製造費用房屋				
(1) 維修、租房				18.87
(2) 折舊費用				8.07
• 其他				
= 毛利		25.96		56.97
- 營業費用		12.26		12.35
• 廣告		13.74		44.62
= 營業淨利				
+ 營業外收入				
- 營業外支出				10.87
= 稅前淨利		13.12		33.75
- 公司所得稅		2.95		7.11
= 淨利		10.17		26.64

策略性某某管理的特色

組織層級	主管	著眼點
策略	1. 董事會 2. 總裁兼執行長 3. 事業群主管	• 效果（effectiveness） • 增加營收 * 策略資訊系統（SIS）
戰術	1. 營運長 2. 各功能部門主管 3. 資訊長	• 效率（efficiency） • 降低成本 * 管理資訊系統（MIS）
戰技	2.1 各功能部門下二、三級部處 3.1 資訊長下轄系統開發部	* 交易資訊系統 交易（transaction）

麥當勞「店」數位經營

時	2014.11 ～ 2017.2	2017.3 起
一、計畫	體驗未來（experience of the future, EOTF）	加速成長計畫（velocity growth plan）
二、人		
(一) 人	伊斯特布魯克	同左
(二) 職稱	品牌長 執行副總裁	總裁兼執行長 任期 2017.3 ～ 2019.10
三、預期效益		
(一) 組織層級	戰術級	策略級
(二) 對損益表影響	方便顧客，提升店作業效率，以降低成本	提升顧客體驗，提升顧客滿意程度、認同，進而提高營收
四、投入	資訊投資，但沒有大投資	2018 年起，比較偏重數位，2019 年起大投資

9-10 公司數位經營程度績效評估：趨勢分析

—— 2008 年起，星巴克與麥當勞的公司數位成熟曲線

有句流行語：「世界上最可怕的是比你優秀還比你努力」。有許多國家的作者以這相似俚語，出了許多書。這句俚語貼切描寫在美國速食餐飲業，星巴克是「優秀且努力的」，套用西元前 550 年左右的希臘《伊索寓言》故事中的龜兔賽跑，以數位經營來說：

星巴克是「另類」兔子，早跑，跑得快，而且不休息。

麥當勞是非典型烏龜，起步晚，走得慢，而且常停。

一、汽車旅行距離等於旅行時間乘上時速

以南北向高速公路來說，次頁表中七家公司可比喻成七輛汽車在不同時間出發，各車跑的距離等於旅行時間和汽車每小時速度。

二、速食餐飲業七雄的數位經營起跑點

次頁表中第一列，套用創新擴散理論，以手機下單支付為例，美國速食餐飲七雄中，情況如下：

1. 次頁表第一列，理論基礎：創新擴散理論
   - 創新者：星巴克。
   - 早期採用者：2014 年 10 月起，麥當勞、達美樂。
   - 早期大眾：肯德基、潛艇堡、必勝客、漢堡王。
   - 晚期大眾：其他，比較偏中小型公司。
2. 次頁表第一欄：全球速食業市占率
   表中第一欄，各公司全球市占率是以其「總營收」為對象（即直營店加上加盟店營收），麥當勞全球市占率 11% 左右，星巴克 7.5%。

三、衡量指標：數位成熟程度

由次頁圖可見，以手機下單與支付占營收比作數位成熟衡量指標。

1. 2022 年情況：星巴克 41%、麥當勞 10%
   兩者差距不成比例。
2. 趨勢分析
   以 2008 迄 2025 年趨勢來看，星巴克一直領先麥當勞，而且差距在 20 個百分點左右。

美國速食餐飲業七雄中在數位轉型起點與角色

角色		創新者（innovators）	早期採用者（early adopters）	早期大眾（early majority）
占比重		2.5%	13.5%	34%
年店數		2008～2012年	2013～2014年	2015～2016年
全球市占率	公司			
10.88	麥當勞（42,000）		✓，2014年11月 阿提夫·拉菲克（Atif Rafiq）	
7.5	星巴克（37,000）	✓，2012年3月9日，任命資訊長 Gurt Garner 數位長 Adam Bratman		
2.82	肯德基（24,100）			✓，2015年5月 Ryan Ostrom（2019年6月離職）
2.8	潛艇堡（36,600）			✓，2016年6月8日成立數位部（資訊長兼數位長）Subway Digital
1.57	達美樂（20,000）		✓，2014年10月 Michael Gillespie 主管七國（不含美國）	
1.24	必勝客（18,700）			✓，2015年 Denni Maloney 2016年9月21日，設立顧客長 Helen Vaid 擔任
1（%）	漢堡王（20,000）			

Ⓡ 伍忠賢，2021年8月20日。預估店數2023年12月。

星巴克與麥當勞數位發展成熟曲線：以手機下單占營收比

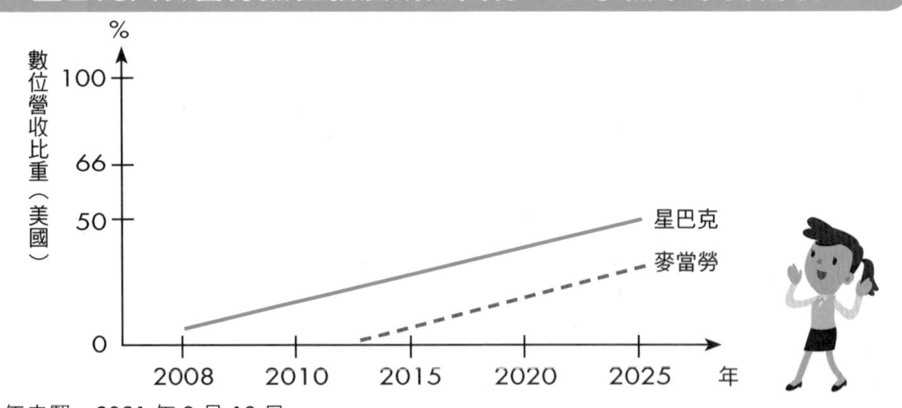

Ⓡ 伍忠賢，2021年9月19日。

Chapter 10

數位經營之策略、資本支出與用人

10-1 公司數位經營 7S 之 0：數位經營目標——星巴克 10 分、麥當勞 5 至 8 分

下列兩句相似俚語，貼切形容星巴克、麥當勞公司董事會設定經營目標。

- 1942 年，美國人約翰．戈達德（John Goddard, 1924 ～ 2013）列出一生想要作到的 127 件事，稱為「一生的志願」，1985 年他完成 106 項。許多俚語形容，例如「夢想有多大，成就就有多高」。
- 百度知道中「夢有多大，舞台就有多大」。

一、星巴克數位經營目標：2008 年起，10 分滿分

2007 年，星巴克遭遇美國次級房貸風暴，營收、淨利、股價大跌（詳見拙著《超圖解數位行銷與廣告管理》第 2 章），2008 年 1 月 6 日，董事長霍華．舒茲重兼執行長。

1. 2008 年急救兼換腦袋

   舒茲同時採取急救止血與「如虎添翼」的大手術。

   - 復甦經營（turnaround management）：2008 ～ 2009 年關店、關工廠、裁員、甚至變賣資產；以減少營業規模，因應景氣寒冬。
   - 「數位轉型」（digital transformation），詳見右頁上表，這是走在時代前端，因為 2011 年起，才開始流行「數位化」（digitization）。
   - 「轉型」記事冊（transformation agenda），「Starbucks transformation agenda」其中的轉型記事冊這名詞是舒茲從他好友戴爾公司董事長邁可．戴爾（1965 ～）的用詞。（資料來源：Jim Ewel, “The Transformation Agenda”, Agile marketing，2013 年 6 月 13 日）

2. 問題是，霍華．舒茲怎麼會想到數位經營？

   令人好奇的是，生在嬰兒潮世代（1953 年生）、大學唸密西根大學大眾傳播系的霍華．舒茲，2008 年怎會「走在時代前端」，部分原因是他有科技界朋友邁可．戴爾與賽富時（Salesforce）董事長貝尼奧夫（Marc Benioff, 1964 ～），詳見右頁下表。

二、麥當勞數位經營目標，2014 年 11 月～ 2017 年 2 月 5 分，2017 年 3 月起 8 分

嚴格來說，麥當勞是在 2014 年 11 月起，在伊斯特布魯克（Stephen J. Easterbrook, 1967 ～）任二個職務，陸續擴大數位經營，比星巴克慢了七年以上。

2008 年起，星巴克數位經營的兩種架構

流程	投入	轉換	產出
一、擴增版一般均衡模型	生產因素市場 (一) 第三種：資本 領先「行動技術」曲線「數年」（至少二年）投資	(一) 產業：相對於對手 1. 建構競爭優勢，即數位優勢（digital advantage） 2. 星巴克是在商店與數位的領先地位	商品市場 (一) 對消費者 1. 定義數位顧客體驗 2. 消費者滿意績效 (二) 財務績效 1. 營收 2. 提高市占率
	(二) 第四種：技術 技術前瞻，預測行動技術曲線走勢	(二) 生產函數 店效率提高，降低成本	(三) 股票市場績效
二、平衡計分卡	(一) 學習績效	(二) 流程績效	(三) 消費者滿意績效 (四) 財務績效

有關 2008 年星巴克復甦經營的霍華・舒茲、2019 年凱文・約翰遜說法

時	人	事
2008 年 1 月 6 日	霍華・舒茲	在 *Starbucks stories & news* 上 "Howard Schultz Transformation agenda communication 1"
2010 年 7 ／ 8 月	Adi Ignatius，《哈佛商業評論》的編輯	在美國《哈佛商業評論》上 "The HBR Interview : We had to own the mistakes"
2019 年 9 月 23 日	同上	在美國《哈佛商業評論》上文章 "Starbucks CEO Kevin Johnson on work, joy, and yes, coffee"

10-2 成功企業 7S 之 0：正確策略決策——董事會中科技董事席次

—— 7S 之 1：策略 II，2017 年起
——星巴克數位飛輪計畫與麥當勞加速成長計畫

2008 年起，公司數位經營是星巴克競爭優勢主要來源，星巴克在 2009 年 3 月起，便陸續換腦袋；2012 年 3 月，提升兩位一級主管（執行副總裁）擔任左手右臂。本單元詳細說明。

一、星巴克數位轉型的關鍵：換腦袋——2009 年 3 月，科技董事

1. 2009 年 3 月起，10 席董事中新增 2 位科技董事長：美國公司董事大抵三年一任，2006 年以前星巴克董事都來自一般公司，頂多加上金融業。2009 年 3 月，10 席董事中增加 2 席來自科技業。其中臉書營運長雪柔．桑德伯格，曾任谷歌副總裁負責網路銷售和營運，她任期沒滿，便因臉書公司股票上市（2012 年 5 月 17 日那斯達克股市）準備工作太忙，換由華裔美籍史宗瑋（Clara Shih, 1982 ～，女性）擔任，她是 Hearsay Systems （2009 年成立，在加州舊金山市）兩位創辦人之一，這是家顧客關係管理的軟體公司。2021 年 1 月 25 日，她回鍋到賽富時（Salesforce）公司擔任雲端顧客服務軟體事業部執行長。
2. 2021 年 4 月，新增第 11 位董事、第 3 位科技董事：即印度裔美國人納德拉（Satya Nadella, 1967 ～），2021 年 6 月 7 日，微軟董事會票選他擔任董事長。不過，納德拉擔任星巴克董事不具獨立性，微軟雲端服務天藍（Azure）大客戶之一是星巴克，而且納德拉跟凱文．約翰遜（2017.3 ～ 2022.3，星巴克總裁兼執行長）有十六年微軟公司共事經驗。

二、2017 ～ 2021 年度，星巴克五年營運計畫

1. 2016 年 12 月 9 日：每雙數年的 12 月左右，星巴克會舉行網路法人說明會，星巴克事前審核法人資格。在會中，霍華．舒茲宣布（滾動期間五年計畫）「數位飛輪計畫」（digital flywheel program），每年宣布手機註冊人數和會員人數目標，這便是「數位」目標。
2. 套用流行企管名詞「飛輪效應」：2001 年的暢銷書《A 到 A+》舉出數家

成功公司（例如：亞馬遜公司）正確啟動後，如同人在健身房踩飛輪，一開始踩時辛苦，踩順了後，就省力，稱為飛輪效果（flywheel effect）。2002 年起，一堆轉飛輪（turning the flywheel）書，就此上市。

3. 言下之意：2017 ～ 2021 年度星巴克數位飛輪計畫，隱含著 2008 ～ 2016 年 9 月，星巴克已經過了踩飛輪啟動階段，進入第二階段，愈踩愈快。

三、2017 年 4 月 3 日，凱文．約翰遜掌權

1. 凱文．約翰遜上台：2016 年 11 月，星巴克董事會宣布 2017 年 4 月 3 日，總裁兼營運長凱文．約翰遜接任執行長一職，星巴克進入「後霍華．舒茲時代」，1987 ～ 2016 年，近三十年，霍華．舒茲一直是星巴克的同義詞，但他持股比率僅 2.3%，尤其從 2008 年董事長兼執行長已九年，時 64 歲，終有退休一天。
2. 2021 年 9 月，數位飛輪計畫改名字：數位飛輪計畫太文縐縐了，對外通用一個望文生義的名詞「大規模成長計畫」（growth at scale agenda）。在原計畫的三項策略優先（strategic priorities）加上外送。

四、麥當勞

2017 年 3 月，麥當勞總裁兼執行長伊斯特布魯克提出「加速成長計畫」，一方面也是回應星巴克的數位飛輪計畫。

星巴克董事會中科技董事與資訊長、數位長

時期	2008.1 ～ 2017 年 3 月	2017 年 4 月
0、執行長	霍華．舒茲	凱文．約翰遜
一、董事會	10 席董事	11 席董事
科技董事		
(一) 外部	2009.3 2011.11 桑德伯格（Sheryl K. Sandberg, 1969 ～） 2011.12.15 史宗瑋（Clara Shih, 1982 ～）	
(二) 外部變內部	2009.3 起 董事 2015.3.1 ～ 2017 總裁兼營運	2017.4 薩蒂亞．納德拉 總裁兼執行長凱文．約翰遜
二、資訊長等		
(一) 資訊長	2008.2 ～ 2012.2 資訊長 Stephen Gillet 2012.3 ～ 2015.11 資訊長 執行副總裁 Curtis E. Garner	2012.3 ～ 2015.11 技術長（執行副總裁） Gerri Martin -Flickinger
(二) 數位長	2009.4 ～ 2012.2 數位創業總經理 Adam Brotman 2012.3 ～ 2016.9 數位長	2017.9 數位顧客體驗 Brady Brewer

10-3 7S之1：策略──星巴克透過策略性資訊管理建構競爭優勢

──以 2011 年 1 月，推出星巴克支付為例

本單元說明星巴克在手機支付款兩種媒體（冷、熱錢包）大都走在前端，而且領先麥當勞二年以上，形成很強的競爭優勢。

一、手機付款對商店、消費者的重要性

1. 結帳時間對消費者的重要性：便利商店、速食餐飲業對顧客的主要效益之一是「地點、商品、時間方便」，在時間方面包括兩項：營業時間長（例如：全年 365 天無休、一天 24 小時營業）、結帳時間 5 分鐘以內來說，包括排隊、點餐、付款。以星巴克週間每日兩個尖峰時間：早上 9 點公司上班前、下午 2 點，顧客買咖啡時「不耐久候」。
2. 公司角度：以現金付款來說，至少 45 秒，包括驗鈔真偽，找零。許多公司想法設法加速結帳時間，手機（本書不用「行動」一詞）支付只須 10 秒。

二、策略雄心

星巴克經營者對資訊技術在數位顧客服務的運用，有很大「策略雄心」（strategic ambition）。

三、2007 年 9 月 5 日預告

- 地：美國加州舊金山市莫斯康中心（Moscone Center）。
- 人：蘋果公司史蒂夫．賈伯斯、霍華．舒茲。
- 事：在蘋果公司開發公司會議（Apple worldwide developers conference）（1983 年起）中，蘋果公司跟星巴克宣布推出顧客在星巴克店內，可用蘋果公司手機付款下載店內音樂。並且宣布 2009 年推出星巴克隨行卡手機 App 與 2011 手機付款。

四、冷錢包二：手機綁儲值卡

2002 年，星巴克推出儲值卡（Starbucks on the go card），這是冷錢包（cold wallet）。

由下表可見，以手機儲值卡來說，這比較單純，各公司私有雲端便可解決。星巴克，美國第一：技壓美國各行業。算「急」先鋒，有先發者優勢（first mover advantage）。

星巴克兩位高階管理者對手機 App 支付主張

時	地／人	事
2016 年 3 月 20 日	布洛曼 （Adam Brotman）	在《彭博》科技版上，星巴克數位長（任期 2012.3 ～ 2016.9）布洛曼表示，星巴克行動 App 是星巴克很獨特的競爭武器，不會技術授權給其他公司
2019 年 3 月 14 日	英國倫敦市／霍華・舒茲	在 Fix Trading Community 舉辦的「歐亞非中東」貿易會議中，霍華・舒茲跟美國德州奧斯汀市 Epicor 公司執行長 Stephen Murphy 1 對 1 網路會議，他強調 Innovation is only counts if it's disruptive, we proud ourselves on trying to disrupe the marketplace, Starbucks mobile App is disruptive

美國電子錢包三階段的發展：星巴卡大都起跑第一

電子錢包	冷錢包（不連網路）		熱錢包（連網）
	儲值卡	手機綁儲值卡	手機綁信用卡、金融卡
時	1997 年起	2011 年起	2014 年起
1. 創新者，占 2.5%	1997 年 埃克森美孚石油公司發行 Speed Pay，用在自盟加油站 1998 年貝寶（PayPal eWallet）	2011.1.19 全美 6,800 家自營店，外加目標店內星巴克店 1,000 店，2011.5.26 谷歌錢包（Google Wallet）上市	2011.11 Visa 推出 V.me 2013 年 2 月萬達卡推出 Master Pass
2. 早期採用者，占 13.5%	2001 年 麥當勞一些店試辦 2002 年 星巴克隨行卡	2011.7.1 星巴克用在喜互惠超市內星巴克 800 店	2014.10.20 蘋果支付 2015.8.20 三星支付
3. 早期大眾，占 34%	—	—	2015.9.23 星巴克手機下單與支付 2015.11.11 谷歌支付
4. 晚期大眾，占 34%	—	—	2017 年 10 月 麥當勞 20,000 家店，美、歐洲

10-4 2020 年星巴克與麥當勞數位轉型績效比較

一、星巴克由數位啟動到數位轉型

以美國商務部普查局對「數位經營」的定義是指「行動下單」占比，以這標準來說，2008～2016 年 33% 以下是「數位啟動」，2017～2030 年 34～66% 是數位轉型中，預估 2031 年以後達 67% 以上是數位成熟。

二、資訊科技的人工智慧運用

1. 個人化推薦
   在會員交易等大數據情況下，透過人工智慧的機器學習，2017 年起，星巴克逐漸試行兩個個人化推薦，一是「因時因地因人」制宜的手機「個人化推薦」，另一是店得來速的智慧面板菜單。
2. 2019 年 3 月起，5G 手機能讓星巴克粉絲黏住星巴克。

三、麥當勞自我感覺良好

- 時：2021 年 7 月 28 日。
- 地：美國伊利諾州德斯普蘭斯市。
- 人：克里斯．坎普斯基。
- 事：在第三季法人說明會中，麥當勞總裁坎普斯基表示，對數位計畫（3D）績效很滿意，例如：2021 年 6 月，美國速食餐廳雜誌統計，手機 App 下載次數最多的是麥當勞。2021 年半年手機下單 80 億美元，年成長率 70%。

	數位（經營）digital	+ 飛輪（效果）flywheel	= 數位飛輪 digital flywheel
時	1996 年 7 月 5 日	2001 年 10 月 10 日	2016 年 12 月
地	華盛頓州西雅圖市	科羅拉多州奧羅拉市	華盛頓州西雅圖市
人	傑夫．貝佐斯（Jeff Bezos, 1964～）	詹姆士．柯林斯（James Collins, 1958～）	霍華．舒茲（Howard Schultz, 1953～）
事	成立亞馬遜公司，1995 年 7 月上線營業，大約 2002 年造成亞馬遜效應（Amazon effect）	書《從 A 到 A+》（*Good to great*）提出偉大公司 7 個特徵，第 7 個是飛輪效果（flywheel effect）	digital flywheel project 透過許多數位服務計畫，如同人踩飛輪前進

星巴克、麥當勞 數位經營的 4 個 D

大分類	中分類	4D	星巴克營收比重		麥當勞	
			%	說明	%	說明
一、商店	(一) 店內 1. 店內使用（on-premise）	digital ordering & payment	81.45	2021 年占美國營收 45% 以上		
	2. 店外使用（off-premise） (1) 自取（pick-up） (2) 得來速	drive-thru	8.15		60～70	需要有智慧菜單面板
	• 顧客忠誠計畫	digital customer rewards plan		會員消費占營收 40% 以上		2021 年 7 月 6 日，全美推出
	(二) 包裝商品：超市		7.4			
二、電子商務	(一) 食品外送		3			
	(二) 商品外送（online shop）	delivery	—	2017 年 10 月起，關閉網路商店	—	2018 年 12 月起，網路商店，主題商品衣（襪、T 恤、帽）、育（文具）等

10-5 7S 之 2 組織設計——數位顧客服務相關組織

一、星巴克的數位顧客服務相關部

1. 2009 年 3 月 14 日以前，行銷長下轄數位策略部。
2. 2009 年 3 月迄 2016 年 9 月

   這段時間，先後有兩個「階段任務」部門成立，由同一人擔任主管。

   - 2009 年 3 月 15 日成立星巴克數位創投部

     以內部創投公司（Starbucks Digital Venture），支助許多單位的數位轉型，例如：2010 年店內第四台、手機支付等，由布洛曼（Adam Brotman, 1969～）擔任總經理、副總裁；由資訊長管轄。
   - 2012 年 3 月～2016 年 9 月，數位長（chief digital officer）

     星巴克設立數位長一職，貫穿行銷長下轄各部的顧客數位體驗業務，下轄 110 位員工，這是階段性職位，這職位只有布洛曼擔任，而且是資深副總裁級。
3. 2016 年 9 月後

   布洛曼升官後，便沒有數位長這職稱。這職務跟行銷長下轄四部中的「數位顧客體驗」部相近。
4. 2022 年 4 月起

   星巴克設立「策略與轉型長」（chief strategy & transformation），由加拿大人 Frank F. Briet，執行副總裁，他是人力資源方面專長，由他處理員工要求，成立工會事宜。

二、麥當勞在數位顧客體驗的三階段組織設計

2017 年 10 月起，麥當勞針對數位顧客體驗，陸續設立部門，由三級部（副總裁）、二級（資深副總裁）到一級主管（執行副總裁）。

1. 2017 年 10 月 21 日，數位長，三級主管

   在品牌長下設數位長，由 Atif Rafiq（1972～）擔任。
2. 2020 年 1 月，數位顧客認同長（chief digital customer engagement officer）

   由資深副總裁 Lucy Brady 擔任，她之前擔任公司策略部資深副總裁，處理過麥當勞外送業務。

3. 顧客忠誠計畫

- 2021 年 6 月 26 日，設立顧客長
  麥當勞設立顧客長（chief customer officer），執行副總裁級，跟三部門有關。
- 資訊部的數據分析。
- 資訊部下轄數位顧客認同，即 Lucy Brady 負責單位。
- 營運部（全球餐廳發展和餐廳解決方案）。
- 2021 年 7 月 8 日：麥當勞首次推出全美的顧客忠誠計畫，由 2020 年 11 月在美國一些地方試辦。

星巴克與麥當勞數位顧客服務相關組織

公司	2010 年前	2011 ～ 2015 年	2016 年以後
一、星巴克			
(一) 行銷長下	2007.10 ～ 2008.1 digital strategy	digital customer experience	
(二) 中間		亞當 · 布洛曼（Adam Brotman）	
1. 數位創投部	2009.3.14		2016.9
2. 數位長			2016.9
(三) 資訊長	2008.1 ～ 4 Bryan Crynes 2008.5 資訊長 Stephen Gillett	2012.3 2012.3 技術長 Curt Garner 2015.11	2015.12 同左 Gerri Martin- Flickinger 2022.5 同左 Deb H. Lefevre （女）
二、麥當勞			
(一) 行銷長下 顧客長			2021.6.26 Manu Steijaert
(二) 中間		2013.10.21 ～ 2017.1 數位長 Atif Rafiq	2019.1 ～ Ahold Delhaize 2020.1 ～ 2022.7 數位顧客認同 Lucy Brady
(三) 資訊長			2018.1 Daniel Henry 2022.8 Brian Rice
(四) 技術長			Tom Gergets

10-6 7S 之 3：資訊科技支出金額——星巴克 5 分，麥當勞 3.7 分

以資訊科技支出金額多少來說，星巴克若是 5 分，則麥當勞只有 3.7 分。

2021～2022 年 6 月起，全球半導體業三大公司美國英特爾，南韓三星電子、臺灣台積電，展開大金額的設廠競賽，搶食 5G（手機、基地台）、車用電子（尤其是電動汽車）晶片爆炸性訂單需求。

同樣地，在全球餐飲業，由 2008 年星巴克先衝數位經營（主要是數位顧客服務），麥當勞在 2017 年起才跟進。

麥肯錫公司成功企業七要素（7S）之 3 是「獎勵制度」，指的是「錢」，因此在科技管理等課程，我們也用來指資本支出、研發費用等。

一、資料來源

由右頁表可見，兩家公司的資本、資訊支出資料來源：

1. 資本支出來自現金流量表
   資本支出原始資料來自公司現金流量表，要查「麥當勞」某財務表很容易，在谷歌下打「McDonald's cash flow」，就會出現五年現金流量表。
2. 資本支出中的資訊投資來自公司新聞
   公司資本支出在財務報表年報的附註中會列出明細。資本支出方式包括本公司支出、收購別家公司。
   資本支出項目包括：
   - 硬體：房地產、機器與運輸設備、資訊設備，以房地產支出來說，比較常見的舊店重新裝潢，如同百貨公司改裝。
   - 軟體：尤其是買軟體（資訊系統）。

二、星巴克

1. 每年資本支出金額 15 億美元。
2. 資本支出占營收比率 6.3% 以上。
3. 資訊支出：2016 年有公布資訊支出金額，占資本支出 18.4%，這數字合理。

三、麥當勞

1. 資本支出金額：由下表可見，麥當勞資本支出金額略高於星巴克。
2. 資本支出細項分析：由於 2020 ～ 2021 年新冠肺炎疫情之故，美國麥當勞得來速銷售占營收 70%，店內使用少，延長店裝潢可用時間，資本支出花在改裝的比重減少。花在得來速智慧菜單面板、店內自助點餐機等設備金額提高。
3. 2019 年，資本支出很大比重花在收購資訊公司。
4. 資本支出占營收比率：表中資本支出占營收比率有兩種計算基礎。
   - 以「店總營收」當分母，幅度比率約 2%，算很低。
   - 以「財報中損益表營收」作分母，比率約 8%，跟行業平均值同。

四、7S 之 3：資訊支出與資訊技術水準——2019 年，麥當勞在數位科技的布局

2017 年起，麥當勞在資訊投資上金額加大，尤其 2019 年趕進度地作了三件資訊公司收購、投資案，下表說明。

麥當勞與星巴克的資本支出與比率

單位：億美元

年	2017	2018	2019	2020	2021	2022
一、麥當勞	年度 2 月～隔年 1 月					
(1.1) 全店營收	910	964	1,005	936	1,120	1,160
(1.2) 財報營收	228.2	212.58	213.64	192	232	239
(2) 資本支出	18.54	27.42	23.94	16.41	20.4	21.03
(3)=(2)/(1.1)(%)	2.04	2.84	2.38	1.75	1.82	1.81
(4)=(2)/(1.2)(%)	8.12	12.9	11.2	8.55	8.8	8.8
二、星巴克	年度 10 月～隔年 9 月					
(1) 營收	223.87	247.2	265.1	235.18	290.61	321.6
(2) 資本支出	15.2	19.8	18.1	14.8	14.7	16.27
(3)=(2)/(1)(%)	6.79	8	6.82	6.29	5.06	5.06

10-7 7S之4：伍忠賢（2021）企業文化量表

——星巴克pk麥當勞：66比55

一、理論基礎

全球最普通使用的企業文化量表是美國密西根大學推出的「組織文化評量工具」（organizational culture assessment instrutment, OCAI），背後是1983～2006年起，三位學者陸續地發展一個觀念「競爭價值架構」（competing value framework），三位依姓氏順序如下：Kim S. Eameron、J. Rohrbaugh和Robert E. Quinn。

二、伍忠賢（2021）企業文化量表

由右頁表第一欄可見，伍忠賢（2021）「企業文化量表」（corporate culture scale）是把前述理論的兩大構面細分，第二欄中是外界資料來源，主要是美國加州Comparably Inc.。

1. X軸：結果導向（即往外看）

   大體來說，大部分組織都是結果導向；只有極少數組織第1～5項是依「投入—轉換—產出」列出，即員工認同公司程度高，工作努力，才會有高滿意程度顧客，營收、淨利、股價一波一波高。

2. Y軸：彈性

   這是指公司的管理彈性，套用美國麥肯錫公司成功企業七要素（7S）中的第2～6項。

三、星巴克66分

兩個構面各五項，宜分開來分析。

1. 表第一大項：往外看37分，高於50分的中間值25分

   2020～2021年新冠肺炎疫情影響，第3～4營收項、淨利成長率都很難看。變通之道是看2022～2030年的數值。

2. 表第二大項：彈性29分，高於50分的中間值25分

   「組織設計」講的是地方分權程度，本量表以店加盟比率來衡量，星巴克49%，得5分；麥當勞93%，得9分。

四、麥當勞55分

1. 右頁表第一大項：往外看25分，等於中間值25分

純以「自營店與加盟店」總營收 1,000 億美元來說，麥當勞 2019 年營收已到成長高原，同店銷售衰退，新開店有限。

2. 表第二大項：彈性 30 分，高於中間值的 25 分
   第 9 項高階主管（尤其是總裁、營運長）的來源，麥當勞非常強調「從基層作起的麥當勞老兵」，缺乏多方視野。

公司（企業）文化量表

二大類／10 項	市調公司	1 分	5 分	10 分	星巴克	麥當勞
一、成果，占 50%						
1. 員工認同率	Comparably	40	60	80	8 （74 分）	5 （60 分）
2. 消費者滿意程度	ASCI	60	70	90	7 （77 分）	4 （68 分）
3. 營收成長率	單元 9-1		5%	15%	7	5
4. 淨利成長率	單元 9-2		5%	15%	10	5
5. 股價報酬率	單元 9-3	3%	10%	30%	5	6
二、彈性，占 50%						
6. 7S 之 2：組織設計	加盟比率	10%	50%	100%	5	9
7. 7S 之 3：獎勵制度	Glassdoor	1 分	3.5 分	5 分	5 （3.5 分）	6 （3.8 分）
8. 7S 之 4：企業文化——創新	以菜單為例	統一菜單		各地菜單	5	8
9. 7S 之 5：用人——高階主管		內部老臣		外來新血	6	2
10. 7S 之 6：領導型態	Comparably 公司評分	40 分	60 分	80 分	8	5
小計					66	55

Ⓡ 伍忠賢，2021 年 9 月 23 日。

公司「企業文化」

時：1951 年

地：英國

人：埃利奧特．賈克斯（Elliott Jaques，1917 ～ 2003，中譯埃里奧特．傑奎斯），加拿大多倫多人，哈佛大學社會關係博士（1952）

事：出自 *The changing culture of a factory* 一書，被視為「企業文化」一詞來源

10-8 7S 之 5：星巴克用人 I

—— 2008 年 5 月～ 2012 年 2 月星巴克「數位啟動」階段資訊長史蒂芬．吉勒特

2008 年 1 月 6 日起，霍華．舒茲的數位經營，重點要有很強的資訊長去「使命必達」，本單元說明 2008 ～ 2015 年星巴克資訊長的人選等。

一、2008 年 1 月 14 日～ 2012 年 4 月

1. 資訊長被解僱：2008 年 1 月 13 日，資訊長 Brian Crynes（任期 2001 年～ 2008 年 1 月）離職，他任內星巴克由 5,000 店到 15,000 店，營收由 25 億到 100 億美元。
2. 2008 年 1 月 13 日，星巴克宣布由「數位策略部」（digital strategy）副總裁 Christopher Bruzzo（1969 ～）一人擔任兩個職位：
   - 暫代資訊長。
   - 技術長（chief technology officer）。

   數位策略部負責社群行銷，後來改名「品牌管理與聲譽部」。等到吉勒特到任後，他轉任「全球廣告與數位行銷」副總裁（任期 2008 年 6 月～ 2011 年 6 月），之後晉升行銷長（任期 2011 年 6 月～ 2012 年 5 月），資深副總裁。

二、2008 年 5 月，吉勒特

2008 年 5 月，32 歲的吉勒特（Stephen Gillett）就任星巴克資訊長。他帶進許多數位顧客服務點子，2009 年 3 月，他又把他之前在微軟公司子公司 Corbis 擔任資訊長時的同事布洛曼找來，一唱一和地推動。

由右頁表可見，星巴克花了四個月，找一位空降資訊長，這人最好來自資訊（網路）業，但最好是偏行銷，而不是技術掛帥的資訊匠。吉勒特符合，他在任四年，給星巴克數位經營第一個四年打下扎實基礎。

2012 年 3 月，他離職到 3C 量販業龍頭百思買（Best Buy）擔任總裁兼「數位行銷與商業服務」部執行副總裁。

三、2012 年 3 月～ 2015 年 11 月資訊長

吉勒特離職後，由老臣 Curtis Garner（1992 年進星巴克）擔任資訊長，他曾任資訊長下轄四部之一的副總裁。2015 年 10 月，他跳槽到營收約 50 億美元的奇波雷墨西哥燒烤公司（Chipotlc Mexcian Grill，chipolle 小辣椒）擔任技術長。

四、資訊長改稱技術長

Garner離職後，新聘主管，稱為（資訊）技術長，有些美國公司認為（資訊）技術長範圍比較廣。

2008 年星巴克聘用吉勒特擔任資訊長

層級	星巴克的需求	吉勒特的能力、劣勢
一、策略性 1. 顧客中心企業文化（customer-centric culture） 2. 公司層級策略（enteprise-strategy, DT as a strategy）	1. 須要一位資訊長了解「數位時代顧客」（即 X、Y 世代），以便幫星巴克在網路上、店內讓顧客認同 2. 須要能給公司帶來創新的人，以美國佛州邁阿密市市調公司（Retail Systems Research）的管理合夥人 Paula Rosenblum 來說，找一	1. 跟公司轉型進度（agenda）的數位顧客體驗 2. 在內部，改變上下對資訊部功能的認知 (1) 過去：資訊工坊（IT shop） (2) 現在：（科技）公司，即策略性資訊管理
二、戰術性：資訊管理 • 資訊中心企業文化（data-centric culture）	位老資訊底的人，大抵會從成本面切入，例如：供應鏈每磅咖啡豆省了 15 美元，須要一位了解資訊科技未來發展的人，即 DT as an IT change	吉勒特在下列二方面，缺乏經驗 1.（餐飲）零店商店 包括顧客資訊分析、商業智慧 2. 企業資源管理（ERP）系統 星巴克採用甲骨文公司的

吉勒特對星巴克貢獻重要文章

時：2009 年 6 月 1 日
人：Thomas Wailgum
事：在（CIO）網站上文章 "Starbucks CIO Stephen Gillett is brewing change"

數位轉型相關用詞（digital trarsformation）

- 策略面：DT as a strategy
- 組織變革面：DT as an IT change
- 雲端運算面，套用三種雲端服務類型 IaaS、SaaS、PaaS：稱為 DT as a serivce

10-9 7S之5：星巴克用人II

—— 2017年4月起，星巴克數位轉型到數位成熟

——星巴克凱文．約翰遜與麥當勞總裁

兩軍作戰，輸贏主要靠主帥的布陣，這在公司，很大部分在於總裁兼執行長的深謀遠慮，本單元說明2009～2017年，星巴克董事長霍華．舒茲三階段運用凱文．約翰遜。並且比較麥當勞總裁兼執行長史蒂芬．伊斯特布魯克。

一、星巴克聘用凱文．約翰遜過程

1. 2001年，霍華．舒茲認識凱文．約翰遜

   當時，星巴克推動店內顧客無線上網，霍華．舒茲找上微軟公司，由凱文．約翰遜的部門承辦。

2. 2009年3月，凱文．約翰遜出任星巴克董事

   2008年，霍華．舒茲推動公司數位經營，2009年3月，10席董事中新增2位科技董事，另一位是臉書營運長桑德博格。

3. 2014年1月～2014年12月，約翰遜辭職治病

   2008年9月～2014年1月，凱文．約翰遜出任瞻博網路公司總裁兼執行長，2013年醫院診斷他罹患皮膚癌，他因工作忙碌，常把赴院治療延後，幾次後，他覺得治病保命比賺錢重要。提前三個月通知公司換人，2014年，他辭職，專心治病。

4. 2014年12月，霍華．舒茲三顧茅蘆

   霍華．舒茲邀約凱文．約翰遜出任星巴克總裁兼營運長，後者大病後，對人生領悟之一是「工作要有樂趣」，於是從資訊業轉行到餐廳飲料業。

5. 2015年1月星巴克宣布新人事命令

   由右頁上表可見，星巴克宣布2015年3月起，由凱文．約翰遜出任總裁兼營運長，2015年2月，原任執行副總裁兼營運長艾斯提德（Troy Alstead, 1963～）宣布「星巴克休假」（Starbucks coffee break），即放無薪假。2016年2月26日請辭。

二、雙方陣營，主帥功力比一比

由右頁下表可見，星巴克數位經營跑第二棒的凱文．約翰遜，跟帶領麥當勞跑第一棒的伊斯特布魯克，在科技方面工作經驗差距懸殊。

2015～2016年星巴克一、二號人物的爭權戰

時	2009.3～2014.2	2015.3	2016.2
一、凱文·約翰遜（Kevin R. Johnson, 1960～）	2009年3月擔任星巴克董事	2015年1月，星巴克宣布任命凱文·約翰遜3月起擔任總裁兼營運長	2016年9月1日，星巴克宣布2017年4月3日，凱文·約翰遜擔任總裁兼執行長
二、艾斯提德（Troy Alstead, 1963～）1992年加入星巴克	2014.2～2015.2營運長，之前曾任：1.財務長（2008～2014）2.全球商業服務總裁	2015.3.1起請無薪假	2016.2.24通知公司 2016.2.29請辭

2015～2019年星巴克、麥當勞公司數位經營掌權人

公司	星巴克	麥當勞
時	2015年3月1日起	2015年～2019年10月
地	華盛頓州西雅圖市	伊利諾州橡樹市
人	凱文·約翰遜（Kevin R. Johnson）	史蒂芬·伊斯特布魯克（Stephen Easterbrook）
事		
任職	美國星巴克總裁兼執行長（2017年4月～2022年3月）	任期2015年3月～2019年10月，因跟公司部屬有婚外情，遭董事會解僱
經歷	2008年9月～2013年12月瞻博網路公司（Juniper）總裁兼執行長 1992年～2008年7月，微軟公司 1986～1992年IBM	1993年加入英國麥當勞，2011～2013年離職，2013年回鍋麥當勞 1989～1992年在英國資誠會計師事務所工作
出生	1960年10月9日，華盛頓州吉格港市	1967年8月6日，英國英格蘭瓦特福（Watford）市，在倫敦市西北32公里
學歷	後隨父母搬至新墨西哥州，新墨西哥大學企管系（1978～1981）	英國杜倫大學（Durham）（1989～1993）
榮譽	2006年美國《財富》（或《財星》）雜誌票選科技業Rising stars中第四名	—

資料來源：整理自英文維基百科與領英（LinkedIn）。

Chapter 11

顧客服務行動 App：星巴克個案分析

11-1 全景：2008 年起，星巴克「數位經營」
——兼論透過行銷科技進行數位行銷

11-2 全景：1994 年起，星巴克解決尖峰時間顧客排隊太久問題
——兼論服務行銷下的服務藍圖

11-3 星巴克的顧客服務行動 App 種類：
2009 年起，跟 3G、4G 與 5G 通訊世代發展

11-4 全景：伍忠賢（2021）公司對顧客服務行動 App 功能量表

11-5 伍忠賢（2021）顧客服務行動 App 使用性吸引力量表

11-6 星巴克行動 App 頁面

11-7 星巴克行動 App 核心、基本功能（第 1 ～ 3 項）

11-8 星巴克 App 期望功能：星巴克忠誠計畫

11-9 星巴克 App 基本功能第 3 項：2011 ～ 2016 年手機支付

11-1 全景：2008年起，星巴克「數位經營」——兼論透過行銷科技進行數位行銷

一、2008 年 1 月 7 日，星巴克數位經營起跑

2008 年 1 月 7 日，董事長霍華・舒茲把執行長權力由總裁手上拿回，並且解僱總裁唐諾（James Donald 任期 2005 年 4 月～ 2008 年 1 月 6 日），展開星巴克復甦經營與公司數位經營，後者重點在於數位行銷，強調競爭優勢來源為技術引領創新（technology-led innovation，簡寫 tech-led innovation）。

2017 年 4 月～ 2022 年 3 月，總裁凱文・約翰遜兼任執行長，在這方面「蕭規曹隨」，本單元以大表拉出全景。單元 11-2 聚焦在約翰遜的數位飛輪計畫。

二、2017 年 3 月，麥當勞數位經營起跑比星巴克慢九年

由下表可見，麥當勞在湯普森（Donald Thompson, 1963 ～）總裁任內（2012 年 7 月～ 2015 年 2 月），營收由 276 到 2013 年高峰 284 億美元，他任期短，沒作大投資，伊斯特布魯克繼任，碰到麥當勞營收步入衰退，每年少 10 億美元，2017 年 3 月，推出加速成長計畫（velocitys growth plan）。

數位化營收占比	0 ～ 33%	34 ～ 67%
數位經營程度	數位轉型啟動	數位轉型中
一、麥當勞 時 人 年（曆年） 營收（億美元）	 2015.3~2019.11 史蒂芬・伊斯特布魯克 （Stephen J. Easterbrook） 2014 2015 2016 2017 2018 274 254 246 228 212.6	註：仍屬於數位轉型啟動 2019 年 11 月起 克里斯・坎普辛斯基 （Chris Kempczinski） 2019 2020 2021 2022 213.6 192 232 231.82
二、星巴克 時 人 事	 2008 年 1 月～ 2017 年 4 月 2 日 霍華・舒茲 （2008 年 1 月 7 日～ 2017 年 4 月 2 日，董事長兼執行長） 推出數位轉型計畫 （digital transformation initiative）	 2017 年 4 月 3 日～ 2022 年 3 月 凱文・約翰遜 （2017 年 4 月 3 日，擔任執行長） 提出「星巴克數位飛輪」計畫 （Starbucks digital flywheel program）

三、科技		這是 2017 ～ 2022 年的五年計畫分四部分
(一) 資訊	大數據分析，雲端運算	人工智慧用於大數據分析等
(二) 通訊	手機 App（付款）	區塊鏈用於供應鏈管理
四、行銷策略 (一) 市場研究		
1. 消費者洞察	偏重由「資料洞察」（data insights）	加上人工智慧，使消費者洞察更細、更快
(二) 行銷策略		
1. 市場定位		—
2. 行銷組合	—	
2.1 產品策略		
2.1.1 環境	2010 年 6 月，美國、加拿大店內免費上網 2010 年 10 月，美國直營店，店內第四台（Digital Network）	由 AT & T 提供，2013 年改由谷歌提供 5 個頻道，由雅虎提供，由顧客手上 3C 產品觀看
2.2 定價策略		(一) 手機下單與付款
2.2.1 手機支付	2015 年 10 月顧客手機預先下單 2011 年推出手機 App，手機付款 2014 年蘋果公司推出蘋果支付	2016 年手機下訂單（占 9%） 2021 年用戶數號稱手機付款 1.33 億戶（30% 以上） Starbucks Pay，美國人數市占第二
2.3 促銷策略	2010 年 10 月推出以（店）地點為基礎的服務（location-based services）	2019 年 3 月考慮接受加密貨幣（例如：比特幣支付）
2.3.1 社群行銷	2008 年 3 月起，在 8 種文（公司網站、推特）、音、影（臉書、Pinterest、YouTube、IG），進行社群行銷	在顧客允許下，當你鄰近某店，某店會推文給你，某些產品打五折，讓你「路過，不會錯過」 YouTube 粉絲數 1,900 萬人
2.3.2 顧客關係管理	2008 年 4 月推出顧客忠誠計畫（Starbucks rewards program），這稱為「社會認同」（social engagement）	2010 年臉書的最優產品牌 2013 年推特的最優產品牌 (二) 2021 年 8 月，美國 • 會員消費占營收 53% • 會員占顧客人數 18% (三) 精準化行銷，發產品等訊息給會員手機 • 顧客消費地點（天氣狀況）、時間、品項、交易金額 • 星巴克給顧客個人化推薦
2.4 實體配置策略 2.4.1	2008 年開設網路商店（online store，或 ecommerce） starbucks.com	2017 年 10 月起，關閉星巴克網路商店（online store）
2.4.2	2010 年使用 Altas 公司的 Ersi 軟體用於決定店址	(四) 外送

11-2 全景：1994 年起，星巴克解決尖峰時間顧客排隊太久問題——兼論服務行銷下的服務藍圖

餐廳飲料業中的商圈店週間營業尖峰時間很窄（早上九點上班前，中午一小時），星巴克是飲料業，顧客買了咖啡，後續可外帶，問題程度較輕，但仍存在。大抵從 1994 年起，便設法解決櫃檯等待線太長問題，單純問題，沒有簡單答案，本單元，站在營業部、行銷部角度，聚焦在 2009 年 3 月起，陸續推出行動裝置 App（mobile App，簡稱手機 App），以解決資訊流、商流、交貨等流程問題。

一、問題

美國速食店顧客共有三種取貨方式：店內、店外得來速、外送，本處以店內點餐為例，顧客的理想與現實差距如下。

1. 理想：3 分鐘排隊到取餐。
2. 事實：以商圈店週間（週一～五）為例。
   顧客平均花 5.4 分鐘，分三步驟，詳見下段說明。

二、解決之道

行銷、生產管理等領域於 1970 年代前，偏重產品行銷。1977 年起，服務（產品）行銷逐漸重要，愈來愈多學者投入研究。

1. 1977 年，服務產品行銷（service marketing）
   以服務行銷超級重要專家蕭斯塔女士（G. Lynn Shostack）來說，1977 年 4 月在《行銷》期刊上論文“Breaking free from product marketing”，論文引用次數 4,000 次。
2. 1980 年，服務藍圖（service blueprint）
   這在企管系、工業工程管理系的「生產與作業管理」（production & operation management）課程會談到。
3. 速食店服務藍圖的三步驟
   - 店員接單（pre-process）：2.42 分鐘排隊時間。
   - 店員接單後（post-process）：等後場店員生產到交貨，2.98 分鐘。
   - 顧客取貨。

三、星巴克解決店內顧客等待線太長之道

由下表可見，星巴克解決店內顧客線太長的方式。

1. 2015 年 9 月～ 2016 年 12 月問題：顧客手機下單，但星巴克沒有專屬取貨櫃檯，以致手機下單，顧客取貨跟現場顧客排一起，紐約市曼哈頓區的店，平均等待時間 10 分鐘，2016 年第 2 季，這類店營收掉 2%。
2. 2017 年起，解決之道，以分流為例：推出手機下單的店內取餐櫃檯，在尖峰時間，有專人處理，甚至傳手機、LINE 簡訊去通知顧客來取餐。

星巴克解決店內顧客大排長龍的方式

手機通訊世代 顧客三步驟	1～2G 1991～2000 年	3～4G 2001～2015 年	4G、5G 2016 年起
一、店員接單前：顧客在等待線上			
二、店員接單中 (一) 接單：商流（business flow）		2015 年 9 月 在店外，顧客行動下單和支付（mobile order & pay）	2018 年 5 月起，試驗店內櫃檯店員語音下單
(二) 結帳：資金流（cash flow）			
1. 現金	1987 年起		
2. 現金以外	1994 年～ 2001 年 10 月 紙本星巴克卡（paper Starbucks card）	2001 年 11 月起 金屬星巴克卡（metal card） 2009 年 9 月 23 日 星巴克 App	
三、店員接單後 (一) 生產流程（註：material flow）		2008 年起，大幅度採取精實生產（lean production）	2017 年 3 月在店內設立數位點餐員（digital order manager）
(二) 交貨：交貨流程（delivery flow）			
1. 店內取貨			2017 年 3 月，設立店內專屬櫃檯
2. 店外得來速	1994 年，推出得來速（drive-thru）當時店數 420 家店		2019 年 11 月，推出「星巴克自取」攤（沒座位）（Starbucks pick-up）
3. 店外取貨			
4. 外送			2019 年 1 月星巴克外送（Starbucks delivers）

11-3 星巴克的顧客服務行動 App 種類：2009 年起，跟 3G、4G 與 5G 通訊世代發展

行動 App 必須順應行動科技（以通訊速度為例，3G、4G、5G 等）與上網滲透率，由右頁表可見星巴克四大類顧客服務行動 App（詳見表第一欄）依序推出。

一、全景：現代版行動 App

1. 2G 手機版，導入期

   1994 年，2G 功能型手機上市，此時有簡單的手機 App，即手機遊戲。1998 年芬蘭諾基亞 6110 手機遊戲 Snake 是一般公認第一個手機 App。

2. 成長期：2008 年 7 月 6 日蘋果 App 商店上市

   網路商店上有 500 款 App，三天內 1,000 萬次下載，15% 是免費的，付費的中 90% 售價低於 10 美元，手機業者紛紛跟上，谷歌也推出。

   2010 年，美國方言學會（American Dialect Society）把 App 選為當年流行字。2012 年谷歌推出谷歌 App 商店 Google play，涵蓋電子書、串流音樂等。

二、近景：星巴克三大功能 App 發展沿革

1. 行動 App（mobile，或 hand-held）裝置（device）

   以蘋果公司 3C 產品來說：這包括觸控型平板電腦 iPad touch、手機，2015 年 4 月上市的蘋果手錶（Apple watch），偏重支付功能。

2. 每個 App 皆獨立

   由右頁表可見，星巴克推出的第一個顧客用行動 App（for customer mobile App），之後每兩年以上，再推出一支，所以顧客可單獨選，總名稱為星巴克行動 App（Starbucks mobile App），簡稱星巴克 App（Starbucks App）。

   - 2009 年 9 月 23 日，星巴克顧客忠誠計畫（Starbucks rewards），把金屬儲值卡改成行動版，順便把顧客忠誠計畫金屬卡改成手機版。
   - 2011 年 1 月 19 日，星巴克支付（Starbucks pay），屬會員專用，手機儲值。

- 2015 年 10 月，星巴克「下單與付款」（Starbucks mobile order & pay）。

三、特寫：麥當勞「手機下單與付款」落後星巴克 1 年 5 個月

- 時：2017 年 3 月 14 日。
- 地：美國伊利諾州芝加哥市。
- 人：Lisa Baertlein。
- 事：在路透社網站上新聞 “McDonald’s, late to mobile ordering, seeks to avoid pit falls” ，麥當勞「作業」、「數位與科技」執行副總裁 Jim Sapping ton 任期（2016.12～2020.2）表示，就是因為看了星巴克「點餐與支付」的後遺症，所以麥當勞才延後到 2017 年 3 月推出「麥當勞行動下單與支付 App」。

星巴克與麥當勞手機 App 在四大功能進程

行銷組合	星巴克		麥當勞	
	部分	全部	部分	全部
1. 第 1P：產品策略				
1.1 環境：手機下單	—	同下		同下
2. 第 2P：定價策略				
2.1 手機支付	2011 年 1 月 19 日 會員手機 加儲值卡 2008 年 4 月 塑膠片	2015 年 9 月 手機 App 2009 年 9 月 27 日 手機 App	2015 年 9 月	2017 年 3 月
3. 第 3P：促銷策略	—	—	—	—
3.1 顧客忠誠計畫	2018 年 9 月	2020 年 2 月，大部分美國大都市	1993 年電話下單 2021 年 8 月 App	
4. 第 4P：實體配置策略				
4.1 外送 App				

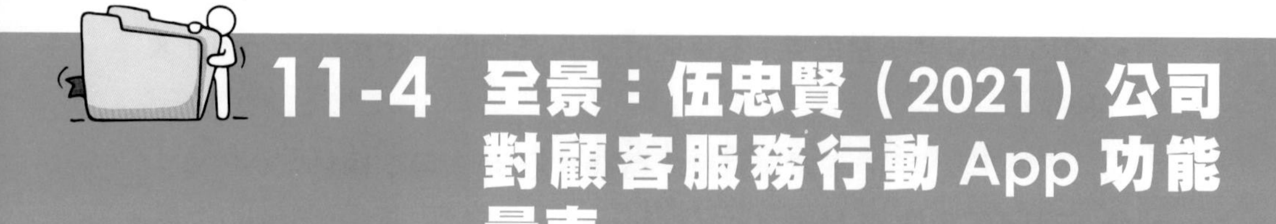

11-4 全景：伍忠賢（2021）公司對顧客服務行動 App 功能量表

——星巴克 pk 麥當勞：87 比 51

美國許多餐飲雜誌認為，在全球餐飲業的公司發行「顧客服務 App」（customer service App）或顧客支持 App（customer support App），星巴克行動 App 下載、使用次數第二。

伍忠賢（2021）以「顧客服務行動 App 吸引力量表」（customer service mobile App attraction scale）來衡量，星巴克 87 分。

一、公司發行顧客服務行動 App 吸引力量表應包括的項目

顧客服務行動 Apps 主要需具備什麼功能，有兩個角度。

1. 公司顧客行動 Apps 開發公司：第 6 章有詳細說明，像單元 11-6 中右頁下表前四篇文章都是軟體開發公司評論星巴克顧客服務行動 App。
2. 站在專業用戶角度：表中第一篇文章是專業用戶的評論。

二、顧客服務行動 App 吸引力量表

由右頁量表中前兩欄可見，本量表把顧客服務 10 項由低往高排列。

1. 第一欄顧客的「馬斯洛需求層級」。
2. 第二欄 App 數位服務五層級。

三、星巴克與對手得分

1. 星巴克 87 分：僅針對說明星巴克得分較低的「未來」服務項目，表中第 10 項，俗稱跨平台使用，即 App 的聯名使用，這包括兩個小項。
   - 跟其他「公司」（或平台）合作，主要是跟「行動」共享汽車的「來富車」（Lyft）、「樂」的思播公司（Spotify）聯名，以家數來說，5 家合作公司算滿分（5 分），星巴克與 2 家公司合作，則是 5 分得 2 分。
   - 以合作公司的重要性來說，皆屬一線公司，滿分 5 分中得 3 分。
2. 對手（例如：麥當勞）得分：對手麥當勞 App 的得分 51。

四、近景

麥當勞餐點 App 主要是由外送公司負責，本書依右頁下表上的文章資料，

給麥當勞 App 評分，針對二項說明。

1. 第 2 項菜單各產品熱量等資料，麥當勞算得清楚，這很容易，說直白，讓顧客決定怎麼點餐。
2. 第 8 項手機下單，顧客在 App 上下單，但必須指定哪家店，該店才接到單，號稱顧客可以不必排隊，麥當勞也不提前作。

公司發行顧客服務行動 App 功能（吸引力）量表

顧客需求層級	服務五層級	項目	1分	5分	10分	星巴克	麥當勞
五、自我實現	五、潛在：跟其他公司平台合作	10.2 合作公司實用性（占 5 分）	不實用		實用	3	1
		10.1 合作公司家數（占 5 分）	1	5	10	2	1
		9. 個人化訊息（personalization）	不仔細		仔細	8	5
四、自尊	四、擴增：手機下單	8. 手機下單				8	4
三、社會親和	三、期望：顧客忠誠計畫	7. 娛樂功能（gaming）	不好玩		好玩	10	3
		6. 禮物卡（gift card）	沒有		有	10	5
		5. 集點送好康程度（reward program）	4元 1點	2元 1點	1元 1點	9	5
二、生活	二、基本：手機付款	4. 聯名信用卡	1家	3家	5家	8	5
		3. 手機付款適用「平台」（作業系統）	1個	3個	5個	9	5
一、生存	一、核心：公司產品、服務說明	2. 公司菜單、營養成分（產品頁）	不清楚		詳細	10	10
		1. 數位顧客服務（help desk）	全電腦		人員	10	7
小計						87	51

Ⓡ 伍忠賢，2021 年 8 月 5 ～ 7 日。

有關麥當勞餐點 App 功能報導

時	地／人	事
2017 年	美國華盛頓特區 Alex Samuely	在 *Retail Dive* 上文章 “McDonald’s 7M App downloads highlights effectiveness of relevant incentives”
2017 年 4 月 7 日	英國 Shopie Christle	《太陽報》上新聞 “Fast food McDonald’s has an App and it means you’ll never need to queue again”
2018 年 4 月 16 日	美國紐約市 Kata Taylor	在公司 Insider 上文章 “We tried McDonald’s and Starbucks’ newest weapon to win over customers and the winner is clear”，新武器指手機餐點 App

11-5 伍忠賢（2021）顧客服務行動 App 使用性吸引力量表

——星巴克 **App 82** 分、麥當勞 **App 54** 分

行動 App 的功能使用性（usability），最簡單的講法是「容不容易使用」，以伍忠賢（2021）「顧客服務 App 使用性量表」（customer service mobile App usability scale）來衡量，星巴克行動 App 82 分，麥當勞行動 App 54 分。

一、行動 App 使用性應包括的項目

1. 行動 App 市調機構每年對網友調查

有許多市調公司針對用戶對行動 App 需求考量因素，至少每年都會作一次調查報告，例如：美國麻州劍橋市佛瑞斯特研究公司（Forrester Research）出版 *US mobile mind shift online survey*，每年出版 Mobile mind shift index（MMSI）。

2. 應包括項目的幾項說明

第 7 項易於檢查，美國人平均每天查看手機 160 次，因此行動 App 容易檢查很重要。

第 8 項易於使用（easy-to-use），這項有很多說法。

- 使用者介面（user-interface）、方便使用者設計（user-friendly design）。
- 易學性（learnability）、迅速性（efficiency of use once the system has been learned）。
- 系統易用性（system usability scale, SUS），這項有一些網站會比較相似功能 App，並且予以評分。

第 9 項使用滿意程度，這項包括兩項：效果（effectiveness）、消費者滿意程度。

二、顧客服務行動 App 使用性量表架構

由右頁表第一欄可見，顧客服務行動 App 使用性量表 10 項，依兩方式分類。

1. 產品／服務五層級

首先依「產品／服務」五層級（5 levels of product/service）分類，每類比重不一。

2. 四項競爭優勢：價量質時

以消費者關心的四項「價（格）、（數）量、（品）質、時（效）」來說：第 3 項攸關「價格」，第 5、10 項「量」，第 1、2、6、9 項攸關「質」，第 4、7、8 項攸關「時」。

三、特寫：星巴克行動 App 使用性吸引力 82 分

由下表第四欄，星巴克行動 App 得 82 分。

1. 第 4 項，App 下載時間

在 2016 年 4G 手機時代，用戶下載星巴克 App 到設定好帳號，大約 2 分鐘，算快的。

2. 第 7、10 項各 5 分

這是本書作者的安全分。其中第 10 項跨作業系統是指跨公司聯名使用。

四、特寫：麥當勞行動 App 得分 54 分

評分依據一些文章，像 2021 年 7 月 9 日印度人 Ravi Kumar 文章，他是位 App 開發人員，以詳細整體角度，說明麥當勞 App 畫面為何會凍結等。所以使用性量表第 6 項穩定性，麥當勞 4 分。

手機 App 使用性吸引力量表：星巴克與麥當勞

效益	項目	1 分	5 分	10 分	星巴克	麥當勞
五、未來						
四、擴增	10. 跨作業系統（或公司）	1 個	3 個	10 個	5	3
三、期望						
3. 質	9. 使用滿意程度	60%	80%	120%	10	3
4. 時	8. 易於使用（easy-to-use）				9	3
4. 時	7. 易於檢查（easy checkout）回應速度	8 秒	4 秒	2 秒	5	3
3. 質	6. 穩定性（reliability）（即 crash）				9	4
二、基本						
2. 量	5. App 占用手機記憶體容量				6	5
4. 時	4. App 下載時間	10 分鐘	4 分鐘	2 分鐘	8	3
1. 價	3. App 價格	10 美元	2 美元	免費	10	10
一、核心	2. 個人資訊保護	有後門		沒有後門	10	10
3. 質、安全（securities）	1. 資訊安全				10	10
小計					82	54

Ⓡ 伍忠賢，2021 年 8 月 8 日。

註：第一欄「價量質時」架構。

11-6 星巴克行動 App 頁面

對於經常使用顧客服務行動App的人來說，App頁面簡潔易用是很重要的，本單元說明星巴克行動 App 頁面。

一、有關 App 使用性相關文章

限於篇幅，單元 11-4 行動 App 使用性相關文章，在本單元中說明。

二、星巴克行動 App 頁面相關文章

有關星巴克行動 App 頁面文章很多，詳見右頁下表。

三、星巴克行動 App 頁面、桌布（wallpaper）

1. 尊重智慧財產權，本書用圖面的方式呈現：詳見下面兩個圖。
2. 星巴克行動 App 下載方式
   - 安卓系統 Google play。
   - iOS 系統（即 iPhone、iPad）、蘋果公司 App 商店。

星巴克手機 App 桌布

PAY STORES GIFT ORDER MUSIC

Inbox History Setting

星巴克手機 App 會員頁面

Home
James
Accounting Setting

O/S

REWARDS
Welcome Level
5
Stars Until
Green Level

MESSAGES	PAY
ACCOUNT HISTORY	WHAT'S NEW

有關 App 使用性的相關文章

時	地／人	事
2015 年	臺灣臺北市 百佳泰公司	在公司網站 allion.com 上文章「Mobile Application 之使用性分析與介面評估報告」
2019 年 6 月 1 日	美國麻州佛雷明漢市，創業投資公司掌聲公司的 Daniel Knott，公司的軟體測試工程師	在公司網站 App Lause 上文章 “What mobile users expect from mobile Apps”，引用八個重要市調報告
2020 年	美國華盛頓州雷德蒙德鎮（Redmond），Makeen 科技公司，2016 年成立	在公司網站 makeen.io 上文章 “Top 5 App features consumer expect in 2020”

有關星巴克 App 的好文章

時	地／人	事
2018 年 6 月 12 日	比利時滑鐵盧市 內容行銷顧問公司 The Manifest 公司（2011 年 6 月成立） David Oragui	在公司網站上的文章 “The success of Starbucks App: A case study”
2018 年 6 月 19 日	美國加州舊金山市 App Samurai 公司，Felicia	在 App 武士公司網站上文章 “Mobile App success story: Starbucks App”
2020 年 2 月 23 日	—	在 Carry. website 上文章 “What users expect from your business Mobile App”
2021 年 1 月 5 日	烏克蘭基輔市公司 2001 年成立 Ivanna	在 gbk soft 公司網站上文章 “How much does it cost to make a Starbucks-like App”
2021 年 3 月 5 日	美國加州舊金山市 2004 年公司成立 Michael Beausoleil	在 ux Collective 公司網站上文章 “Why the Starbucks App is design perfection”

11-7 星巴克行動 App 核心、基本功能（第 1 ～ 3 項）

——2009 年 9 月 23 日起，隨行卡從實體卡到行動 App

本單元説明星巴克 App 的核心、基本功能（單元 11-3 中表第 1 ～ 3 項）。

一、資料來源

星巴克卡（Starbucks card）發行量很多，由於各國科技產品普及程度不同，還有 40 國的星巴克仍使用金屬卡。由右頁上表可見，許多文章討論，主要資料來源仍是星巴克公司網路上新聞發布。

二、實體卡：禮物卡（Starbucks card）

星巴克卡依材質分成兩階段。

1. 1994 ～ 2001 年 10 月，紙卡（paper card）。
   1994 年推出紙卡（paper gift certificates），即禮券。
2. 2001 年 11 月起，塑膠儲值卡（metal Starbucks card）
   選在 11 月推出，是為了配合美國每年 12 月 24 日聖誕節的送禮習俗，這像悠遊卡，可重複儲值，5 ～ 500 美元。
   2002 年 6 月 12 日，臺灣的臺北市悠遊卡公司推出「悠遊卡」（Easy Card），這是北臺灣人民最常用的儲值卡（stored value card）。之前，中華電信公司的公共電話 IC 儲值卡也是金屬儲值卡。
3. 績效
   迄 2013 年，12 年共發行 240 萬張，號稱儲值餘額 40 億美元。
   迄 2020 年，共有 1,100 款禮物卡，簡單地説，一年內美國人每 6 個人就有 1 位會收到星巴克隨行卡。

三、行動 App：2009 年 9 月 23 日起

選在 2009 年 9 月，一方面是配合蘋果公司 iPhone 3GS 手機上市，上蘋果 App 商店下載即可。在功能方面有：

1. 數位顧客服務臺（help desk），這是本書加的，但真正指「店址」（store locator），即位於我附近星巴克店（Starbucks near me），這是谷歌地圖（Google Map，2005 年 2 月 8 日上市）的運用。
2. 手機付款，但限會員。

有關星巴克卡的常用文章

時	人	事
2011 年 1 月 23 日	星巴克公司	在 Starbucks stories & news 上文章“Fact sheet: Starbucks card mobile App & mobile payment”
2013 年 12 月 20 日	Melody	在粉絲部落格 Starbucks Melody 上文章“The Starbucks Card : 2001 ～ 2013”
—	Dan Butcher 手機支付公司總裁	在 Retail Dive 上文章“Starbucks rolls out largest mobile payment loyalty plan in us”
2020 年 11 月 7 日	Heidi Peaper	在 Starbucks stories & news 上文章“A look back at 20 years of Starbucks cards”

美國星巴克手機下單和支付營收比

%	2010	2013	2015	2016	2017	2018	2019	2020	2021	2022
下單	8	10	20						51	53
支付			0	6	10	14	16	24	25	26

2009年0%

星巴克卡（Starbucks card）三階段發展

資料型態	類比	數位
一、實體卡		
（一）紙本	1994 ～ 2001.10	
（二）塑膠卡	2001.11	
二、行動 App	2009.9.23	

11-8 星巴克 App 期望功能：星巴克忠誠計畫

在全球餐飲業下載、使用人次量多的星巴克行動 App，關鍵原因在於有顧客關係管理部提供的顧客忠誠計畫，簡單地說，便是集點，以換取一些「好康」。有關星巴克關係管理，詳見拙著《超圖解數位行銷與廣告管理》第 15 章，本單元只說明 App 中的忠誠計畫。

一、資料來源

有關星巴克忠誠計畫多成功的報導很多，右頁上表是較常見的。

二、全景：星巴克顧客忠誠計畫的效益

由右頁下表可見三欄內容：

- 第一欄顧客需求五層級。
- 第二欄星巴克行動 App 中「集點」（rewards point）功能的效益。
- 第三欄星巴克集點的特色，這是整理自右頁上表文章。

三、特寫：2014 年 12 月 2 日起，會員制度提供「遊戲」（gamification）

星巴克推出忠誠計畫的抽獎活動項目，名稱“It's a wonderful card ultimate giveaway”，但名字太長，所以簡稱「Starbucks for life」。

1. 5、7、12 月各一次：每年大約都是 12 月初到 1 月初（以 2020 年為例，2020 年 12 月 1 日到 2021 年 1 月 4 日），主要是聖誕節、新年的抽獎，幾乎每季都有遊戲，例如：每年 5 月 24 日到 6 月 20 日，賓果遊戲（Bonus Star Bingo），每年 7 月 21 日～8 月 22 日夏季遊戲（summer games）。
2. 玩法：玩法有點複雜，有興趣者可看 global munchkins.com 上文章“Starbucks summer game 2021! Super-secret ways of win”，2021 年 8 月 4 日。

星巴克手機 App 互動

一、星巴克會員
賺免費食物與飲料
[加入] [sign in]

二、餐點
餐點鍵

星巴克「通知」
加入與否
：「通知」包括警語
：警告聲、標章
[不加入] [加入]

有關星巴克顧客玩遊戲贏獎品相關文章

時	人	事
2019 年 2 月 5 日	Joanna Fantozzi	在 Natives Restaurant News 上文章 "The evolution of the Starbucks loyalty program"
2019 年	Bill Vix	在 Money Ins. 公司網站上文章 "The history and evolutions of Starbucks for life"
2020 年 9 月 20 日	Gaurav Menon	在 boot camp 上文章 "Starbucks：gamifying the coffee buying experience"
2020 年 12 月 10 日	Bryan Peareon	在 Forbes 上文章 "12 ways Starbucks Loyalty Program has impacted the industry"
2021 年 5 月 2 日	Carli Velcocci	在 android central 上文章 "Starbucks rewards' gamification wins my loyalty and business even at the cost of my date"
2022 年 4 月 22 日	formation	"How Starbucks became the leader in customer loyalty"

星巴克手機 App 上的顧客忠誠計畫對顧客的效益

顧客需求五層級	效益五層級	星巴克作法	說明
五、自我實現：幸福	五、潛在產品	成就（achievement）	星巴克把顧客依集點數分成 19 個「等級」，有 19 種表情符號（徽章 badge）代表
四、自尊：禮貌	四、擴增產品	獨家（exclusive）	這主要是實體會員卡的獨特性，但 2020 年 1 月 10 日取消實體卡，全部以手機 App 取代
三、社會親和	三、期望產品	遊戲化（gamified）	2014 年 12 月 2 日起上線，Starbucks for life
二、生活	二、基本產品：回饋	集點送 非侵入式（non-intrusive）	星巴克把顧客集點數分五個級距，優惠程度不同 在帳號（account area）顯示，整個頁面是綠色會顯示你最近五筆在店交易
一、生存	一、核心產品 1. 效率 2. 安全	透明（transparent）	星巴克 active offers，包括你的集點何時過期（例如 Expires on Jan.02-23）

11-9 星巴克 App 基本功能第 3 項：2011 ～ 2016 年手機支付

2011 年 1 月 19 日，星巴克推出「星巴克支付」（Starbucks pay），這是電子錢包的 2.0 版，在下文第一段說明。

一、電子錢包

電子錢包（digital wallet）相關稱呼還有 e-wallet、數位支付（mobile payment）。依行動裝置上資金來源分兩種。

1. 1998 ～ 2010 年，冷錢包（cold wallet）

   這主要是儲值卡上手機，2009 年 9 月 21 日，星巴克 App 便有這功能，臺灣的悠遊卡手機版悠遊付 2020 年 3 月 27 日上線。

2. 2011 年起，熱錢包（hot wallet）

   顧客透過行動裝置付款時，商店掃卡機透過你手機內的密碼，上網連線到金資中心，從你手機中綁定的銀行金融卡（debit card）、信用卡去扣款。

二、全景

由右頁上表可見市場滲透率。

由 2021 年到 2025 年幾乎每年提高 2 個百分點，這幅度很大，可能是零售型電子商務普及影響。

本處市場滲透率是以總人口除以手機支付人數，比較精準的是以 14 歲以上人口，有設立銀行帳戶的，比表中滲透率會提高 14 個百分點。

三、美國手機支付排行

1. 市場地位

   星巴克支付（Starbucks pay）在美國使用人數排第二，僅次於蘋果支付。

2. 關鍵成功因素

   星巴克支付贏的關鍵成功因素主要在於跟顧客忠誠計畫的集點送綁在一起，在星巴克店消費，或是聯名使用（包括聯名信用卡運通銀行、來富車 Lyft、思播公司串流音樂），皆可集點，享受集點送折價等好處。

四、2013 年董事長霍華．舒茲的肯定

No single competency is enabling us to elevate the Starbucks brand more than our global leadership in mobile, digital and loyalty.

Starbucks is a clear leader in mobile payments, and we are encouraged by how customers have embraced mobile Apps as a way to pay.

五、資料來源

由於星巴克支付在美國人數市占率排第二，一直有很多文章討論，下面是常見的。

全球行動支付人數、金額

項目	2020 年	2021 年	2022 年	2023 年	2024 年	2025 年
(1) 人口（億人）	77.94	78.88	80.9	80.7	81.4	82.1
(2) 手機支付人數（億人）	18	22	24	26	28	30
(3) = (2)/(1) 滲透率 (%)	23	27.9	30	32.2	34.4	36.5
(4) 總產值（兆美元）	84.537	96.3	103.87	109	115	120
(5) 金額（兆美元）	4.77	6.6	8	9	11	13

(2) 資料來源：主要是 eMarketer，14 歲以上人口，2022 ～ 2026 年資料須付費。

有關星巴克行動支付的好文章

時	人	事
2014 年 6 月 13 日	Brian Roemmele	在《富比士》週刊、Quora 上文章 “Why is the Starbucks mobile payment App so successful”
2011 年 1 月 18 日	星巴克公司	在 Starbucks stories & news 文章 “Mobile payment debuts nationally at Starbucks”
—	Dan Butcher 手機支付公司總裁	在 Retail Dive 上文章 “Starbucks rolls out largest mobile payment, loyalty play in US”

星巴克隨行卡二階段與功能發展沿革

功能	2007	2008	2009	2010	2011	2015
(1) 上網滲透率	75	74	71	71.69	69.73	74.55
(2) 手機滲透率	—	—	—	20.2	29.8	59.4
(3) 通訊世代	3G	3G	3G	4G	4G	4G
(4) 手機銷售額（億美元）	86.5	113	173	180	275	529
(5) 蘋果手機 iPhone	1	2	3	4	4s	6s
(6) 通訊世代	2.75G	3G	3G	3G	4G	4G
(7) 銷量（億支）	0.014	0.1163	0.207	0.4	0.72	2.31

一、儲值卡金	隨行卡（Starbucks Cards）
(一) 發行時	
1. 美國	
• 聖誕節	1994
• 其他節日	2010
2. 其他國家：中國大陸	2014.1 農曆過年卡
(二) 媒體	
1. 紙卡	1994 ～ 2001.10
2. 金屬卡	2001.11
3. 手機 App	2009.9.27 Starbucks card mobile application
二、顧客忠誠計畫	2009.4 2009.9.27 手機版
三、手機付款	2011.1.19
四、手機下單	2015.10

® 伍忠賢，2021 年 8 月 7 日。

第五篇
公司（資訊）技術管理

Chapter 12

數位顧客服務：星巴克市場研究的消費者需求調查與上市前測試

12-1 手機 App 開發三階段市場調查
12-2 手機 App 紅與不紅的原因：社會「推一拉一繫住模型」運用
12-3 2009 ~ 2017 年星巴克四階段開發手機 App
12-4 策略：在手機綁信用卡或金融卡（熱錢包）——蘋果公司是創新者
12-5 新產品過程詮釋星巴克 App 開發過程
12-6 星巴克新 App 市場測試：兼論 App 下載次數的功能以外因素
12-7 星巴克三種手機 App 各分三期測試市場
12-8 手機 App 全美上市：第一棒就是全壘打，第二棒也是
12-9 星巴克手機 App 期望功能：手機下單——2017 年以後
12-10 星巴克顧客下單：語音下單

12-1 手機 App 開發三階段市場調查

把公司對顧客服務的 App 視為一個產品，那麼在新產品開發三階段中需進行各兩項調查。

一、全景

由下表可見，這是 App 管理三階段的市場調查，大都可以用戶手機中 App 進行調查。

二、近景：機會威脅分析（opportunities threats analysis）——消費者需求分析調查（needs analysis survey）

1. 消費者需求評估（consumer needs assessment）
   民之所欲，常在我心，由右頁下圖可見。例如：消費者調查得到的 App 功能項目，依 X、Y 軸兩大面向，把其分類，第三象限「用戶需求低，對公司衝擊低」予以「冷處理」（meh，註：2008 年柯林斯字典列入）。
2. 缺口分析
   公司對某個 App，每一段期間進行消費者滿意程度分析，針對「負缺口」（用戶滿意程度低於 80 分）功能，進行更新等。

三、近景：優勢劣勢分析（strength weakness analysis）——競爭者分析（competitor analysis）

由單元 12-6 右頁下表第二欄可見，2021 年 5、6 月，美國速食餐飲業手機 App 下載次數第一名是麥當勞，重點是跟南韓男子團體防彈少年團（BTS）聯名行銷，詳見單元 12-6 右頁上表。

產品（以手機 App 為例）管理三階段的市場調查

規劃	執行	控制
一、市場研究 優先順序調查（prioritization survey） 二、訂定出 App 路徑圖（product roadmap）	一、原型測試 二、市場測試 1. 小規模測試 2. 大規模測試	一、績效評比 1. 產品滿意度調查（product satisfaction survey, App evaluation survey） 2. 分細項（feature evaluation survey） 3. 淨推薦分數調查

手機 App 三階段市場調查很棒的文章

時：2021 年 7 月 22 日

地：波蘭華沙市

人：Marta Szyndlar（女），內容行銷資深經理

事：在 Survicate 公司網站上文章 “Mobile App surveys: Questions, templates, and tips for 5-stars rating”

Survicate 公司

時：2013 年 9 月 3 日

地：波蘭華沙市

人：Kami Rejent 與 Luhasz Anwajler

事：App 各方面用戶「消費者調查」，號稱全球 153 個國家公司使用其軟體。Survicate 的涵義：a complete toolkit for customer feedback

星巴克手機 App 功能地圖

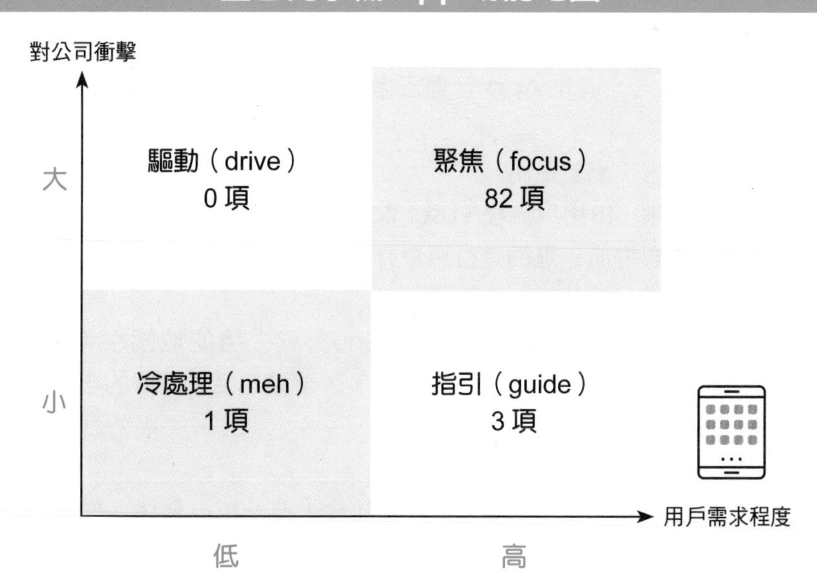

12-2 手機 App 紅與不紅的原因：社會「推－拉－繫住模型」運用

以公司推出的顧客服務手機 App 為例，總是希望下載人次愈多愈好，以捕魚為例，魚聚得多，總會有魚吃餌、上鉤。

一、理論基礎

1. 原始用途：由右頁小檔案可見，第一次提出這理論的是美國賓州大學社會系教授埃弗里特．S．李，他主要研究人們跨國移民、國內移民的原因，發現原居住地（origin）把人往外「推」（push）。目的地（destination）把人往內拉（pull），而且還須留得住人（mooring）。
2. 理論延伸運用：到了 1990 年代，網路時代，人們手機擁有許多社群媒體、Apps，於是資訊等學者就把前述理論用在網路行為。
3. 網友不用某 App 原因：有非常多文章探討網友為何不使用某（免費）App，我們套用本書固定架構（註：為避免表太大，第一欄省掉顧客需求層級，即馬斯洛需求層級），第四、五欄是印度昌迪加爾市 App 開發公司 Net Solutions 的看法。

二、五大類 10 項吸引力項目

由右頁下表可見，這是 App 管理三階段的市場調查，大都可以用戶手機 App 進行調查。

1. 第二大類需求：易於使用
   一般涉及兩項，由用戶流程（user flow），去了解各項「選單」（menu）的布置設計與導航，進而進行用戶介面設計。
2. 第三大類需求：功能性
   此處只說明「主選單」（main menu）或「功能地圖」（functional map）或「螢幕清單」（screen list），這還包括主選單的布置設計，易看易記。
3. 在星巴克手機 App 的運用
   限於篇幅，有關星巴克行動 App 在社會「推－拉－繫住」模型的運用，詳見右頁小檔案。

推一拉一繫住模型（push-pull-mooring model, ppm）

時：1966 年

地：美國賓州費城

人：埃弗里特．S．李（Everett S. Lee）

事：在 Demography 上論文“A theory of migration”，pp.47～57，論文引用次數 9,400 次（2023 年 3 月止）

手機 App 用戶調查重點

用戶需求層級	App 特性	用戶調查重點	排名	Net Solutions 公司說明 App 大失敗原因
五、潛在功能	五、發展性	1. 跨 App 功能 2. 每年用戶滿意程度	3 10	Not being sure about the mobile Apps platform
四、擴增功能	四、效能性	1. 占用記憶體容量	9	本書加：有人宣稱 App 占記憶體空間是第一大原因
		2. 系統不當機，後台協助	7	Neglecting the backend support
三、期望功能	三、功能性	1. 功能地圖（function alites map）	2	Inability to understand the target audience
		2. 螢幕清單（screen list）	1	Failure to solve any real-world problem, too many or to few features Not optimizing App performance
二、基本功能	二、易於使用，一般稱為用戶旅程（user journey）	1. 用戶流程涉及各功能螢幕「布置」（layout）、導航（navigation）	6	Incompatible user experience
		2. 用戶界面設計（user interface design）	5	Making it too complex for the users
一、核心功能	一、安全	1. 人身安全 2. 資訊安全	8 4	Not allowing enough marketing time 把此項放此，空間考量

12-3 2009 ～ 2017 年星巴克四階段開發手機 App

2008 年 7 月，蘋果公司第一支 iPhone 3G 手機上市，如虎添翼，運用程式商店（App store）開幕，「可說」是手機 App 元年。2009 年 9 月起，星巴克依序四次推出手機 App，如同樂高積木，一個一個往上疊。本單元說明之。

一、第一層級核心功能：第 1P 產品策略之菜單、產品介紹

商店做生意最基本的是產品價目表，餐飲業稱為菜單，這包括四項。

- 菜單：餐飲店在店內櫃檯後上方掛價目表，在網路商店稱為數位菜單（digital menu）。
- 產品說明：食品還包括熱量。
- 產品履歷（traceability），少數情況用 product history 一詞。
- 店址：這主要是連接 2005 年 2 月谷歌公司谷歌地圖。

二、第二層級基本功能，第 2P 定價策略之二，支付

1. 2001 年～ 2009 年 9 月 22 日，塑膠卡加晶片的儲值卡（stored value card）
   這是一般見到的大眾交通工具的儲值卡，以中國大陸香港八達通卡 1997 年 9 月使用，臺灣臺北、新北市的悠遊卡 2002 年 6 月上市。1994 年星巴克推出星巴克卡（Starbucks card），之前是紙卡。
2. 2011 年 1 月 19 日，星巴克手機儲值 App
   手機儲值 App 用於支付，這時推出的是 3G 手機功能。
3. 2015 年 10 月，手機下單與支付。

三、第三層級期望功能，第 3P 促銷之五，顧客忠誠計畫

1. 2008 年 4 月～ 2009 年 9 月 22 日，塑膠會員卡
   會員集點送的靈感來自超市會員卡，目的是綁住顧客，分兩次推出，2008 年 4 月普通卡，只能集點送；11 月 4 日，黃金卡，繳年費 25 美元，消費打 9 折。2009 年 11 月，兩卡合一。
2. 2009 年 9 月 23 日，會員集點手機 App
   會員由卡轉手機 App，便可隨時查儲值餘額、集點數，此類顧客可參與星巴克手機支付實驗（payment trial portal, get startled to activate touch of pay）。

四、第四層擴增功能，第 3P 促銷之一：個人化行銷

2017 年 3 月起，星巴克在手機頁面上多一個選項，即可選擇是否讓星巴克推播客製化訊息給你。

手機 App 紅或不紅的重要文章

時	地／人	事
2016 年 1 月 30 日	Hussain Fakhruddin Greenfly's 公司執行長兼技術長	在領英上文章 "Why people uninstall Apps?"
2020 年 3 月 25 日	印度昌迪加爾市 Amit Manchanda, Net Solutions 公司專案經理	在 Net Solutions 公司網站上文章 "10 major causes that lead to mobile App failure"

2009 ～ 2017 年星巴克手機 App 四版發展

顧客需求層級	服務層級	行銷組合	1994 ～ 2010 年	2011.1.19	2015.10
五、自我實現	五、潛在功能	通訊世代 雲端	1 ～ 3G 手機 私有雲	4G 手機 私有雲	4G 手機 私有雲
四、自尊	四、擴增功能	第 3P 促銷策略之 1 廣告、溝通			2017.3 • 個人化訊息 • 精準行銷
三、社會親和	三、期望功能	之 5 顧客忠誠計畫	2009.9.27 星巴克會員手機 App 2008.11.4 會員黃金卡，購物打 9 折 2008.4 顧客集點送	2011.1.19 星巴克儲值手機 App 儲值 5 ～ 500 美元 註：年費 25 美元 註：2009.11 左列二卡合一，會員分二級，綠、金星	2005.2 谷歌地圖：星巴克顧客定位功能 2015.10 手機下單與支付，綁提款卡或信用卡
二、生活	二、基本功能	第 2P 定價策略 1. 定價水準 2. 支付	2001.11.14 星巴克卡（自用、送禮），塑膠卡 1994 年禮物卡（塑膠卡） 1990 年禮物卡（紙本）公司網站上	註：儲值 5 ～ 500 美元 註：儲值 5 ～ 100 美元	
一、生存	一、核心功能	第 1P：產品策略 • 產品營養證明 • 菜單		2011.1.24 電子禮物卡（eGift）	

12-4 策略：在手機綁信用卡或金融卡（熱錢包）——蘋果公司是創新者

在手機綁信用卡或金融卡的「熱錢包」，由單元 15-8 圖可見，以 X 軸來說，科技公司技術能力較高；以 Y 軸來說，手機需透過公有雲去連接銀行金融卡、信用卡，這屬於公有雲範圍。重點是要有「一呼百諾」的公司（例如：蘋果公司），才叫得動銀行、信用卡公司，一起配合。這些一線銀行配合，大型零售公司（沃爾瑪）等，才願意更新收銀設備來跟得上潮流。

以創新擴散模型來說，詳見右頁第二表第一列。

一、創新者：占 2.5% 蘋果公司

由英文維基百科 Apple pay，能體會蘋果公司支付研發辛苦，而且先砸大錢收購幾家金融科技業中的數位支付公司。

1. 2013 年蘋果公司當前鋒打通關
   - 信用卡公司：運通、威士公司，威士公司投入 750 人。
   - 銀行：以摩根大通銀行來說，投入 300 人。
2. 2014 年 10 月 20 日

   蘋果公司推出蘋果支付，綁信用卡或提款卡。

二、早期採用者占 13.5%

2015 年手機支付公司大冒出。

1. 手機與平台公司

   8、9 月，三星支付、谷歌支付上線。
2. 2015 年 10 月

   星巴克公司推出手機下單與付款（order-and-pay），星巴克支付人數市占率在美排第二，僅次於蘋果支付，重要原因是「免費成為會員」，消費便可集點，集點主要好處是「點數折抵消費金額」，即有打折效果。

三、早期大眾占 34%

2017 年 10 月，麥當勞推出手機下單與支付。

手機支付中五家公司的時間順序

創新擴散角色占比	創新者 2.5%	早期採用者 13.5%	早期大眾 34%
時	2014 年 10 月 20 日	2015 年 8 月 20 日	2017 年 10 月
公司	蘋果公司	三星	麥當勞
支付	蘋果支付 （Apple pay）	三星支付 （Samsung pay） 9 月 11 日，谷歌公司 9 月 20 日，星巴克支付	下單與支付

手機支付（綁提款卡或信用卡）時徑圖

創新擴散模型角色占比	創新者 2.5%	早期採用者 13.5%	早期大眾 34%
一、科技公司			
(一) 手機公司			
1. 蘋果	2014.10.20		
2. 三星	2015.8.20		
(二) 平台公司			
1. 谷歌	2015.9.11		
二、餐飲業			
(一) 星巴克	2015.9.20		
(二) 麥當勞		2017.10	

星巴克店內測試市場的項目

項目	星巴克店員	顧客端
1. 功能	—	1. 交易歷史 • 查看交易紀錄 • 查看顧客忠誠計畫的集點 2. 可參與 2019 年 10 月的手機付款，以了解顧客手機付款
2. 效率	• 店員作業時間 • 銷售時點系統（POS）	—
2. 安全	—	—

資料來源：整理自 Dan Butcher, "Starbucks rolls out largest mobile payments, loyalty play in US", Retail Dive，2017 年，星巴克女發言人 Alisa Martinez。

12-5 新產品過程詮釋星巴克 App 開發過程

——套用莫德納新冠肺炎疫苗 mRNA 三期臨床實驗

星巴克是全球一線公司，人才濟濟，行銷管理（例如：新產品開發，new product development, NPD，包括手機 App）都是照教科書在作，所以上市後，成功率極高，本單元以星巴克第四版手機 App 個人化「要約」（或訊息）為例說明。

一、就近取譬：藥、疫苗的臨床試驗

公司新產品開發常常是企業可以做主，但很多產品涉及人體健康、安全，必須符合政府的法令，以藥品（含疫苗）來說，各國政府審核藥品許可都很嚴格。

1. 新藥開發流程中的臨床試驗（clinical trial）

   可分為人、動物（甚至植物）用藥，人體用藥在進行動物（例如：小老鼠）實驗後，便進入三期的人體試驗，或稱為臨床試驗，詳見右頁下表。

2. 美國莫德納新冠肺炎疫苗 mRNA

   世界衛生組織核可的六種以上新冠肺炎疫苗中，技術層次比較高的是美國輝瑞、莫德納（Moderna）公司的「信使核糖核酸疫苗」（mRNA），其論文引用次數很高（詳見右頁上表），以此來說明其三階段的臨床試驗。

二、星巴克新產品（含手機 App）的篩選與評估——兼論測試市場（test market）

以星巴克的四個手機 App 來說，外界人士很難看到開發過程，本單元聚焦下列：

1. 第二步：過這關，才考慮商業分析

   以第四版手機 App「個人化要約」來說，2015 年花了四個月，分成實驗組、對照組，了解實驗組經常接收「個人化推薦」後，足見「打營養針」的對照組更喜歡。

2. 第五步：測試市場（test market）

   等到「原型」（prototype）後，便分兩階段推到市場測試。

   - 小規模（small scale）市場測試。
   - 中規模（medium scale）市場測試。

手機 App 紅或不紅的重要文章

時	地／人	事
2021 年 2 月 4 日	Lindsey R. Baden 12 人以上	《新英格蘭醫學期刊》 "Efficacy & safety of the mRNA-1273 SATS—Cov-2 vaccine" 論文引用次數 7,000 次（2022.12.10）

從美國莫德納新冠肺炎疫苗臨床試驗看星巴克 App 市場測試

項目	I	II	III	
一、新藥三期臨床試驗（clinical trial）				
(一) 一般新藥				
• 目的	人體藥性研究	治療探索	治療確認	治療使用
• 期間	1 個月	1～2 年	1～3 年	合計 5～7 年
• 人數	15 人左右	300 人	30,000 人	
• 實驗設計		實驗組 對照組	實驗組 對照組	三者相乘約
• 成功率	70%	30%	25～30%	10.4%
(二) 莫德納新冠肺炎疫苗 mRNA（代號 1273）				
• 期間	2020.3	2020.5.25～7.25	2020.7.27～10.27	2020.11.30
• 人數	60 人	600 人	30,420 人	—
• 結果	安全	疫苗誘發抗體	預防率 94% （二劑）	美國食品藥物管理局（FDA）給予緊急授權
二、公司新產品開發				
(一) 新產品開發六步驟	第二步： 篩選與評比	第五步： 測試市場（test market） 小規模測試 1～3 個城市	第五步： 測試市場（test market） 中規模測試市場	第六步： 商業化 全美上市
(二) 星巴克 個人化推薦訊息	2015.9～12	2016.1～6	2016.7～12	2017.3

12-6 星巴克新 App 市場測試：兼論 App 下載次數的功能以外因素

一、組織設計

大約 2008 年時，星巴克設立「營運測試與（創新）組」（operation testing & innovation），由約翰．戈德特（John Goedert）擔任經理。

二、資料來源

有關星巴克測試市場（test market）的文章很少，本單元參考文章主要有二篇，是 John Goedert 演講摘要。

1. 2014 年 1 月 23 日：在全美零售聯合會（National Retail Federation, NRF）年會上演說，刊登在世界廣告研究中心（WARC）網站文章 “Starbucks looks for insights” 。
2. 大約 2017 年：Rebecca Borisov 在 Retail Dive 上文章 “Starbucks exec: Balance rigor and flexibility when testing new technology” 。

三、市場測試方式

在單元 12-5 右頁下表中，星巴克測試市場至少有二大類方法。

1. 自動分析工具：由表可見，星巴克使用自動分析工具是 Flex Sim 軟體，這很流行。
2. 人員觀察法：這主要是人員拿著計時碼表等衡量工具，去量櫃檯前、自助點餐機等顧客排隊時間、點餐時間、付現找零時間。為了避免店員、顧客看到碼表會緊張，人員必須很會隱藏不被發現。

四、中國大陸是星巴克第二大市場

由於中國大陸市場的重要性，且也使用中文，因此星巴克在中國大陸的測試市場詳見下文。

- 時：2018 年 3 月 1 日。
- 地：中國大陸上海市。
- 人：Clement Ledormeur，中國大陸地區技術部總經理，法國 Fabernsuel 公司。
- 事：在領英上文章 “Starbucks uses China as a testing ground for its

new website”。

五、非戰之罪

手機 App 只是工具，讓工具充滿吸引力的，往往是背後的誘因，例如：醫院推出戒菸 App，達標者有彩蛋。同樣地，以 2021 年 6 月來說，美國速食業 App 下載第一名是麥當勞（詳見下表），可是這主要是麥當勞跟南韓天團防彈少年團（BTS）1 個月期的聯名行銷結果，但之後麥當勞仍是第一。

星巴克、麥當勞跟防彈少年團（BTS）聯名行銷

時	2020.1.21 ～ 2.6	2021.5.26 ～ 6.29
地	南韓	全球 50 國
人	星巴克	麥當勞，行銷長佛拉特莉（Mogan Flatley）
事	我紫愛你 Be the brightest stars	
1. 產品	產品收入捐贈美麗基金會	「防彈少年團麥克雞塊」特餐（The BTS Meal），10 塊雞塊、中杯薯條外加 2 款甜辣醬、肯瓊醬（美式：海鮮醬）
1.1 餐	1 款飲料，5 款食物	
1.2 聯名產品	筆電包、馬克杯、玻璃杯等	服飾項包括帽子、帽 T、T 恤、睡袍、袋子
2. 促銷之溝通	App 上市內容行銷	同左

美國速食餐廳手機 App 下載次數前 10 強

排名	公司	次數（萬）	功能需求
1	麥當勞	320	外送：日用品（grocery delivery）
2	星巴克	120	食譜（food recipes）
3	塔可鐘	87.6	食物卡路里（calorie trashing）
4	福來雞（Chick-fil-A）	85.9	訂位
5	達美樂	80.1	外送：餐飲（food delivery）
6	唐先生甜甜圈	71	店位置擴增實境（augmented reality restaurant locating）
7	漢堡王	63.7	嬰兒飲食指引
8	必勝客	62.4	在店內呼叫服務員（call for waiters）
9	潛艇堡	57.9	數位菜單（digital menu）
10	Sonic 公司	56.9	對健康（意識）重視者：食物營養成分

資料來源：美國 QSR 雜誌，“The 10 most downloaded restaurants Apps in September”，2022 年 9 月 8 日。

12-7 星巴克三種手機 App 各分三期測試市場

從產品手機 App 的研發，星巴克、麥當勞等公司都是照表操課（by the book），因此新產品、手機 App 失敗率低，以手機 App 來說，全美國上市是在蘋果公司 App Store 免費下載。

一、第一期小規模測試市場：1 ～ 3 個城市

1. 一般（例如：溫蒂漢堡）常挑的城市如下
   - 俄亥俄州哥倫布市（Columbus），因其人口人文結構跟美國相近（2022 年都會區 168 萬人）。（詳見 Columbus monthly 網站“How Columbus became Americas test market”）
   - 佛羅里達州。
2. 星巴克
   - 奧勒岡州波特蘭市
     星巴克習慣在人口小州（400 萬人）奧勒岡州波特蘭市（人口約 65 萬人）作小規模測試市場（註：不宜用前導測試 pilot test 一詞），主因是波特蘭市是星巴克較早（1989 年）展店城市，一向被認為是保有星巴克咖啡文化的城市，2019 年 4 月約 107 家店。
     像 1997 年 3 月～ 1997 年 6 月，星巴克在波特蘭市的雜貨店測試（cafe Starbucks），1999 年 7 月，擴大到伊利諾州芝加哥市。（詳見 Supermarket News 網站“How Starbucks plunged into grocery competition”）
   - 2014 年 9 月
     星巴克在前述兩個城市測試「黑桶（啤酒口味）拿鐵咖啡」（dark barrel latte），顧客透過推特回答喝後評價。（詳見 Columbus undergrown 網站上文章“Starbucks test marketing dark barrel latte in Columbus”）

二、中規模測試市場：全美三分之一

小規模測試市場結束且修正後，便朝全美中規模地理範圍測試市場，一般挑 50 州中三分之一。

三、第三期：全美上市

依商店所有權，以 2011 年 1 月 19 日手機綁儲值卡來說。

1. 直營店。
2. 授權店：同步的是目標百貨店內星巴克店，半年後喜互惠（Safeway）超市內星巴克店。

四、海外上市

1. 第一波：英語系國家
   第一小波依序為美洲加拿大（占店數 72%）、歐洲英國（占店數 2.7%）。
   第二小波美洲墨西哥（占店數 1.63%）等。
2. 第二波：亞洲的日本（占店數 4.33%）、中國（占店數 11%）。

星巴克三階段行動 App 的三階段測試市場

國家／地區範圍	2009.9.27	2011.1.19	2015.10
一、手機 App 功能		手機 App：手機綁儲值卡	手機下單與支付
二、地理範圍：美國直營店（加盟店特別標示）			
(一) 1 期：小地區（small-scale）			
1. 公司所在州市 華盛頓州西雅圖市			
2. 奧勒岡州波特蘭市			2014.12
3. 加州矽谷四城市			
(二) 2 期：中等涵蓋			2015.3
1. 4 州：上述 1、2，外加阿拉斯加、愛達荷			650 店
2. 紐約州紐約市		2010.4，300 店	
(三) 3 期：全國（National scale）			
1.17 州	—	2010.4	2015.7
	—	目標百貨內星巴克加盟店	3,400 店
2. 全國「上市」（launch）			
2.1 自營店：約 7,000 店	2009.9.23	2011.1.19	2015.10
2.2 授權店	—	2011.1.19 目標百貨內	2015.10
		2011.7.1 喜互惠超市內	7,000 店
三、地理範圍：外國			
(一) 1 期：加拿大		2011.12，1,000 店	
(二) 2 期：歐洲英國		2012.1，700 店	
(三) 3 期：—			

12-8 手機 App 全美上市：第一棒就是全壘打，第二棒也是

星巴克手機 App 是工具型，也會與時俱進，本單元以 2009 年 9 月 23 日的手機儲值 App 為例說明。

一、「推一拉一繫住」模型在手機 App 的運用

1. 第一階段比較難：從實體卡片轉換到手機 App

   在右頁圖中，以 2001 年 11 月 14 日星巴克「隨行卡」（Starbucks card）作「原居住地」，改在 2009 年 9 月 23 日，推出手機 App，星巴克想方設法「拉」顧客改用，一般作法是「利誘」，轉換者可獲得小杯飲料。

2. 第二階段比較容易：從舊 App 到新 App

   顧客對星巴克舊 App 用得上手，良性循環地會比較容易下載升級版的 App。

二、功能升級（patches 或 upgrade）

1. 2011 年 1 月 24 日，電子禮物卡（eGift card）

   主要是電子禮物卡，有二種功能。

   - 寫字：以蘋果公司 3C 產品來說，用於「iMessanger」（註：2011 年 8 月 9 日上市）。
   - 轉帳（5 ～ 10 美元），讓對方可到星巴克消費。

   電子卡可放在手機，也可傳到對方的臉書上，更可以列印成紙本形式。

2. 2011 年 11 月 15 日，極神奇 App

   這主要是手機上擴增實境技術的運用，本質上是電子節日卡，可在四大「節日」把贈品杯（holiday cup）寄給他人，另外也可參加星巴克的抽獎。

三、性能升級

1. 跨手機作業系統

   全球手機作業系統分成兩大陣營，星巴克手機 App 分兩時期上線。

   - 第一期 2011 年 1 月 19 日：蘋果公司 iOS。
   - 第二期 2011 年 6 月 15 日：安卓作業系統。

2. 手機功能提升

   這主要是跟手機功能升級而來，包括 4G、5G 手機，在 5G 手機各年機型性能提升。

美國 13 款中小企業的顧客服務 App

時：2020 年 3 月 31 日

地：美國加州貝爾蒙特市

人：RingCentral 公司小組

事：在 RingCentral 公司部落格上文章“The 13 best-friendy customer service Apps for small business”

星巴克手機 App 在「推一拉一繫住模型」的運用

2001.11.14 ～ 2009.9.20		2009.9.23 起
原居住地（origin） 金屬卡 幾百萬人 2010年：15億美元儲值餘額	推力（push）→ ← 拉力（pull） 中間有障礙（obstacles）	新居住地（destination） 手機 App

2011 年星巴克三階段行動 App 升級

階段	I 2011.1.19 ～ 6.30	II 2011.7.1 ～ 10.31	III 2011.11.7 起
一、地理地區：美國			
(一) 功能組合			
1. 電子禮物卡（eGift card）	2011.1.24		
2. Starbucks cup magic App			2011.11.15
3. 其他			
(二) 手機作業系統			
1. iPhone、iPad			
2. 安卓 2.1 以上		2011.6.15	
(三) 依商店所有權區分			
1. 自營：680 店			
2. 加盟店			
• 目標百貨店內星巴克	1,000 店		
• 喜互惠超市店內星巴克		2011.7 1,000 店	
二、地理區域			
(一) 美洲：加拿大 1,000 店			2011.11.18
(二) 歐洲：英 700 店			2012.1

12-9 星巴克手機 App 期望功能：手機下單──2017 年以後

2015 年 9 月手機下單服務在美國推出，2017 年手機下單占營收 10%，開始在美國約 1,000 家店造成尖峰時間現場排隊顧客大排長龍問題，本單元說明星巴克解決之道。

一、2015 年 9 月 22 日

星巴克手機下單與支付（mobile order & pay）App 上市，這是在 2011 年 1 月 19 日手機支付功能上增加預先下單。在進店前，顧客可先點餐與付款，進店即可取貨，免排隊。

1. 產品介紹

   訂單檢查（review orders）頁面會顯示產品、卡路里、備餐時間。

2. 顧客、星巴克雙贏

   星巴克 60% 營收來自飲品（尤其是咖啡），每天 40% 以上顧客是早上 9 點上班前，進星巴克；另一個尖峰時間是下午茶的下午 2 點。

二、問題：2017 年 1 ～ 8 月，手機下單造成許多店顧客大排長龍

星巴克顧客手機下單視為預約，跟醫院預約掛號道理一樣，排序比現場排隊顧客較前，由於尖峰時間集中（早上 9 點前、下午 2 點），造成顧客大排長龍情況。

1. 現場所見

   由於店員人數有限，商圈店現場排隊從以前 3、4 分鐘，延長到 10 分鐘，以致有些顧客去星巴克對手的店買咖啡。如此一來，同店營收下滑。

2. 社群聆聽

   2017 年 3 月起，星巴克旗下 8 個社群媒體，顧客抱怨店供餐速度慢。

三、對策：解決之道

由右頁下表可見，星巴克 2017 ～ 2020 年，在行銷組合中，兩種各有因應措施。

速食店餐廳面臨大菜單、顧客量身訂作的問題

項目	問題：行銷導向	解方：生產導向
一、優點	滿足更多樣偏好的顧客	尖峰時段每位顧客少等 2 分鐘
(一) 產品策略	產品複雜（product complexity）	
1. 產品廣度	廣	窄
2. 產品深度	深，量身訂做的飲料（麥當勞主要是漢堡）	淺，尖峰時間的得來速不允許現場下單時量身訂做，稱為精實生產（lean operations）
二、生產方面		
(一) 原料流	備料種類多	備料種類少
(二) 資訊流	以顧客現場下單來說，店員跟顧客溝通時間冗長	例如：僅在尖峰時間允許手機下單者，可以量身訂做

有關星巴克手機下單的重要新聞

時	地／人	事
2017 年 8 月 26 日	美國加州桑蘇維爾市 Kate Taylor	在雅虎上文章“We went to Starbucks every day for a week…”
2020 年 10 月 30 日	美國華盛頓特區 Ian C. Campell	在沃克斯（Vox）媒體公司旗下，科技新聞網站 The Venge 上文章“Starbucks says nearly a quartar of all U S. retail order are placed from a mobile phone”
2020 年 12 月 19 日	同上述雅虎 Julia La Roche	在雅虎上文章“How Starbucks is using AI to fuel its growth deepen customer relationships”，訪問當時營運長 Rosalind G. Brewer（任期 2017 年 9 月 6 日～2021 年 1 月）

2017 年起，星巴克解決手機下單造成大排長龍措施

行銷組合	2017 年	2020 年
一、產品策略之三：人員服務	1. 1,000 家最大排長龍的星巴克採用平板電腦以追蹤顧客手機下單，稱為數位下單管理員（digital order managers） 2. 主動推播手機通知給手機下單顧客：餐點好了	2021 年商圈店並未解決大排長龍問題，原因有二： 1. 顧客手機下單量太大 2. 客製化訂單太多 以臺灣飲料店業的稱呼為「少糖」、「少（或去）冰」，星巴克比這複雜多，許多店員厭惡這種訂單
二、實體配置策略	店型	
1. 大店（街面店）	• 路邊自取（curbside pick-up）	• 走來速（walk-thru） 增加飲料攤店型（臺灣稱 to go），星巴克稱 pick-up
2. 小店	• 店內顧客自取櫃檯（pick-up layout）	• 得來速（drive-thru）

12-10 星巴克顧客下單：語音下單

——2017 年 7 月起，星巴克推出；2021 年 6 月起，麥當勞才測試市場

手機下單是採取文字方式，但這種輸入方式比較慢，甚至對有些人不方便（開車的、手部殘障等）；2017 年 7 月美國星巴克推出手機語音下單（voice ordering），麥當勞最快 2021 年 12 月跟上，本單元説明之。

一、語音辨識的商業運用

1. 語音助理（voice assistant）
   - 軟體，詳見右頁表中 2013 年兩家公司。
   - 語音驅動裝置（voice-powered devise），最常見的 3C 產品，其中智慧家電中常見的有智慧音箱（smart speaker）。
2. 語音商務（voice commerce）
   透過手機、智慧音箱的語音助理，人們可以向網路商店、商店下單，稱為語音購物（voice shopping），這是最常見的語音商務。

二、依採用時間順序，分成五種角色

套用「創新擴散理論」的五階段角色來説。

1. 創新者占 2.5%，例如：2011 ～ 2012 年蘋果、谷歌。
2. 早期採用者占 13.5%，例如：軟體對外銷售的亞馬遜亞歷莎（Alexa），以色列 NSO 集團的「飛馬座」（Pegasus）。
3. 早期大眾，占 34%，星巴克 2017 年 7 月，全美上線，麥當勞跟 IBM 合作，2021 年 6 月 6 日，在美國芝加哥市挑 10 家店的得來速，進行小規模測試市場（註：2022 年 6 月語音辨識率 85%），依三時期各 1.5 年來算，最慢 2023 年，全美才會上線，星巴克至少領先麥當勞 6 年。

三、星巴克顧客語音下單 App

語音下單，星巴克在美（市占率 37%）、中（市占率 11%）陸續推出。

1. 美國星巴克。
2. 中國大陸星巴克
   - 時：2018 年 5 月 25 日。
   - 地：浙江省杭州市。
   - 人：阿里巴巴集團旗下達摩研究院（DAMO Academy）。

- 事：發表「智慧下單」（smart-ordering）軟體，這是雙工（duplex）聊天機器人（chatbot）。同時在北京市微軟公司發表華語聊天機器人 XIAOICE（小冰），店員接單 2 分 37 秒。

語音助理在 3C 產品的運用

創新擴散，占比重 年	創新者 2.5% 2011～2012 年	早期採用者 13.5% 2013～2016 年	早期大眾 34% 2017～2020 年	晚期大眾 34% 2021 年起
一、3C 產品				
1. 個人電腦	註：1990 年 Dragon Dictate 售價 9,000 美元			
2. 手機	註：1G 手機中 PDA：1994 年 IBM 的 Simon			
• iPhone	2011.10.4 西麗（Siri）			
• 安卓	2012.7.9 谷歌即時刻（Google Now）18 種語言			
3. 消費性電子 智慧音箱		2014.3 亞馬遜回音（Echo）		
二、軟體	語音助理			
1. 亞馬遜		2013.3.19 亞馬遜亞歷莎（Alexa）		
2. 以色列 NSO 集團			2017 飛馬座（Pegasus）	
三、餐飲業				
1. 星巴克	美國使用亞馬遜 Alexa		2017.5.5 跟通用汽車公司合作，大部分車款	
			2017.7.1 My Starbucks Barista	
	中國大陸使用阿里巴巴		2019.9.19	
2. 麥當勞	美國使用子公司 Apparent			2021.6 六家店試驗得來速

兩種線上顧客服務方式

範圍廣度（英文）	臺灣用詞	中國大陸用詞
一、100%		
contact center	顧客接觸中心	顧客接觸中心
1. 資訊系統		
2. 真人：包括電子郵件		
二、30%		
call center	顧客服務中心	顧客手機中心
真人電話服務		

Chapter 13

公司數位經營的心臟：資訊管理部

13-1 全景：公司數位經營的引擎——資訊部

——美國星巴克資訊長下轄四個部、1,000 人

從人體比喻公司數位經營：總裁兼執行長是「大腦」，負責決策；資訊部是心臟，負責輸送氧氣、養分到各器官；各事業部尤其是數位事業部是手腳，負責執行。本章是以美國星巴克為對象，說明技術長下轄四個部，員工 1,000 人以上。

一、全景：三種相近觀念架構

由右頁表前三欄可見，這是本書「一以貫之」的架構。

1. 馬斯洛需求層級，這是消費者的需要面。
2. 三重底線。
3. 企業社會責任，這是英國人西蒙．查德克（Simon Zadek），在「三重底線」的基礎上，再增加二項。

二、組織設計

星巴克資訊組織分成四個部，一般稱資訊技術，但是都簡稱「技術」，但這容易跟生產技術搞混，所以本章說明星巴克資訊長、四個資訊部名稱，皆會在技術前加括弧（資訊）技術部。

1. 硬體一個部（資訊技術服務部），三個部系統開發。
2. 對內二個部：商業（資訊）技術部，全球商業（資訊）技術部。
3. 對顧客一個部：對商業營運一個部，消費者與零售（資訊）技術部。

●三種相近觀念架構分析公司資訊部：星巴克資訊長下轄四部●

馬斯洛 需求層級	三重底線	企業社會責任 五階段	一般公司資訊部 五大功能	資訊長下轄 四部
1943年	1981年	2004年12月		
五、自我實現	三、環境底線 （environment bottom line）	五、公民階段	五、系統（軟體）開發 (一)新興技術 （emerging technology） 偏重人工智慧／機器學習（AI/ML）	
四、自尊	二、財務底線 （financial bottom line）			
三、社會親和		四、策略階段：增加營收，偏重效果	(二)商業智能 （business intelligence）	第四部消費者與零售（資訊）技術部
		三、管理階段：降低成本，偏重效率	(三)開發和作業 （development and operations, DevOps）	第三部全球商業（資訊）技術部 第二部商業（資訊）技術部
二、生活	一、社會底線 （social bottom line）	二、防禦性階段：社會觀感	四、硬體 (一)企業架構 （enterprise architecture） (二)技術運作 （technology operations） 資訊技術自動化 （IT automation） (三)全球網路	第一部（資訊）技術服務部
			三、資訊安全 (一)可用性（availability） (二)完整性（integrity） (三)機密性（confidentiality）	
一、生存		一、守法階段：法令遵循	二、技術治理與法令遵循 （technology governance & compliance） 一、資料中心 （deta center） (一)資料服務 （deta service） • 雲端企業（cloud-based enterprise deta platform）	

® 伍忠賢，2021年10月10日。

13-2 近景：星巴克資訊四部與國泰人壽五部比較

——兼論星巴克技術長

單元 13-1 中以公司資訊相關部功能為主，右頁表中第三欄的星巴克資訊四個部只是輔助的，在全景中比重較小，在本單元中，我們放大視野，而且跟資訊密集行業中臺灣金融業的國泰人壽資訊五個部比較。

一、跟臺灣最大人壽保險公司國泰人壽資訊相關部比較

1. 法律命令：必須設立資訊安全長

   許多國家都有訂定「資訊通訊安全管理法」，並須找尋外界公正第三方認證。

2. 法令遵循：國泰人壽資訊五部

   由此可見，以資訊二大功能：系統運作、系統開發而言，國泰人壽有星巴克四個部，把「資訊安全處」提升為資訊安全部，這是對法令遵循。

   - 時：2021 年 9 月。
   - 人：行政院金融監督管理委員會。
   - 事：發布（保險業）、（銀行業）、（證券業）「內部控制及稽核制度實施辦法」修正條文，規定設立副總經理的資訊安全長。

二、星巴克資訊主管名稱與人選

1. 一般公司稱為資訊長。
2. 2008 年 5 月～ 2012 年 2 月

   自從 2008 年 5 月起，星巴克聘用外人吉勒特（Stephen Gillett, 1976～）擔任資訊長以來，對資訊長的人選比較少內升，大都從外界找人。

3. 2015 年以後星巴克

   資訊長改稱技術長（chief technology officer, CTO），一級主管，執行副總裁。

   資訊長改名稱技術長的原因是：We went to have a different kind of view of what we do and how we enable the brand.

4. 2015 年 10 月 6 日～ 2022 年 4 月

   Gerri Martin-Flickinger（女）就任（資訊）技術長，2022 年 5 月 Deb Hall Lefevre（女）接任。

三、IBM，微軟從硬體、軟體公司轉至網路平台公司

基於版面平衡，單元 13-3 中 IBM、微軟公司轉型至雲端（運算）服務公司，詳見下第二表。微軟公司是星巴克（資訊）技術部的資料庫、主機（雲端運算）的外包公司。

星巴克資訊部管理的重要文章

時：2018 年 5 月 7 ～ 9 日
地：美國華盛頓州西雅圖市
人：吉莉，星巴克資訊長
事：在微軟公司的開發公司論壇（Microsoft Build, developer conference）

臺灣國泰人壽與美國星巴克資訊部組織

資訊部五層級功能	臺灣國泰人壽	美國星巴克
五、系統開發 （一）對外營業 （二）對內部門	4. 行銷資訊部 3. 壽險資訊部 2. 投資資訊部	4. 消費者與零售（資訊）技術部 3. 全球商業（資訊）技術部 2. 商業（資訊）技術部 1.（資訊）技術服務部
四、硬體等	1.2 系統資訊部	
三、資訊安全	1.1 資訊安全部	
二、資訊法令遵循		
一、資料中心		

星巴克（資訊）技術部下的資料庫、外包

時	1979 年	2010 年 2 月
地	美國紐約州阿蒙克市	美國華盛頓州雷德蒙德市
人	IBM	微軟公司
事	發表交易處理設施 （transaction processing facility） 其中 交易（資料）處理系統 （transaction processing system, TPS） 電子資料交換 （electronic deta exchange, EDE）	推出天藍（Azure） 1. 第一代，2010.2 ～ 2011 年，平台即服務（PaaS） 2. 第二代，2012 年，基礎（建設）即服務（IaaS）包括：虛擬主機、網路

13-3 特寫 I：星巴克資訊第一部——（資訊）技術服務部

——一般公司資訊部中硬體、網路

——三種雲端服務（己已巳）一個表看懂

一、組織設計

（資訊）技術服務部至少下轄三個三級部（副總裁級），已在單元 13-1 表中第五欄說明

二、主管：資深副總裁

由於網路上找不到此部門主管人名，以前任主管代替。

1. Woulete Ayele（1963～）

   她是星巴克的老臣，2005 年 12 月工作到 2021 年 8 月，幾近 16 年，在資訊四部當了 7 年 9 個月處長，三級部副總裁；又調到資訊一部當三級部副總裁，2019 年 2 月～2021 年 8 月，主管（資訊）技術服務部。

2. 2021 年 8 月，她跳槽

   她到美國加州的快餐休閒連鎖餐廳 Sweetgreen，擔任資訊長。

三、第一個三級部：企業架構

星巴克運用外部雲端運算服務公司與軟體（包括人工智慧）。

1. 雲端運算服務（cloud enablement）

   美國、臺灣是使用微軟公司的公有雲雲端系統天藍（Azure），主要星巴克總裁凱文．約翰遜曾任微軟執行副總裁，在中國大陸跟騰訊公司合作。

2. （資訊）能量（capacity）與平台。

四、第二個三級部：技術運作

1. 人工智慧的資訊系統運作（artificial intelligence for IT operations, AIOps），主要是資訊部的系統運作人工智慧取代人工監控等，以維持資訊系統正常，例如：不會當機。

2. 商業市場運用，（資訊）科技支持。

五、第三個三級部：系統（軟體）開發

新興技術的運用，例如：人工智慧／機器學習（AI/ML），這也是微軟公司

天藍雲端服務範圍。

六、基本常識

筆者每次用「己已巳」三個字說明「由少到多」，由此可見，雲端（運算）部分，分三種程度：22%、55%、100%，由下表第五欄全球八大公司市占率80%，其中星巴克的外包公司微軟公司全球市占率 20%，第二大，原本是軟體公司，逐漸轉型成「基礎設施即服務公司」。

三種雲端（運算）服務行業公司市占率

服務程度	資訊服務項目（單元 13-1 表）	雲端服務	行業	公司，市占率
100%	四、硬體 (一)企業架構 1. 視覺化（virtualization） 2. 伺服器 (二)技術運作備份庫 (三)網路	基礎設施即服務（infrastructure as a service, IaaS） (一)號稱 aPaaS，a 是 application (二)綜合 IaaS 加 PaaS	(一)網路平台公司 商業服務	1. 美國 • 亞馬遜公司稱為亞馬遜雲端服務（AWS）占 33% 微軟公司天藍（Azure）占 20% • 谷歌 Compute Engine（GCE）占 10% IBM Cloud 占 5%
55%	五、軟體（系統）開發 (一)作業系統（O/S） (二)中介軟體（middleware） (三)執行時系統（runtime）	軟體即服務（software as a service, SaaS）	(二)資訊公司 • 人力資源 • 視訊會議 • 企業資源規劃（ERP）協作資訊公司	2. 中國大陸 • 阿里巴巴集團旗下阿里雲占 6% • 騰訊公司旗下騰訊雲占 2% 華為 1. 美國 • 新鮮生活（freshworks）
22%	三、資訊安全 二、法令遵循 一、資料中心 (一)運用（application） (二)資料	平台即服務（platform as a service, PaaS）		• Zoom • 賽富時（Salesforce）占 3% • 奧多比（Adobe） 甲骨文公司的雲端平台（oracle cloud platform, OCP）占 2% 2. 德國思愛普（SAP）

13-4 特寫 II：近景，星巴克資訊第二、三部，對內的管理功能

——系統開發的全球、（國內）商業技術部

星巴克資訊四個部中有三個系統開發部，其中有兩個部是對內各功能部門，而且名詞很容易記：商業（資訊）技術部，本單元以麥克·波特的公司價值鏈把星巴克的功能部門與主管名字列於此第一、二欄，名字前有 * 是一級主管（執行副總裁），沒標示的是二級主管（資深副總裁），名字後加（女）是女性。

一、資訊二部：商業（資訊）技術部

從部門功能而言，這是時間上第二個成立的資訊部，至少分兩個三級部。

1. 供應鏈與財務會計技術部
   - 供應鏈部分，例如：全球供應鏈、運籌等。
   - 財務部。
2. 其他三級部。
3. 主管：Chris Fallon

   2007 年加入星巴克，一路在資訊二部晉升，處長、三級與二級部主管。

二、資訊三部：全球商業（資訊）技術部

1. 全球商業技術系統開發部
   - 下轄供應鏈商業系統開發。
   - 下轄財務、一般管理（G&A）。
2. 其他部。
3. 主管：Janet Landers

   2001 年 12 月，加入星巴克，一路在資訊三部晉升，主管星巴克的幾家工廠資訊。

星巴克兩個對內的資訊系統開發部（2023 年 3 月）

公司核心／支援部門	主管	商業技術部下轄三級部	全球商業技術部下轄三級部
一、總裁	Laxman Narassmhan	Chris Fallon（2016.3 迄今）	Janet Landers（女）（2010.1 迄今）
(一) 營運長（缺）			
(二) 法律事務			
1. 法務長	*Zabrina Jenkins（女）		
2. 副法務長、公司祕書	Jennifer Kraft（女）		
二、核心功能			
(一) 研發	Luigi Bonini		(二) 全球商業技術部（2008.7～2013.1）
全球產品發展			
(二) 採購、生產			
1. 全球供應鏈	*George Dewdie	(一) 供應鏈與財務資訊技術部	1.1 供應鏈商業系統開發處（2004.10～2008.1）
2. 採購長，全球來源	Kelly Bengston（女） Michelle Burns（女）		
3. 全球食品安全，品質與（法令）遵循	Anju Rao（女）	(二) 企業資源規劃	
4. 運籌與美國零售供應鏈			
(三) 營運			
1. 行銷長	Andy Brewer		
2. 通路發展			
• 全球通路發展	*Michael Conway		
• 策略與轉型長	*Frank Britt		
三、支援功能			
(一) 財務／會計			
1. 財務長	*Rachel Ruggeri（女）		
2. 會計長	Jill Walker（女）		
(二) 人力資源管理			
1. 人資長	*Sara Kelly（女）		
2. 包容／多元長	Dennis Brockman		

* 指執行副總裁。

13-5 特寫 III：星巴克資訊第四部，對外的策略功能

——消費者和零售（資訊）技術部，支援行銷長、營運長

星巴克數位轉型經營的重點在於對外提高消費者體驗，以提高營收，這對應公司「社會責任」五階段中的第四階段「策略功能」，這是本書焦點（尤其是第7、8、9、10章）。

一、組級設計與服務對象

1. 數位與顧客關係管理技術部，以服務行銷長下轄四個部。
2. 零售與基礎設施部，以服務營運長下轄四個區域總部。
3. 服務對象：詳見右頁表第三欄。

二、主管

Jeff Wile（1969～），2016年5月加入星巴克，2019年先擔任零售與基礎設施部副總裁（2016.5～2019.10），2019年10月，才升任部主管，2021年11月離職。

2020年8月13日，在Modern Love公司上文章“operation AI management system at Starbucks uses High Jump software”。

三、美國星巴克、麥當勞對員工對公司主管領導能力評分

組織層級	星巴克	麥當勞
一、受調查員工	1,023位	2,640位
二、公司	71分	64分
三、總裁兼執行長	72分	65分
四、部門主管	71分	63分
1. 高分	資管86分	商業發展80分
2. 低分	顧客成功66分	工程55分
3. 資訊管理	86分	72分
五、經理級	72分	64分

資料來源：美國加州聖莫尼卡市網路行銷服務公司Comparably, Inc.。

星巴克消費者與零售（資訊）技術部

二級部：資深副總裁	三級部、四級處等	服務對象
一、數位與顧客關係管理技術部	(一)基礎設施 1. 主機管理 2. 運算 • 雲端運算 • 邊緣運算	* 行銷長 Brady Brewer 下轄四部 第一部分析與市場研究
	(二)顧客體驗部 1. 店內 wifi 2. 店內第四台 3. 手機下單與支付 4. 行動通訊運用（行動 App）	第二部數位顧客體驗部
	(三)促銷	第三部公司聲譽與服務部 第四部顧客關係管理部 1. 顧客接觸中心 2. 顧客忠誠計畫
二、零售與基礎設施部	(一)零售技術部 Rohit Kapoor（2019.6 起） 1. 店前場 • 第 1P：產品，店產品菜單管理、智慧數位看板（digital signage） • 第 1P：產品之二：廚房管理系統 • 第 2P：定價之二：銷售時點（POS）、物聯網解決 2. 店後場 • 第 1P：產品之二，物料庫存管理 • 第 1P：產品之三，店原料與生產 • 其他：零售網路與商店支持 (二)（零售）軟體開發與合作 1. 軟體工程（software engineering, Sw Ens） 2. 軟體開發與運作服務（development operations, DevOps）	* 國際與通路發展集團總裁 Michael Conway 全球五洲的四個區域總部 1. 北美 * Sara Trilling 2. 中南美 * Mark Ring 3. 歐中東非（洲） * Duncan Moir 4. 亞洲太平洋 * Emmy Kan • 日本 水口貴文（Takafumi Minaguchi） • 中國大陸 王靜瑛（Belinda Wong）

* 指執行副總裁。

13-6 伍忠賢（2021）（高階）主管能力量表

——星巴克資訊五長的能力評分

在 2011 年的美國電影《魔球》（Moneyball）中，加州奧克蘭市運動家職業棒球隊，男配角喬納．希爾，運用比爾．詹姆斯發明的美國棒球研究協會（SABR）公式，音譯為「賽伯計量學」（Sabermetrics）。算全隊 32 位球員可能貢獻得分，依此來挑選隊員。這是真人真事，2002、2003、2006 年運動家隊西區第一名，年支出 0.4 億美元，洋基隊 1.2 億美元，給員少卻立大功。

一、伍忠賢（2021）高階主管能力量表

1. 學歷

   從資訊主管來說，像星巴克（資訊）技術長是資訊學士，資訊第三、四部主管之分，企管學士。

2. 經歷

   學歷只是剛入行的敲門磚，經歷代表二種意義：作中學、業界肯定。

3. 視野：從國際視野為例

   從全球企業來說，主管的國際視野極重要，此處以主管國籍、國際工作經歷評分。

4. 執行：領導

   主管領導能力會影響員工執行效果，美國加州莫尼卡市網路行銷服務公司 Comparably 公司架設平台，請各大公司美國員工（分性別、年資分計）對四個層級的領導力評分（滿分 100 分）。基於篇幅平衡，詳見單元 13-5 右頁表。

二、星巴克 3.7 分

1. 資料來源：學歷、經歷、視野
   - 領英（LinkedIn）：在加州山景市，號稱全球公司最大中高階人士的「履歷表」網站。
   - 公司網站，在谷歌下找「○○ leadership」，便會出現○○公司高階管理者角色，點進去，會有其簡歷。
2. 五位資訊主管，每人平均得分後再平均

   以人數平均算比重。

3. 以全球商業（資訊）技術部 Janet Landers 為例，她原籍愛爾蘭，兼美國公民，但很早就移民美國，2001 年 12 月加入星巴克，屬於「內升」，國際視野「2」分。

三、得分涵義

下等	中下等	中等	上等	
2 分以下	2.01 ～ 3	3.01 ～ 4	4.01 ～ 5	5 分
0 ～ 40	41 ～ 60	61 ～ 80	81 ～ 100	百分比（%）
		星巴克 3.1	資訊、網路公司	

公司部門主管能力量表：星巴克資訊五位主管

評分項目四大類，各 5 分	學歷 1 ～ 5 分	經歷 1 ～ 5 分	視野 1 ～ 5 分	執行：領導 1 ～ 5 分	得分
說明 資訊部門主管	資訊、企管 5 分：博士 4 分：碩士 3 分：學士	一線公司 二線公司 三線公司	外來跨國 外來美國 內升	91 ～ 100 81 ～ 90 71 ～ 80	平均
四、消費者與零售（資訊）技術部 Jeff Wile（2021.11 離職）	2 華盛頓大學企管	5 迪士尼公司資訊部主機與開發運作副總	3 2016 年 5 月加入星巴克	4	3.5
三、全球商業（資訊）技術部 Janet Landers	2 愛爾蘭大學 Galway 分校，商學士	3 任職生物科技、印刷業、Ciber 公司	3 2001 年加入星巴克	4	3
二、商業資訊技術部 Chris Fallon	4 Depaul 大學碩士（財務、資訊）	4 Chico's、摩托羅拉、Baxte 國際	3 2007 年加入星巴克	4	3.75
一、（資訊）技術服務部暫以 Wouleta Ayele 為例（2021.7 離職）	3 （國內財務）學士（資訊）	3 三線公司	4 2019 年 2 月加入星巴克	4	3.5
O、資訊長 Deb Hall Lefevre	3 南伊利諾大學	5 麥當勞美國公司資訊長	4 2022 年 5 月上任	4	4
					3.7

13-7 資訊系統開發流程：兼論蘋果公司 iPod、iPhone 軟體開發

星巴克各部門的資訊系統開發由資訊長下轄三個資訊系統開發部負責。本單元以行銷長下轄數位顧客體驗部所需的顧客行動 App 等系統（中稱小程序），說明資訊系統需求方、供給方如何協調。

一、相關公司與部門

以星巴克顧客服務的手機 App 等涉及公司內外而言。

1. 星巴克（下表）
   - 需求方：送出派工單，由資訊部與上層核可；三個資訊系統開發部一年約有 100 個系統開發專案進行，其中 35 個跟顧客（詳見表第一欄）、店面有關。
   - 外部 App 開發公司。
2. 資訊系統的開發（右頁表）。

二、蘋果公司的資訊系統開發

蘋果公司 3C 產品的全球市占率很高，其獨樹一格的作業系統（iOS），App 居功厥偉，幕後功臣之一是管人機介面的寇西恩達，其在蘋果公司服務 15 年，把其經驗寫成《創造性選擇》。

公司內資訊系統開發的需求與供給方

名詞	需求方	供給方、資訊部
一、名詞		
1. 英文	line of business, LoB	LoB application
2. 中文	商業智慧業務總數位平台（例如：電子業務單位、電子禮券 eGift），本來是指工廠的生產線一條一條，後來擴大到資訊部及外部。	功能部門資訊系統，中國大陸稱「企業重要業務線」
二、星巴克	以行銷長下轄四部為例	(一) 外部：2009 ～ 2016 年由星巴克風險投資部去找外部的資訊公司 (二) 內部

公司資訊系統開發（process based information system）

系統開發部		需求方	
前置作業	執行	執行	控制
(一) 各部門作業系統合理化（workflow development）或稱流程優化（process optimization）	(一) 系統開發流程（system development） 1. 系統分析 2. 系統設計、程式設計	(一) 轉換 1. 使用手冊 2. 訓練使用者	(一) 資訊系統優化（system optimization）
	(二) 資訊系統 1. 群組軟體（groupware development） 2. 應用發展（application development） 3. 系統整合（system integration）	(二) 上線：資訊系統運作（system operation） 1. 操作資訊系統 2. 調整資訊系統	(二) 意見回饋
	(三) 系統品質保證（quality assurance, QA）		

13-8 三個系統開發部對各功能部門的資訊服務

——資訊系統「取得」（開發或外購）與運作

星巴克對於外界已有的資訊系統，大都會採購，用現成的，在本單元說明，詳見右頁表之說明。

有關星巴克使用哪些軟體，相關網站文章，例如："what information system does Starbucks use?"，有些文章得付費閱讀。

一、全球商業（資訊）技術部

1. 工廠：每天生產量等。
2. 營運部：各店以智慧餐廳資訊系統（intelligent restaurant information system, IRIS）為例，這在 1997 年美國專利及商標局（USPTO）中申請，由右頁表可見下列兩方面功能。
   - 前台（front desk，櫃檯）：主要是銷售時點系統（POS）。
   - 後台（back desk）：決定各班人數，調整安全庫存。

二、消費者與零售（資訊）技術部的顧客關係管理資訊系統

由表可見，星巴克行銷長下轄四部中第四部顧客關係管理部，由（資訊）技術長下轄四個資訊部第四部消費者與零售（資訊）技術部負責系統開發。有關顧客關係管理的核心功能「顧客忠誠計畫」，由表中美國印第安納州康深達（Consona）公司的顧客關係管理（CRM）軟體（電腦系統）負責，有三大功能。

1. 資料庫：整合各個顧客資料庫，使資料易於存取和使用。
2. 資料分析（analytical analysis）。
3. 消費者洞察：顧客愛好等。

大型 App 開發公司

至少有 10 家 App 市調公司：Clutch co、infosolutions、konstant、SoftwareWorld 等，每年會在其網站上公布當年前 10、50、100 大 App 開發公司，例如（business of Apps）網站上文章"top App development companies（2022）"。

星巴克各部門的資訊系統之外部資訊公司來源

星巴克各功能部	系統上線時間	星巴克資訊開發部	外部資訊公司		
			時	地	公司
一、行銷 (一)行銷長 (二)第四部顧客關係管理部	2008年4月	消費者與零售(資訊)技術部	2003年	美國印第安納州明尼亞波利斯市	(中稱)康深達公司(Consona Corporation),員工人數700人
二、營運:智慧餐廳資訊系統 (一)前台:銷售時點系統(POS) (二)後台 1. 管理者工作站(manager workstation, MWS) 2. 庫存系統 例如:咖啡豆	約2001年	全球商業(資訊)技術部	2000年	冰島	LS Retail ehf P系統(P system)
三、工廠生產與物流(supply chain executive, SCE)	2002年1月22日	同上	1983年	美國明尼蘇達州明尼亞波利斯市	HighJump Software公司,員工1,000～5,000人
四、進行銷售預測 (一)決策支援系統 (二)管理資訊系統(MIS) (三)顧客關係管理 (四)供應鏈管理	大約2008年	商業(資訊)技術部	1977年6月	德州奧斯汀市	甲骨文公司旗下Siebel CRM平台 ERP平台

13-9 星巴克跟手機 App 開發公司合作

星巴克的每個版本手機 App 大都是跟外部手機 App 開發公司合作，本單元說明。

一、資料來源

由右頁上表可見，我們挑了三篇星巴克手機 App 開發相關文章。

1. Starbucks news & stories
   星巴克網站上的新聞時事文章，會把新產品、活動講得很清楚。
2. App 類網站
   App 開發業是個大行業，有多家 App 網路雜誌、市調公司，專門發表相關文章。
3. 其他
   有些 App 開發公司會在公司網站上分析，領英把其作為客座文章。

二、手機 App 開發公司

由右頁下表可見，星巴克在數位顧客服務的四個版本手機 App，各跟不同 App 開發公司合作。也就是星巴克有二個單位：資訊長下轄四個部之第四部「消費者與零售（數位）技術部」，另一是過渡單位（數位創造部，2009 年 3 月～2016 年 10 月），得對外界科技發展趨勢、App 開發公司「術業有專攻」的許多項目很清楚。

三、特寫：以 2011 年 1 月手機付款 App 為例

從 2011 年 1 月 19 日星巴克推廣的星巴克手機支付 App 來說，適用對象僅限會員，由右頁下表第三欄可見。

1. 外界合作手機開發公司 mFoundry 公司
   星巴克手機儲值卡 App 由 mFoundry 公司資深產品經理 Benjamin Vigier（任期 2008 年 5 月～2010 年 7 月）負責，由於作這個案子的戰功，他跳槽（2010 年 7 月～2016 年 7 月）到蘋果公司開發蘋果支付（2014 年 10 月 20 日上市）。
2. 最簡單的技術
   這個手機 App 在星巴克店內使用，很簡單、很快開發，店內銷售時點系

統（POS）便可沿用，只要掃顧客手機上的二維條碼（Barcode）即可，俗稱「軟體」解決方式。

比較貴的作法是額外增加「近場通訊」（near field communication）設備，俗稱「硬體」解決方式。這到 2015 年 10 月的星巴克下單與支付（Starbucks order & pay）就是如此。

3. 2011 年 1 月 24 日

星巴克推廣「電子禮物卡」（eGift），以取代之前的實體星巴克卡，送禮者可寫一段話給受禮者，程式設計師使用蘋果公司 iPhone 手機的 iMessage 功能。

星巴克手機 App 開發相關文章

時	地／人	事
2020 年	Iga Wojtowicz	在 InvoTech 網站文章 "Starbucks reward mobile App redesign"
—	Lauren Schommer	在 app press 網站上文章 "understanding App design：mapping user experience"
2020 年 12 月 7 日	Heidi Peiper	在星巴克網站上文章 "A look back at 20 years of Starbucks card"

星巴克數位顧客服務手機四代 App 全球開發公司

代 時	I 2009.9.23	II 2011.1.19	III 2015.10	IV 2017.3
一、功能	星巴克（顧客）忠誠計畫（Starbucks rewards plan）	手機付款（Starbucks pay）	手機下單 Starbucks order & pay	個人化要約（personalization offer）
二、外界	App 開發公司小檔案			
1. 時 2. 地	1986 年 印第安納州印第安納波利斯市	2004 年 加州拉克斯珀鎮	2015 年 加州舊金山市	
3. 人	Consona 公司	mFoundry 公司	Formation 公司（Inc.）	同左

13-10 星巴克手機 App 系統開發：敏捷開發

筆者看過許多公司宣稱其手機 App 採取敏捷開發，但很少深入說明。同樣地，也看過許多敏捷開發的觀眾文章，但極少用一個案子說明清楚。許多資訊人員寫的都是「用文字解釋文字」的文章，這樣對大三資管系、資訊工程系的學生可說「不知所云」。本單元先就近取譬、舉二反一地說明資訊系統的敏捷開發（agile software development）；再說明星巴克兩個版本手機 App 的敏捷開發。

一、資訊系統開發方式

由右頁上表可見，以奧運田徑賽中 400 公尺賽跑為例，可分為一人跑與四人接力跑，由奧運紀錄可見，男子接力跑只花 36.8 秒，比一人跑的 43 秒快。同樣地，資訊系統的開發方式也一樣。

1. 1956 年，一人賽跑型的瀑布式軟體開發

   這是按部就班，一步一腳印，俗稱「線性」（linear）開發。

2. 1959 年，多人接力賽跑的敏捷開發（agile development）

   這是把大系統、大計畫分成三期以上的計畫，每期 1 ～ 3 個月，稱為短期衝刺，又稱微型服務（microservice）、疊代開發（iterative development）、持續交付（continuous delivery）、持續整合（continuous integration）。

二、星巴克的作法

星巴克稱為「數位敏捷」（digital scrum，scrum 站立會議）。

1. 組織設計

   由行銷相關部門的專人跟資訊開發三個部中的責任部合組任務小組。

2. 路徑圖檢查點

   二週一次，檢討路徑圖（road map），一月一次非正式會議，一季一次正式會議，可說是小系統開發表。

三、星巴克兩個版手機 App 可說是分期付款的敏捷開發

1. 第一版手機 App，2009 年 9 月 19 日，手機儲值卡支付

   由右頁下表第二欄可見，第一版手機 App 有四項功能，每項功能視同一個「微型服務」，各可以分兩組接力敏捷開發，此即「疊代」（iteration）。

2. 第四版手機 App，2015 年 9 月 24 日星巴克手機下單

這地方更先進的是跨代間手機 App 也是沿續的，以支付來說，2009 年 9 月手機綁儲值卡冷錢包是簡易版；一上線後，開發人員立刻著手「熱錢包」式手機支付。

三個相似觀念、活動

領域	直線型（linear）	重疊型
一、奧運	以 400 公尺（男子、女子）賽跑為例	
時	1900 年	1912 年
項目	400 公尺賽跑 （400 meter dash）	400 公尺接力賽 400（meter relay race），即 4x100m
紀錄	43 秒	36.84 秒（男子）、40.83 秒（女子）
二、產品研發		
時	—	1988 年
人	—	R. J. Winner 等 4 人
事	循序工程（sequential engineering, SeqE）	同步工程（concurrent engineering, SE 或 simultaneous engineering, SE）
三、資訊系統開發		
時	1970 年，但是最早 1960 年	1970 年代，但最早 1957 年
人	Winston W. Royce	—
事	瀑布式軟體開發 （waterfall software development）	敏捷軟體開發 （agile software development）

星巴克二版手機 App 的版內、版間疊代開發

時	2001.11	2009.9.19	2015.9.24
App	Starbucks card mobile App		Starbucks order & pay
一、產品策略之(三)人員服務：電話下單			
二、定價策略			
之(二)支付	2G 手機 星巴克 儲值卡	3G 手機 私有雲儲值卡 （冷錢包）	4G 手機、公共雲 提款卡、信用卡 （熱錢包）
三、促銷策略		查儲值卡餘額	
之(一)顧客關係管理	2008 年 4 月 星巴克 rewards program	上網查 1. 集點送點數	
四、實體配置策略	2006 年左右	查店址	2019 年 11 月 4 日 紐約市尋店址功能

13-11 手機 App 開發公司：兼論手機 App 開發時的自動化測試

西瓜有大、中、小三種尺寸，小玉西瓜大部分是黃色果肉，尺寸適合個人或小家庭。同樣地，手機 App 是「資訊系統」（俗稱軟體）的一種，有專門 App 開發公司負責，本單元說明之。

一、手機 App 的重要性

1. 2008 年 7 月 10 日

   一般認為蘋果公司 App 商店是第一個「App」（註：中稱小程序）商店，一開始有 500 個 App，2017 年到了高峰 220 萬個，2020 年 180 萬個。2008 年 10 月 21 日，谷歌也推廣 Google Play（Store），2009 年 9 月南韓三星電子 Galaxy Store。一般來說，在全球約有 900 萬個 App。

2. 2011 年年度字 App

   2011 年，英國牛津字典把年度字（word of the year）歸給「遊戲化」（gamification），主要是把玩遊戲（三個元素：計分、跟別人戰爭、遊戲規則）導入其他活動，以公司來說，便是在公司給顧客手機 App 中加入。美國市調公司高德納（Gartner）、M2 都看好，甚至對公司員工訓練也很有用。

二、全景：2021 年 7 月 7 日

- 人：德國漢堡市 Statista 公司研究部。
- 事：2018 年 2 月時，調查美國中小企業公司，有 42% 有推廣顧客導向（client-oriented）手機 App，24% 則缺乏資金可運作。

三、為什麼大公司得跟外面 App 開發公司合作？

1. 一次性系統開發，外購即可

   套用俚語比喻：「要喝牛奶，去商店買即可，不用養隻乳牛，甚至買下牧場」，許多 App 案都是一次性案子，App 開發後，交由公司資訊部操作即可，甚至升級。

2. App 開發公司各有專精

   聞道有先後，術業有專攻，資訊公司也是如此，App 開發公司在行銷組

合各項各有專精，像數位支付的大部分是金融科技公司的專長。

四、行動 App 自動化測試

如同晶片製造有外界測試公司以檢驗晶片製造品質一樣，有專攻 App 開發階段的自動化測試公司，例如：芬蘭赫爾辛基市的 Bitbar 公司，測試項目詳見下表。

一般行動程式開發的四大公司種類（依英文字首順序）

公司	投入		轉換	
	開發對象	資料庫系統	程式語言	開發環境
一、蘋果公司	IOS	SQLite	Objective-c	Visual C++
		Sybase		Visual C#
			1. ASP	Delphi：
二、谷歌		DB2		
				1. borland C++
		InterBase		builder
(一)作業系統	Android	MS-SQL	JavaScript	borland delphi
		MySQL	Python	borland jbuilder
				borland kylix
(二)相關服務	Gmail			
	Maps			
	Search			
	YouTube			2. Eclipse ide (Java)
		Oracle		3. Visual Studio
		Postgre		Net 旗下
		SQL	Switch	4. Xcode(Mac)
三、微軟公司	Windows		2. C 系列	C++Builder
	伺服器平台：		C/C++	1. ASP
	Windows		C#,CSS3	2. C 系列
四、其他	Unix 平台：		3. HTMLS	C/C++
	Linux、		4. JSP	
	MacOSX		5. PHP	
			Rudy	

行動 App 開發的測試原因與測試分類

App 需測試主因（資訊五大功能）*	功能層級
四、硬體 67% (一) 平台作業系統，32% (二) 代工（OEM），29% (三) 其他 6%	五、潛在（未來）功能 10. 硬體環境測試 尤其是跨作業系統測試 9. 使用者體驗測試
五、軟體 33% (一) 顯示螢幕 10% (二) 記憶體 10% (三) 感應（器）晶片 7% (四) 處理處 4% (五) 其他 2%	四、擴增功能、效能 （performance and stress） 8. 交叉事件測試（跨 App） 7. 升級、更新測試（regression test）
三、資料安全	三、期望功能：功能 6. 執行效率 5. 系統穩定性（當機等）
	二、核心功能：易使用性 4. 圖形、內容測試 3. 使用者介面（UI）測試
	一、基本功能：安全性 2. 資料安全 1. 安裝與解除安裝安全

* 資料來源：部分整理自程式前沿，2018.7.17，詳見本書單元 13-3 右頁表第二欄。

Chapter 14

星巴克第二、四資訊技術部：運用人工智慧、5G 技術

14-1 全景：星巴克資訊四個部運用人工智慧、5G 於各功能部門

本章說明星巴克（資訊）技術長下轄四個部，如何提供資訊、通訊技術服務給各功能部門。在第一單元，先拉個全景，之後再拉近景、特寫。以寫書順序來說，是先從「各特寫」視同拼圖的拼圖片，作完後，為避免「瞎子摸象」，嘗試數種架構，之後挑其中一種架構呈現。

至於哪些「拼圖片」該呈現，主要是依據星巴克霍華．舒茲等人說法，本章聚焦在「顧客」行銷組合。

一、架構

1. 依右頁表第一欄：資訊四個部
   依「由底到頂」，背後隱含主要架構
   - 損益表：例如：消費者與零售（資訊）技術部對應的是營運部。
   - 行銷長下轄四部所創造的顧客「營收」。
2. 第二、三欄：技術種類
   - 資訊技術：主要是以人工智慧為主，至少兩種運用，一是大數據分析於提煉資料；一是機器學習，以運用於語音辨認：例如：運用於顧客手機語音下單。
   - 通訊技術：主要是 5G 世代的物聯網。

二、資料來源

星巴克是全球咖啡店龍頭，有關星巴克的文章夠多，本單元兩種資料如下。

1. 一手資料為主
   以單元 14-3 單元下表前兩篇文章來說，來自星巴克總裁、資訊四部之一資深副總裁的演講稿，親身說法。
2. 二手資料參考
   下表後兩篇文章是科技業媒體等的分析文章。

星巴克資訊四個部在資訊、通訊技術的運用

資訊四部	資訊技術： 人工智慧（2016 年起）	通訊技術： 5G（物聯網等）
四、消費者與零售（資訊）技術部 (一)營運		「預測分析」
1. 廚房管理系統	2017 年 4 月起稱為「深度萃取」（deep brew）	2019 年 5 月人工智慧加物聯網於咖啡機等，以監測溫度、維修等 語音操作咖啡機等
2. 運作		物聯網技術主要運用各店機器的監測
(二)行銷 1. 產品策略 2. 定價策略	2017 年 1 月 30 日起，試辦得來速「客製化」數位菜單板、顧客語音下單	註：客製化數位菜單板（digital menu）是因時（又稱 dynamic menu），因地、因人而異
3. 促銷策略	2017 年 3 月起，個人化推薦	
4. 實體配置策略	2008 年資訊系統（含資料庫）ESRI 以決定店址	
三、全球商業（資訊）技術部 (一)供應鏈 (二)相關部門服務	運用人工智慧導出優化庫存管理系統，以便在最佳時間送各種貨給 35,000 家店店的「進銷存」	2007 年美國約 10,000 家店，只有三成能準確（時、物）到貨，2009 年，準確率 95%
二、商業（資訊）技術部		
(一)供應鏈管理 (二)對相關部門服務	生產履歷，主要是運用區塊鏈，讓消費者可看出咖啡豆來源、公平貿易	註：微軟公司天藍的區塊鏈服務 註：號稱「由咖啡豆到咖啡杯」（from bean to cup）
(三)店發展	決定「普通」店與「自取」店數目，例如 2019 年起，以紐約市曼哈頓中城為例。	2018 年前，78 比 1， 2019 年，64 比 15， 平日人口數 16 萬人、週末 98 萬人
一、（資訊）技術服務部		
(一)硬體 1. 企業架構	微軟公司雲端系統天藍（Azure）	
2. 技術運作 3. 全球網路 (二)資訊安全 (三)技術治理與（法令）遵循	AIOPs =AI+IT 人工智慧用於 例如：ITom	左述 om 是指 operation management operations 資訊（科技）「運作」

® 伍忠賢，2021 年 10 月 10 日。

14-2 行銷組合第 1P 產品策略之一：環境

——星巴克與麥當勞顧客店內上網與店內第四台

1990 年 12 月 24 日聖誕節，網際網路商業運用開始，到了 2001 年 10 月 3G 手機上市，讓上網更方便。2002 年起，美國麥當勞、星巴克推出店內付費上網、2010 年免費上網。2010 年星巴克、2011 年麥當勞推出店內第四台，這些都是餐飲業提升店內體驗（in-store experience）方式。（註：本書一直不認為各行各業手機下單與支付是有什麼大不了的「體驗」，省時罷了，談不上「享受」。）

一、店內上網

1. 付費上網，2002 ～ 2009 年

   2002 ～ 2009 年期間，屬於 3G 手機世代，頻寬有限；麥當勞、星巴克在店內提供顧客「付費」上網，麥當勞上網費用比較低。

2. 免費上網，2010 年，麥當勞領先星巴克 6 個月

   由右頁上表可見，2008 年 9 月 15 日，美國雷曼兄弟證券倒閉，引發骨牌效應，掀起全球金融海嘯。2009 年美國經濟成長率 -2.54%、失業率大約 10%。麥當勞首先迎合環境狀況，2010 年 1 月 15 日，宣布免費上網，資訊長 David A. Grooms 希望顧客把麥當勞當成「類第三個地方」。星巴克觀察後，7 月 1 日被動加入「免費」的削價戰。

二、店內第四台

1. 2010 年 10 月 20 日，星巴克開第一槍

   星巴克以「家與辦公室之外第三個地方」自許，這主要是滿足顧客馬斯洛需求層級第三層「社會親和」，希望顧客坐久一些，這也會多點餐。於是推出店內第四台，顧客在店內上網，自己的筆電或手機上會出現「星巴克生活頻道」，你點擊「同意」，輸入帳號密碼，頁面自動跳到生活頻道。

2. 2011 年 12 月 18 日，麥當勞被動加入

   麥當勞在美國至少 60% 營收來自得來速，但是顧客在店內坐愈久，會加點。想增加顧客到店內坐下來，第四台是重要措施，麥當勞在這方面偏重應付，只在少數店用 46 吋電視播放節目。

美國麥當勞、星巴克店內上網方式

單位：美元

階段項目	I 2002	2005	2008	II 2010	III 2013
一、總體經濟					
• 經濟成長率（%）	1.74	3.51	-0.14	2.56，註：2009 年 -2.54	1.84
二、麥當勞					
(一) 定價					
1. 每次 2 小時	—	2.95		2010.1.15	
2. 月租費	—	7.96		免費	
(二) 合作公司			AT&T		
三、星巴克			2008.2.11	2010.7.1	2013.7.11
(一) 定價					
1. 單次 2 小時	2.99	3.99	3.99	0	0
2. 月租費				上線只須一鍵輸入	
• 當地	29.99	19.99	19.99	註：左述在加拿大 Bell	
• 全國	49.99				
(二) 合作公司	T-Mobile LAN		AT&T wifi		谷歌與 L3 通訊，上網速度更快

星巴克、麥當勞店內第四台

時	2010 年 10 月 20 日	2011 年 10 月 18 日
一、公司	星巴克	麥當勞
二、事	星巴克生活頻道（Starbucks digital network）	McDanald's channel
三、合作公司	雅虎	Network Ten
四、頻道內容	5～6 個頻道	
1. 新聞	紐約時報 Reader2.0 華爾街	當地新聞，另 BBC America、kABC-TV
2. 娛樂	日報紙網路，今日美國電子版、Yahoo! News、GOOD、iTunes、Yahoo! Sports	電影
3. 商業與健康	領英	—
4. 本公司廣告	星巴克	The McDonald's Achieves 一小時內 8 分鐘
五、媒體	顧客自己的筆電等，透過店內 wifi 上網	• 店內 42～46 吋螢幕 • 顧客手機

14-3 行銷組合第 1P 產品組合之二：商品

——兼論顧客查詢生產履歷、供應鏈管理

一、問題

1990 年代，非洲、中南美洲咖啡豆小農極低出貨價，以致收入極低，生活悲慘，經美國媒體報導。1999 年起，美國掀起由公平價格採購小農咖啡豆的風潮，要求星巴克取得咖啡豆公平貿易的外界機構認證。

二、星巴克對策：2001 年 11 月起

在社會運動，國會立法強大壓力下，2001 年 11 月發表「負責任成長和公平貿易咖啡」（Responsibly Grown Organics）的採購指引，共 11 頁，宣誓成為全球公民企業。

三、特寫：2020 年 8 月，數位化產品履歷

詳見右頁下表。

四、資料來源

2020 年 8 月 29 日，Dan Shryock 在 STiR-tea-coffee 網路雜誌上文章 "Starbucks adds traceability App for consumer"。

有關星巴克運用人工智慧、5G 技術重要文章

時	人	事
2018 年 5 月 7 日	Jeff Wile 星巴克資訊二部資深副總裁	在微軟開發公司大會中分享星巴克經驗
2020 年 1 月	Kevin Johnson，星巴克總裁兼執行長（註：該聯合會位於美國華盛頓特區）	在全美零售聯合會（National Retail Federation）年會中，說明星巴克如何運用人工智慧
2020 年 6 月 25 日	Lindsay James，是位記者，該公司 2004 年成立，紐約市	在 Sisense.com 公司網站上文章 "Big data: the secret to Starbucks supply chain success"
2020 年 11 月 17 日	Ritesh Pathak 作者，公司在印度諾伊達市	在 analytics steps 公司網站上文章 "6 way in which Starbucks uses big data"

全景：星巴克咖啡豆公平貿易採購沿革

問題	時	星巴克解決之道
1. 1999 年 環保團體等向美國媒體、國會施壓，要求星巴克實施咖啡豆等公平貿易 2. 2006 年 Marc Francis 兄 弟執導紀錄片「黑金」（Black Gold，資料來源：英文維基百科 Marc J. Francis），揭露衣索比亞咖啡小農收入極低，咖啡豆每磅 0.6 美元，每日收入少於 1 美元	2000 年 4 月	星巴克跟國際公平交易公益組織成員之一 FairTrade（前身是 TransFair）USA 簽約，三大原則：「（對）小農、環境、消費者友善」
	2001 年	星巴克跟環境保育國際組織（Conservation International）簽定咖啡採購指導原則
	2003 年 4 月	星巴克提倡「對咖啡產地的承諾」（commitment to origins, CTO），至少每個月 20 日，以「公平交易咖啡豆」供餐
	2004 年	星巴克跟國際環境保育組織落實「咖啡和種植者公平規範」（C.A.F.E.）實務
	2015 年 4 月	星巴克全球咖啡與茶資深副總裁 Craig Russell，宣稱 2014 年星巴克 99% 咖啡豆是「倫理採購」（ethically sourced）
	2020 年 9 月	星巴克運用微軟公司天藍（Azure）中的區塊鏈技術，對美國顧客推出產品履歷 顧客透過手機掃描星巴克的產品，可查到生產履歷 星巴克強調如此可以強化顧客跟咖啡農人的「1 對 1」連接（connection）。這對各國咖啡農人也有榮譽感，要把咖啡豆用好方式耕種

星巴克數位產品履歷（digital traceability）

資訊系統需求	資訊系統開發	星巴克顧客
全球咖啡、茶與可可部 執行副總裁 Michelle Burns（女）	1. 資訊二部商業（資訊）技術部 2. 資訊一部（資訊）技術服務部 微軟公司天藍（Azure）區塊鏈 交易過程不可修改	1. 價：這主要指 • 公平貿易 • 倫理採購 • 價格透明度（transparently） 2. 量 3. 質：在「咖啡豆到咖啡」（bean to cup）計畫，透過區塊鏈技術： • 生產履歷查詢 提高產品「可追踪」（traceability） • 「咖啡農場－貿易商－星巴咖烘焙廠－星巴克店」 4. 時

14-4 行銷組合第 4P 實體配置策略之一：店址決策

——商業技術部對商店與設計部的資訊服務

——**2008** 年 **5** 月、美國 **Altas** 公司 **ESRI** 系統

1926 年，美國有個房地產廣告稱房地產保值三條件「地點、地點、地點」（location, location, location），速食業屬於消費行為三種之一的便利品，地點方便很重要。本單元説明美國速食業的選址資訊系統，聚焦在星巴克。

一、地理資訊系統

地理資訊系統依 2016 年人工智慧運用分前、後兩版。

1. 1990 ～ 2016 年地理資訊系統（geographic information system）
   這屬於地理空間大數據（geospatial big data），以地點科技（location technology），進行地點分析（location analysis），透過資料驅動優化（data-driven optimization），以挑選店址（site selection）。
2. 2017 年起，加上人工智慧
   人工智慧加上地理資訊系統，這進階到「地點智慧」（location intelligent），例如：因「地」制宜的菜單、促銷（area-based local promotion）。

二、資訊公司與用戶

1. 資訊公司：由右頁下表可見，有一大一中的「軟體即服務」的資訊公司提供連線服務，這是因為地理資訊都是隨時變化、更新的。
2. 用戶：由表可見，星巴克採用 Altas 公司系統，百勝餐飲集團、唐先生甜甜圈採用 Tango 分析公司的系統。

三、組織設計

星巴克針對選址有兩位資深副總裁負責

1. 商店發展，設計二個部一位主管資深副總裁 Andy Adams，下轄一個處 20 人，主要決定店址（store location）。右頁上表可見安迪．亞當斯的學經歷。
2. 全球成長與發展部：資深副總裁 Katie Young 2012 年加入星巴克，她主要負責店型轉型（store portfolio transformation），例如：美國紐約市曼哈頓中城區有 85 家店，轉型成 71 家一般店，可以街邊取貨（curbside）；另 14 家星巴克為自取店（pick-up stores）。

星巴克商店發展與設計部 Andy Adams 在星巴克晉升表

時	地	職位
2016.3 起	美	（全球）商店發展與設計部 資深副總裁下轄「（店）設計長」（chief design officer）
2011.1 ～ 2015.9	中國大陸 上海市	最有名的是 Liz Muller（號稱 2007 年 1 月起） 中國大陸商店發展部副總裁，從 500 店到 1,500 店
2008.5 ～ 2011.1	香港	
2006 ～ 2008.2	加拿大	亞太區商店發展副總裁
	加拿大	店組合處長
2004 ～ 2006	加拿大	Winnipeg Commercial Real Estate division主管， 曼尼托巴（Manitoba）大學（可能是）碩士

資料來源：領英，Starbucks Stories & News。

星巴克與同業店選址的電腦系統

時（公司成立）	1989 年	2008 年
地 人 事	伊拉克巴格達市 Altas 公司 • ESRI • 雲端 Arc GIS，2019 年 11 月21 日，賽富時（Salesforce）地圖採用	德州達拉斯市 Tango Analytics Company 創辦人 Pranav Tyagi 推出 Tango Analytics，號稱下列功能
總體環境		
(一) 政治／法律		
• 犯罪率	✓	
(二) 經濟／人口		
• 經濟	✓，所得水準，商店等	big data geospatial
• 人口	✓，交通（公車站、捷運）車流量	processing
(三) 社會／文化	資料驅動菜單	store life-cycle management
• 社會	以酒精銷量高的地方，星巴克開	
• 文化	「Starbucks Evening stores」	
(四) 科技／環境	Predicitive analytics	開新店對舊店的衝擊分析
• 科技	例如：當熱浪來襲美國曼菲斯	
• 環境	市，星巴克準備多少冷飲	
時 人 事	2010 年 星巴克 1990 ～ 1999 年採用 R 軟體	大約 2014 年 唐先生甜甜圈（Dunkin' Donuts） 百勝餐飲集團（Yum! Brand）也採用

14-5 行銷組合第 1P 產品策略之三：店員服務 I

——特寫：星巴克得來速的演化，**2009 ～ 2013** 年

「別人的故事，自己的抉擇」，我們看每家公司一路走來，遭遇問題，如何解決，專業問題好解決，但許多事會碰到董事長「經營理念」（在政治上稱為意識形態），本單元說明星巴克店的得來速從 2009 年以來如何改善。

一、問題

2009 年，星巴克發現其各店得來速的點餐系統不佳。

二、解決之道

2010 年起，星巴克尋求之道，以美國自營店來說，6,000 家店內有四成有得來速，這些店占美國自營店營收 50% 以上。

得來速專案小組包括四大部門：營運、商店發展與設計、國際商業（資訊）技術部、行銷長下轄四之一數位顧客體驗部。整個問題解決過程，詳見右頁表。

1. 障礙

   星巴克董事長霍華．舒茲強打「星巴克是家與辦公室以外第三個地方」，希望顧客來店內體驗，所以不喜歡部下大搞「過門不入」的得來速。

2. 向上管理

   得來速改善小組只好找一、二十家常塞車的得來速店去改善，把成績作出來。

三、資料來源

星巴克、麥當勞得來速服務改善是顯學，相關文章很多，下表列出兩篇。

星巴克店得來速改善相關文章

時	人	事
2013 年 9 月 23 日	—	在星巴克公司網站上文章 “From concepts to scale : Starbucks opening innovative new drive thru stores in markets around U.S.”
2021 年 6 月 15 日	Tim Cook 與 Howland Blackiston	在 *QSR* 雜誌上文章 “The secrets of Starbucks success at the drive-thru”

美國星巴克得來速 2009 ～ 2013 年改良

時	人	事
2009 年	美國星巴克	發現許多店得來速常塞車
2010 年	King-Casey 加上幾位星巴克經理	進行店得來速的商店稽核，對 6 家店，推論出得來速可細分 7 個「顧客區」（customer zone） 1. 到達（approach），進入（entry） 2. 預先：預先點餐（pre order） 3. 點餐與顧客確認（order placement & verification） 4. 菜單面板（menu board） 5. 點餐後取餐前（post order） 6. 付款與取餐（pay and pick up） 推論出 7 個區，每個區皆缺乏店員與顧客間溝通
2011 年	作業創新小組（operations innovation team）	找一些店當實驗店，稱為 Rapid Test Stores 7 個顧客區，套用魚骨圖的解決之道 1. 方法 向行業領先公司最佳實務學習，建立飲料和食物設備標準 2. 設備 • 店設計 • 設備（例如：數位菜單，headsets） • 顧客確認菜單面板 • 支付設備 針對改善方法，立刻測試，了解顧客回饋等，取捨很快，可說是“If an idea was going to fail , it would fail fast and fail cheap.”
2012 年	同上	提出「得來速演化」（Drive-thru evolved）計畫，使命如下： • Create a personal connection • Deliver high quality hand-crafted beverages • Anticipate customer need , by continuously improving store operations • Leven aging technology that differentiates the Drive Thru experience

14-6 行銷組合第 1P 產品策略之三：店員服務 II

——星巴克得來速改善的「投入—轉換—產出」架構

店外得來速的改善，涉及硬體面（商店設計部）、軟體面（資訊系統）、營運面（菜單內容）、行銷長（下轄數位顧客體驗部、顧客關係部），本單元拉個近景，說明星巴克得來速改善的「投入—轉換—產出」。

一、投入：外界顧問公司：金恩—凱西公司

星巴克在得來速改善方面，聘請「金恩—凱西」公司擔任顧問。

二、轉換：菜單面板上最佳訊息量

蘋果公司史蒂芬·賈伯斯強調在 3C 產品的設計，重要的不只是把呈現的功能作好，更重要的是哪些功能不該放上來，因為這些「不必需」（unnecessary features）會占手機儲存空間，更討厭的是會使手機操作頁面變得繁雜，讓用戶不方便使用。

由下圖可見，店內菜單、得來速菜單面板上的「資料」應有最佳量，否則太多資料，不方便閱讀，而且會讓消費者陷入「選擇恐懼症」（select phobia），這會造成大排長龍，排擠掉後面的顧客因而離開店。

三、產出：創造顧客驚喜時刻（Aha moments）

2017年9月起，美國星巴克逐漸推出改良版的得來速，想給顧客創造「頓悟」（或靈光乍現）時刻（Aha moments），詳見右頁下表。

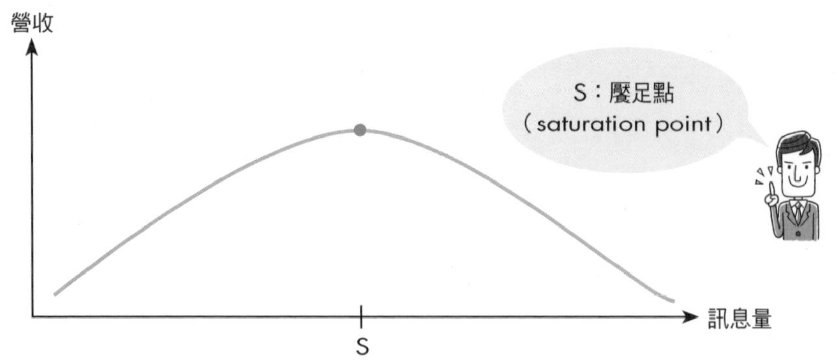

美國星巴克、麥當勞店外得來速智慧菜單螢幕

公司	星巴克	麥當勞
一、時	2020 年 4 月起	2021 年起，逐步
二、人（合作方）	—	Visual Art 公司，瑞典斯德哥爾摩市，公司 1997 年成立
三、事		
(一) 因時	天氣	例如：下午 5 點顧客點了兩份兒童餐，資訊系統會建議再加「咖啡」、「點心」給顧客自己
(二) 因地	各店存貨	交通狀況，主要是得來速車輛數，一旦車道行進速度慢，菜單螢幕上會出現即時食品（即不用另外做） 反之，可接受量身訂做餐點
(三) 因人 1. 會員	個人化推薦（tailor-made recommendation）	—
2. 不是會員	以各店的得來速銷售紀錄	依汽車大小、車內人數
(四) 因事		銷售歷史、附近活動

頓悟時刻（Aha moments）

時	1907 年	2016 年 10 月 12 日
地	德國巴伐利亞邦 烏茲堡（Wurzburg）鎮	美國紐約州紐約市
人	卡爾．布勒（Karl Buhler, 1879 ~ 1963）	澳大利亞籍 大衛．洛克（David Rock），神經領導力協會共同創辦人，2007 年；另一位是 Josh David
事	Eureka：希臘字讀文（jurika）意思是「I have found it」 • 突然的（sudderny） • 解決之道（smoolkls） • 導致正面效果 • 當事人體會「真實」	在《哈佛商業評論》刊上文章 “4 steps to having more Aha moments”

資料來源：部分整理自英文維基 Eureka effect、David Rock、NeuroLeadership Institute。

14-7 商店菜單價目表的布置 I

——美國專家破解星巴克的菜單價目表布置

速食業都是讓顧客在櫃檯點餐，菜單價目表（menu board）就在櫃檯後上方牆上，讓顧客可以一目了然、看表點餐。可分為兩種型式：固定版與數位螢幕，本章分二個單元說明，單元 14-9、14-10 是店外得來速的數位菜單價目表，相關說明。

一、外行看熱鬧

1. 在 Pinterest 下有 75 個釘圖（pin map）。
2. 由美國馬里蘭州大西洋城 Seth Design Group 提供的“75Menu & menu board design ideas”。

二、全景：菜單價目表

有關於菜單價目表的文章較少，由右頁上表 Rise Version 公司文章可見，這是美國數位廣告版公司的文章，大抵內容跟網頁設計原理很像，比較偏重視覺效果：包括圖案（含照片、影片）、顏色等。

三、特寫：星巴克店內菜單價目表布置原理

右頁上表中 Kent Hendricks 這篇文章很棒。

1. 有關 Kent Hendricks：由表格可見其基本資料，在領英上有列出他一手寫的文章，他在消費心理學的實務有深入觀察，其個人檔案下的他人對他「留言」、「評論」皆很高。
2. 文章內容：他這篇文章，比較像行為實驗室作的，即一再地變更菜單價目表位置等，去分析顧客視覺注意力。這篇文章很冗長，他針對菜單價目表的六大項提出問題（右頁下表中第二欄），再提出答案（表中第三欄），本書依行銷組合順序，把這 6 項重新排列（表第一欄）。

有關商店菜單價目表設計的文章

時	地／人	事
2018 年 3 月 20 日	美國密西根州大急流市 Kent Hendricks	在部落格上文章“6 psychological tactics behind the Starbucks menu”
2019 年 11 月 15 日	美國堪薩斯州 波尼鎮 Rise Vision 公司	在 Rise Vision Blog 上文章“Menu board design 101-Best practice, tips and tricks” Rise Vision 是數位廣告板、內容管理公司，1992 年成立

星巴克收銀櫃檯後菜單價目表（或面板）心理機制

行銷組合	問題	答案
一、產品策略		
1. 產品組合展示	Why you like the drinks at the center of the menu	中間樓梯效果（center stage effect）
二、定價策略		
2. 挑中間的	Why looking at three column of prices makes you spend more	同上 左到右，而且看的速度很快
3. 沒有 $ 符號	Why the Starbucks menu doesn't include a dollar sign	以免跟「貨幣」聯想
4. 尾數 .95 美元	Why Starbucks prices end in.95 Instead of .99	尾數定價 .95，沒有低價聯想；尾數定價 .99，跟低價相關
5. 吸引你往中間挑	How Starbucks uses the attraction effect to frame your choice between a grande（大杯）and venti（超大杯）size	吸引力效果（attraction effect）：小、中、大、超大杯間數字比價
6. 剔除法	Why you're most likely to select the grande size	妥協效果（compromise effect） 先剔除小杯（short）、中杯（tall）

14-8 全景：美國速食店縮短店內、得來速等待線方式

速食餐廳顧名思義，「快速」（fast）×「飲食」（food），所以從排隊的取餐時間最好在 5 分鐘內，否則在店外，顧客看大排長龍，會過其門而不入。多幾次這種經驗，顧客會把這店列為「拒絕往來戶」，我們在單元 12-9 也有討論星巴克如何縮短店內等待線，本單元拉個全景說明「服務速度」（speed of service, SOS）。

一、三種店型

1. 普通店（regular store）
   由右頁上表第二欄可見，70% 是一般店；28% 是「店（量販店等）」中店；2% 是超級大店「星巴克臻選」（Starbucks Reserve，再加上 Roastery）。
2. 街邊取餐店（pick-up store）
   這種店主要是在大都會區鬧區，顧客以外帶為主，只須「前店後廚房」即可，顧客不會內用（中稱堂食，詳見下表），也可作「外送」。
3. 純得來速店（drive-thru only stores）詳見下段說明。

二、因應 2020 年起新冠肺炎疫情而開的店

2020 年 1 月起迄 2022 年的全球新冠肺炎疫情，掀起「零接觸」（zero touch）商機，星巴克在店型方面二招因應。

1. 店外路邊取貨（curbside pickup）：幾乎美國商店都有提供這服務，顧客開車來，跟店員店外路邊一手交錢一手取貨。
2. 純得來速店：星巴克子公司西雅圖最佳咖啡在 2012 年 8 月 15 日便試驗過，2021 年 1 月起，星巴克小規模試行，詳見 2021 年 1 月 28 日 Danny Klein 在 *QSR* 雜誌上文章 “Starbucks future drive-thru concept is coming”。

二個餐廳、軟體共同的名詞

英文	餐廳用詞涵意	軟體用詞涵義
Premise	辦公室的建築物	軟體
Off-premise	外帶	雲端上的軟體，及軟體服務
On-premise	（餐廳）內用	電腦內的軟體

星巴克三種店型演進

時	1987 年以來	2019 年 11 月	2021 年 1 月
一、店型	1. 普通店（regular shop） (1) 街面店 （street shop） (2) 其他 2. 店中店：量販店、超市、便利商店 3. 另有超級大店：Roastery、Reserve bar	取餐店（pick-up store） 這可說是 路邊攤（street vendors）的升級版	「純得來速店」（drive-thru only stores） 雙車道
二、面積			
1. 平方公尺	194	93	77.6
2. 坪	60	28	24
三、功能	1. 2017 年 4 月店內設專屬櫃檯給手機下單者 2. 2020 年 5 月店外路邊取餐（curbside pickup）	1. 手機下單、現場點餐（walk-in order） 2. 2020 年 4 月外送（Starbucks delivery）	1. 推出純得來速店，也接受行人點餐 2. 2012 年 11 月 15 日起，星巴克子公司西雅圖最佳（Best）咖啡店試驗，500 平方公尺

美國速食店（以星巴克為例）加速店內、得來速服務速度

情況	店內	得來速
一、排隊時	店員拿著平板電腦（即手持式銷售時點系統裝置），到顧客等待線點餐	同左 星巴克稱此平板電腦為“bump-bar”替代品（replacement）
二、點餐時	占四成	占六成
(一) 環境		多車道，例如：二車道
(二) 機器		
• 咖啡機	泡咖啡速度更快	同左
(三) 方法	店外「路邊」（curbside）取餐（pick-up），在美國，有些店顧客須付 1～3 美元小費	加速店員與顧客溝通速度，甚至設純得來速店（drive-thru only store）

14-9 數位菜單面板：美國速食餐廳為例

2010 年起，美國速食業者逐漸把人工靜態菜單（manual menu board），換成幾個數位電視組成的數位菜單面板（digital menu board）。本單元先拉個全景，說明美國速食業使用數位菜單面板的情況。

一、效益（why）

1. 兩家美加市調公司：由右頁下表可見，有兩家：美（Wand Corporation）、加拿大（Network Media Group）會經常出版付費報告，以市調結果，說明速食餐廳公司使用數位菜單面板的效益。

   以營收面來說有四項：

   - 1P 產品：data driven，此外螢幕有音響。
   - 3P 促銷之 1：flexible content management, improving brand。
   - 之 4：促銷，尤其降價促銷「即時品」（limited time offer, LTO item）。
   - 之 5 顧客忠誠計畫：personalized recommendation、suggestive selling product-level cross-sell or upsell（selling add-ons）。

   以成本面來說，2021 年 7 月 13 日，Mary King 那篇文章把美國數位菜單面板的硬體、軟體公司名單、報價整理，很實用。

2. 本書固定架構：許多文章瑣碎，作文比賽式的說明那個設備有幾個效益，本書「一以貫之」用三個固定架構（此處為了省篇幅，省略三重底線），把數篇文章所談數位菜單面板的效益，可進而算出投資報酬率。

二、如何設計（how）

這種文章，（數位）菜單面板公司最喜歡寫，包括有哪些型態、內容如何呈現（像 Pinterest 上 241 個釘圖）。

數位菜單面板的硬體很簡單，中小企業可以自己作（DIY）。

數位電視	+	數位面板播放器	=	數位菜單面板
• HDMI point • USB ports		（digital signage player）		（digital menu board）

三、影響：研究論文

有關數位菜單面板的研究論文很少，右頁上表中 Anicia Peters 是碩士論文。

有關數位菜單面板的相關文章

時	地／人	事
一、論文		
2011 年	美國愛荷華州艾姆斯市 Anicia Peters	在愛荷華州立大學的碩士論文“The role of dynamic digital menu boards on consumer decision-making and heatly eating”，論文引用次數 2 次
二、投資	報酬率	
2015 年 7 月	美國紐約市 尼爾森 NV 公司	Digital menu boards survey
2019 年 8 月 29 日	美國明尼蘇達州 伊甸草原市 Wand corporation	在公司網站“What's the ROI of digital menu technology?”
2021 年 7 月 13 日	美國紐約市 Mary King	在 Fit Small Business（公司 2013 年成立）上文章“How to use digital menu boards for your restaurant and grocery” 出版 *Digital menu boards and ROI* 報告，22 頁，零售價 149 美元，公司 1982 年成立
三、數位	菜單面板型態 德州休斯頓市 Menu Design Group（MDG）	在公司網站上文章“13 types of digital menu boards”，此公司專長在餐廳菜單價目表 公司 2008 年成立

商店（例如：速食餐廳）數位菜單面板的效果

馬斯洛需求	企業社會責任	數位菜單面板
五、自我實現	企業公民責任	—
四、自尊	策略階段： 增加營收約 2%	詳見左頁內文第一段說明
三、社會親和	管理階段： 減少成本	1. cost saving by migrating away manual from “print signage”（俗稱 static menu） 2. 市場研究 Product experiment A/B test
二、生活	防禦性階段： 社會觀感	（註：以臺灣來說，食品安全衛生法第五章食品
一、生存	法令遵循階段	標示及廣告管理 nutritional labeling laws）

14-10 商店菜單價目表的布置 II

——星巴克、麥當勞店內數位菜單面板

2015 年起，麥當勞在美國的店內逐步換上數位菜單面板。2018 年，星巴克在美國找三個城市幾家店實驗。

一、問題

2015 年起，美國有些民眾因擔心房價繼續走高，被迫購屋，還貸等排擠其他消費。2017 年起，速食業營收停滯，大部分業者都使出下列二招。

1. 產品戰

   例如：唐先生甜甜圈店、奇利斯（Chili's）餐廳。

2. 削價戰

   麥當勞推出 2 美元麥式咖啡，塔可鐘（Taco Bell）餐廳推出 1 美元零食（nacho、caramel-apple expanado）。碰到每日時段性（例如：出清即食品）降價，數位菜單面板很快改價格。

二、星巴克對策

1. 總裁凱文．約翰遜的說法

   他表示將著重在「下午茶」的軟性面（softness in the afternoon），如同星巴克 2003 年 6 月推出早餐，改變市場遊戲規則（code），在下午茶也有可能。

2. 解決之道：行銷組合中第 1P 產品策略

   - 產品策略之一環境：推出六塊面板（panel）的數位菜單面板，單一面板有單一產品特寫照片，很吸引人，而且可以隨時改價格，尤其是促銷「即食品」時。
   - 產品策略之二商品：下午茶著重義大利瑪卡多（Mecarto）食物產品線，冰咖啡、茶、冷萃咖啡；晚餐 7.95 美元的烤牛肉（seared-steak）三明治。

三、試驗

星巴克在店內數位菜單面板分三階段。

1. 2010 年

   以一家店測試，街面店面積約 168 平方公尺（約 50 坪）。

2. 2018 年
   - 1 月 20 日，美國華盛頓州塔科馬市（Tacoma）。
   - 3 月 8 日，美國伊利諾州芝加哥市。
   - 美國機場的星巴克店。
3. 2019 年 10 月，自取店

   以美國紐約市曼哈頓區新開的自取店（一般約 93 平方公尺左右）來說，只有一個點餐螢幕，可供現場點餐（walk-in order）之用。

四、麥當勞比星巴克早三年

1. 資料來源

   由下表可見有關星巴克、麥當勞店內數位菜單面板文章，網路上文章很多，以星巴克來說，以公司新聞稿為主，內容很少；外界新聞以此為基礎，其他轉述文章也是。
2. 星巴克、麥當勞比較

   由下表可見，麥當勞比星巴克早三年，而且推展店更多。

星巴克與麥當勞店內數位菜單面板

公司	星巴克	麥當勞
時	2018 年起	2015 年 1 月 16 日起
地	美國	美國
人	—	美國麥當勞資訊部副總裁 Patrick Phalen
事	數位菜單面板屬於 2017 年 4 月啟動的深萃計畫	
1. 硬體	47 吋液晶電視 6 台	每店 南韓樂金 47 吋液晶電視，符合省電標準（Energy Star 標章） 5 台
2. 軟體	Flook digital madia（註：查不到詳細資料），公司約成立於 2011 年加拿大英屬哥倫比亞省鐳溫泉鎮	美國俄亥俄州代頓鎮（Dayton）Stratacache 公司（1999 年成立，約 800 位員工）的 Activa

14-11 商店得來速的數位菜單面板

——麥當勞跟星巴克比較

美國麥當勞、星巴克店外得來速占營收四成以上，顧客開車來，坐在車內，在點餐時，視野較少，菜單面板的重要性遠大於店內。本單元詳細說明個人化數位菜單面板。

一、問題

得來速車道長度有限，當車排隊到馬路上，就會妨礙交通，會排擠掉後面車主，相關說明見右頁下表。

二、解決之道

大部分速食店採取三招解決。

1. 縮簡菜單：大菜單，會造成顧客選擇障礙，數位菜單一個面頁只有幾種餐，給什麼，吃什麼；麥當勞、塔克鐘（Taco Bell）便採這招，至少在新冠肺炎疫情封城期間。
2. 點餐確認面板：顧客跟店員點餐，由於聲音溝通障礙，點餐正確率 85%，到了取餐口，又得花 26 秒去補餐，又造成塞車，一家店一年損失 94,232 美元營收。解決之道是給菜單面板，呈現出顧客點餐內容，讓顧客確認，星巴克有 46 吋面板螢幕。
3. 顧客語音輸入：這還在試驗中，因為辨識準確率約九成。

三、星巴克與麥當勞比較

由右頁下表可見，星巴克和麥當勞的「個人化」或「智慧」數位菜單面板，大同小異，差異在於對會員，因有過去消費紀錄，透過手機 App 已有「個人化推薦訊息」，到了得來速便好處理！

（顧客）點餐確認面板（order-confirmation board, OCB）

在面對顧客的螢幕上，列出顧客點的餐，在結帳前，讓顧客看得到他（她）們點了哪些餐點。臺灣的量販店大潤發等也有。

美國速食餐廳得來速服務調查

時	每年 9 月 2～3 日	每年 10 月 1～3 日
地	美國喬治亞州亞特蘭市	北卡羅約州教堂山市
人	SeeLevel HX 公司，2008 年成立	Quick Service Restauants 雜誌，1998 年開始作，1997 年成立
事	Annual drive-thru study，整份報告售價 4,995 美元	Drive-Thru performance study
合作對象	—	Food Service Results 公司，老闆 Darren Tristan
調查方法	神祕顧客	網路調查
人數	1,492 家店	依特性分群 1,007 位過去 30 天曾有來過得來速
調查時間	6 月最後一週到 8 月第一週	每年 6 月 1 日～8 月 1 日
受調查對象	10 家大型速食餐廳	同左
主要公布媒體	Reuters、Nation's Restaurant News	CNN

美國 10 家速食餐廳得來速點餐到取餐時間

時	2020 年	2021 年	2018 年 10 月
一、人	SeeLevel HX		QSR 雜誌
二、事			
(一) 速度			
1. 平均	356.8 秒	382.39 秒	234 秒
2. 最快	肯德基 283.3 秒		漢堡王 193.93 秒
3. 最慢	福來雞 （Chick-fil-A） 488.8 秒		麥當勞 273.28 秒
(二) 點餐正確率	87% 註：一家店一年多花 94,232 美元	85%	
(三) 點餐確認面板	快 28 秒	快 38 秒	
(四) 推薦菜單	28% 增加營收	39%	

Chapter 15

數位經營績效衡量：星巴克領先麥當勞

15-1 全景：數位經營「投入－轉換－產出」衡量——兼論公司數位轉型績效衡量

所有管理書最後一、二章都討論管理活動「規劃－執行－控制」中的控制階段，這包括兩項：績效評估、回饋（例如：修正）。本書只討論公司數位經營的績效評估，而且重點在跟一般績效指標分開，如此才能聚焦。

一、問題：混雜在一起的幾個重要公司數位轉型文章

由於公司數位轉型是重要課題，有許多顧問公司（例如：麥肯錫）、媒體（例如：富比士）等，推出一些公司數位轉型成功的衡量指標（metric），詳見單元15-2右頁下表。看到這些5、14項指標，一眼就可以判斷二件事：一是把一般跟特定（公司數位轉型）指標混在一起；二是沒有依邏輯把多項指標分類。

二、公司績效衡量架構

1. 通例：管理活動三階段「規劃－執行－控制」。
2. 操作化公式之一：平衡計分卡（balance score card, BSC）
   財務與財務以外績效指標發展已100年，其中較著名的是1992年，美國哈佛大學會計學者柯普蘭與業者諾頓把一些公司的作法，命名為平衡計分卡，重點在於不單只是看「結果」（財務績效），而且還要看「投入」面的員工學習績效（註：這衍生出知識管理）、「轉換面」，（生產）流程績效，產出面的消費者滿意，財務績效。
3. 平衡計分卡四階段的績效：公司，各事業部、各功能部門的績效，由總裁辦公室的經營分析組，從管理資訊系統拉出資訊，由八位執行副總裁去開月會檢討，外界人士，每個月10號前上市公司資訊揭露，只有上個月的營收；其次是前三季報加第四季與年報。
4. 承辦部：由右頁表第一欄中打*號處可見，員工認同績效由人力資源部負責，大約每季一次，至少半年一次。
5. 負責部：打*處人力資源部以外，都是該項績效指標的負責部門。

三、近景：數位經營時關鍵績效指標

1. 學習績效：這包括兩項：員工採用（employee adoption），主要是指數位工具的普及率、熟悉程度；第二項是員工生產力。

2. 流程績效：這包括兩項：數位生產能力、數位準備程度。
3. 消費者滿意績效：2014 年起，美國高德納公司（Gartner，有稱為顧能）作許多行業高知名度品牌公司的數位智商（digital IQ），本書不討論，詳見拙著《超圖解數位行銷與廣告管理》第 15 章數位行銷績效衡量。
4. 財務績效：由下表可見，這地方只有一項「數位成熟程度」（digital maturity），這在單元 15-2 中詳細說明。

公司績效衡量：平衡計分卡架構

階段	投入：規劃	轉換：執行	產出：控制	
一、平衡計分卡 二、一般指標	學習績效 (一) 員工認同 1. 員工滿意 2. 員工認同（員工士氣） 3. 員工淨推薦分數（eNPS） (二) 員工一年受訓時數	流程績效 (一) 新產品開發率 (二) 新生產方式員工採用新生產工具比率	消費者滿意績效 (一) 顧客認同 1. 消費者客訴 2. ASCI 分數 3. 續購 4. 品牌價值 5. 推薦	財務績效 (一) 股市績效 * 公司 ESG 評分 (二) 公司績效 1. 投資報酬率 2. 損益表 3. 營收 • 成本費用 • 淨利
* 承辦部	人力資源部	(一) 研發部 (二) 生產部	(一) 行銷部 (二) 營運部	(一) 董事會 (二) 總裁 (三) 事業部 (四) 功能部主管
三、數位轉型特定績效指標	(一) 公司吸引多少數位人才 (二) 員工採用（Employee adoption） (三) 員工生產力（Work force productivity）	(一) 準備程度（Digital readiness） 1. 顧客服務 App (二) 生產能力（Digital capability） 1. 顧客數位體驗店數 2. 數位計畫投資資訊通訊設備投資	6. 數位智商（Digital IQ） • 時：2015 年 • 人：美國高德納顧問公司（Gartner） 7. 推薦淨推薦分數 8. 消費者客訴 • 星巴克拜訪率（Bounce rate）	(一) 資產負債表 (二) 數位事業部損益表 1. 營收新產品／服務占營收比重 2. 高階主管薪資跟數位績效連結 1. 數位成熟程度 2. 綜合指數 • 時：2011 年 • 人：波士頓顧問公司 • 數位加速指數 3. 單一指標 • 時：2021 年 • 伍忠賢，單元 2-2

15-2 全景：致命錯誤的數位成熟與準備程度用詞

生活中有些名詞用錯了，但積非成是，只好一直用，例如「鯨魚」，但牠不是魚，是哺乳動物。同樣地，企管中有些觀念也是錯的，但眾口鑠金，最常碰到的是某某「成熟」（maturity），準備（就緒）（readiness）程度，這包括數位成熟（digital maturity）、數位準備（digital readiness），你一上網至少可看到20家以上政府（包括南澳大利亞州政府）、公司（尤其是前十大顧問公司），都有一些網路問卷，你可給自己公司評分。當我們在三個月看了數篇文章後，體會到這些量表有策略上（致命）、戰術上（重傷）缺點，我們決定不說明任何一家的衡量方式。

一、二個錯誤的觀念：準備、成熟程度

由右頁上表可見「準備」、「成熟」程度混用，但不精準。

1. 名異實同的二個名詞：成熟、準備程度的英文、中文意義不同，可是你仔細去看著名公司的量表以後，會發現工業4.0或「成熟」、「準備」程度，其中「成熟」、「準備」程度都是同義字，跟「腳踏車、自行車」，或「颱風、颶風」、「宵夜、夜宵」只是地區差異而本質相同。
2. 常見使用範圍：工業（industries 4.0）、數位。

二、資料來源

1. 文獻調查（survey）的論文：這是一般唸過碩士以上學歷的人，深入了解一個觀念最簡單的作法，即看到別人讀了30篇很棒論文的整理，例如2021年3月9日土耳其安卡拉市Haluk Goksen和Yilmaz Goksen二位管理資訊系教授，在國際管理資訊系統第七屆年會線上發表會上論文“A review of maturity models perspective of level &dimensions”，11個數位成熟模型。
2. 5篇以上著名公司的每年調查報告。
3. 十大顧問公司大都會推出數位成熟量表，年度調查報告（一般約30頁）。

三、以企管中策略管理的名詞為例

1. 投入、轉換：核心能力（core competence 或 capability）。
2. 產出：競爭優勢（competitive advantage），以本公司跟對手比較優勢劣勢，再四大項目「價量質時」，常見有下列：

- 價格、數量優勢。
- 品質、時效優勢。

3. 錯誤用詞：少數外行人用「核心競爭力」一詞，是把「核心能力」、「競爭優勢」二合一的說，我們須看其內容，才知所云。

四、某某準備、成熟程度正確用詞

1. 準備程度：這應該涵蓋「投入（生產因素市場）」、「轉換」階段。
2. 成熟程度：這應該只涵蓋「產出」，以人的成長曲線來看，由人的上到下，包括頭圍、身高、體重。

某某成熟、準備程度用詞錯誤之處

價值鏈 擴增版	投入 生產因素市場	轉換 轉換	產出 商品市場
一、策略管理			
(一) 正確用詞：本書			
1. 核心能力	核心	能力	
2. 競爭優勢			競爭優勢
(二) 錯誤用詞			
1. 某某成熟程度		1. 衡量	2. 指數
2. 某某準備（就緒）程度			
二、（公司）數位			
(一) 正確用詞：本書	數位服務能力		公司成長曲線
(二) 錯誤用詞			
1. 數位成熟程度	波士頓顧問公司的數位加速指數		
2. 數位準備程度	麻州波士頓市的貝恩公司		

有關公司數位轉型衡量的重要文章

時	地／人	事
2015 年	瑞士科洛尼鎮 世界經濟論壇	“How to measure Success In the digital agile”，這主要是參考麥肯錫公司 2012 年資料
2020 年 6 月 25 日	美國紐約市 富比士科技「委員會」（council）	《富比士》文章“14 Important KPTs to help you track your digital transformation”
2021 年 1 月 29 日	美國芝加哥市 Fitzpatrick and Kurt Striving 紐約分公司合夥人	在麥肯錫公司網站上文章“How do you measure success in digital? Five metrics for CEOs”

15-3 公司數位成熟（或準備）程度綜合量表

— 星巴克 pk 麥當勞：**76** 比 **53**

基於某某成熟（或準備）程度觀念不完整，伍忠賢（2021）數位成熟量表（digital maturity scale），符合「完全」、「盡舉」、「互斥」幾個分類標準。

一、公司數位成熟量表

1. 項目：架構
   - 平衡計分卡涵蓋 40% 範圍，詳見右頁表第一欄。
   - 經濟學上擴增版的一般均衡涵蓋 80% 範圍，詳見表第二欄，我們在這基礎上，再加上二中類：目標（或願景）、策略（或路徑圖）。
2. 各項目比重

   各項目的重要程度，主要是參考波士頓顧問公司的年度報告結果。
3. 各項給分標準

   由表第 4 列可見，分成二中類。
   - 泛用型：約占 9 成。

     例如：有沒有目標、路徑圖有沒有（滾動）5 年、翌年數字目標，沒押時間得 5 分；完全沒有目標、路徑圖只能各得 1 分。
   - 行業、公司特定：包括一、3（每年）資本支出。

二、星巴克 76 分

透過星巴克重點項目得分，說明如何評分。

1. 第一大類第 5 項「企業家精神」（以企業文化為例），以 45 位高階主管的「用人」來說，星巴克比較敢任用外來人士，這顯示公司「敢」（願意冒險）接受不同聲音。
2. 第三類第三中類第一小類「手機下單」占營收比重，以 60% 作 10 分，2022 年美國星巴克手機下單占營收比重 56% 得 9 分。

三、麥當勞 53 分

1. 第一大類第一中類「數位設備投資」，9 分

   麥當勞比較有錢，花在數位設備（例如：自助點餐機、店外得來速智慧菜單面板）。

2. 第一大類第四中類「技術」，5 分

2008 ～ 2011 年，星巴克在霍華．舒茲掌權（執行長）期間，一再宣稱在資訊通訊「技術前瞻」往前看二年，即考慮最先進技術，以運用於顧客手機 App。相形之下，麥當勞的各項功能手機 App 推出時間比星巴克慢三年以上，而且系統不穩定。

公司工業 4.0 與數位的成熟、準備程度量表

平衡計分卡	擴增版一般均衡	比重	1分	5	10分	星巴克	麥當勞
	0. 董事會	10					
	1. 目標：願景	5	無	沒押時間	有押時間	5	2
	2. 策略：路徑圖	5	無	沒押時間	有押時間	5	1
一、（員工）	一、投入：生產因素市場	25					
學習績效	1. 自然資源	—					
	*2. 勞工：採用工具	—	10%	50%	100%	—	—
	3. 資本：數位設備、資產投資（美元）	10	1 億	3 億	10 億	5	9
	4. 技術：資訊通訊技術	10	落後 2 年以上	同步	領先 2 年以上	10	5
	5. 企業家精神：企業文化	5	保守	中庸	冒險	4	3
	二、轉換	25					
二、流程績效	1. 產業結構：組織設計	15				5	3
	2. 生產函數：流程	10				8	7
三、消費者	三、產出：商品市場	40					
績效	1. 產品 / 服務						
	• 產品（數位）	5				3	3
	• 服務（數位）	5	1 項	10 項		4	2
	2. 消費者績效						
	• 會員人數（萬人）	5	1,000	2,000	3,000	5	4
	• 消費者滿意分數	5	60	100		3	2
	• 淨推薦分數	5	1	50		5	1
	3. 財務績效						
	• 占營收比率（%）	10	5	30	60	9	6
四、財務績效	• 投資報酬率（%）	5	1	10		5	5
	小計	100				76	53

® 伍忠賢，2021 年 11 月 11 日。

15-4 轉換階段 I：顧客數位服務生產能力

兩國間比戰力，其中有兵力（軍隊人數）、武器數量（陸海空軍）。同樣地，三級產業中都有生產能力，例如：農業指的是農地，工業指的是工廠的生產能力，服務業指的是一天能服務多少顧客，本單元說明公司對數位顧客服務的生產能力（digital customer service capability）。

一、顧客數位服務產能靈感來源

1. 訂票開放，系統塞爆、當機

   這種電視新聞很常見，大部分是公司預約票開放顧客上網下單，有些公司伺服器不夠大，會瞬間塞爆而當機。

2. 工業中製造業的生產能力（production capacity）。
3. 服務
   - 實體產能：以醫院來說指標，是指病床數；以餐廳來說，是指顧客席位（dining room capacity）。
   - 顧客數位服務產能：詳見單元 15-5 說明。

二、資料來源

由右頁下表可見，有關星巴克、麥當勞的數位產能文章很少。

三、美國銳利公司的市調結果

由右頁小檔案可見，美國紐澤西州西紐約鎮銳利（Incisiv）公司針對消費品行業的知名公司，會針對數位服務項目予以評分，例如：2020 年餐飲業。

1. 數位產能項目
   - 店內：手機支付（俗稱零接觸支付，contactless payment）。
   - 行進間（on-the-go）：例如：手機預先下單（order-ahead）、店外路邊取餐、店外得來速、自助取餐攤。
2. 結果

   名列前五名的餐飲公司：星巴克、潘納拉麵包店（Panera Bread）、麥當勞、麥卡利斯特．德利（McAlistois Deli）、必勝客。

國家戰力與美國速食業生產能力比較

國家／公司	第二	第一
一、中美兩國	中國大陸	美國
瑞士信貸評分（2021 年 6 月）	80.5	94.4
1. 武器		
• 陸：坦克（10%）	9,150	8,848
攻擊直升機（15%）		5,427
• 海：航空母艦（25%）	2	11
潛艇（25%）	74	66
主力戰艦	333	296
• 空：飛機（20%）	2,860	13,892
2. 軍人：萬人（10%）	233	145
3. 年軍事預算（億美元）	2,280	6,010
二、美國速食業	麥當勞	星巴克
1. 店數	13,450	15,040
2. 員工人數（萬人）	6.86	16
（一店員工數）	（一店 5.1 人）	（一店 10.73 人）

資料來源：部分來自維基百科「國家的軍力強度指數列表」。

有關星巴克／數位生產能力相關文章

時	地／人	事
2020 年 11 月 27 日	美國紐澤西州索特維爾鎮 Victoria Campisi 公司 1928 年成立	在 *food institutes* 雜誌 上文章 "Starbucks has most advanced digital capabilities among limited service chains"
2020 年 12 月 14 日	美國紐約市 Adriana Nunez 公司 2009 年 2 月出刊	在 Business Insider 上文章 "Starbucks ramps up expansion efforts with focus on digital offerings"

公司數位生產能力調查

時：每年 11 月 23 日

地：美國紐澤西州西紐約鎮

人：鋭利（Incisiv）公司，2016 年成立，11 ～ 50 位員工，市場調查公司

事：發　表 Limited service restaurant digital maturity benchmark report，比較 2020 年 2 跟 10 月，衡量數位（服務）能量（digital capability），號稱消費品行業（例如：雜貨店、餐飲業）數位轉型的市調公司

15-5 轉換階段 II：數位服務生產能力量表

——星巴克 pk 麥當勞：78 比 66

公司數位經營，拼的是公司在各店的數位設備與員工使用效率，這會影響顧客的數位體驗，進而反映在顧客滿意程度、認同（續購與推薦）。本單元以伍忠賢（2021）公司「數位服務生產能力」量表，以美國為例，星巴克 78 分、麥當勞 66 分，兩家公司幾乎分占二個級距。

一、公司對顧客數位服務生產能力量表

以行銷組合來把公司對顧客數位服務能量分類，及其所占比重得到伍忠賢（2021）公司對顧客服務生產能力量表（customer digital production capability scale）。

1. 產品策略占 45%

   這項是顧客數位體驗（digital experience）的核心，分成三中類：環境、產品、人員服務。
2. 定價策略占 10%

   這只有一項，即手機支付。
3. 促銷策略占 30%

   這包括四項。
4. 實體配置策略占 15%

   這包括三項，每項占 5 分，有一項打 * 號，指此表未包括項目。
5. 評分方式

   限於資料，僅以美國店數為「數位生產能力」評分對象，這是因為縱使是「外送」，必要條件是附近要有店。

   2022 年 10 月星巴克 15,703 家店，麥當勞 13,341 家店。

二、星巴克 78 分

星巴克店數比麥當勞多 2,300 家店，而且每家店提供給顧客的數位服務項目比較多，得 78 分。只說明其中幾項及其得分。

1. 第 1-3 項：店內第四台（5 分）

   2012 年 10 月，星巴克在美國每家店都有「網路電視台」（5 個頻道），顧客藉由自己的手機、平板電腦，利用店內免費 wifi 上網看節目。

2. 第 9 項零售型電子商務（5 分）

星巴克 1 分：2017 年 10 月，星巴克關閉網路商店，以「逼迫」顧客必須到店才能買到咖啡豆袋、星巴克杯等。

3. 第 10 項外送（5 分）

星巴克 2 分，星巴克只跟一家外送公司合作；麥當勞兩家，得 5 分。

三、麥當勞 66 分

1. 第 1-3 項：店內第四台（1 分）

2011 年 6 月，麥當勞在加州 800 家店設立 42 ～ 47 吋電視，播節目給顧客看，後續報導很少。

2. 第 7 項顧客抱怨處理（5 分）

星巴克有推特、0800 免費服務專線、麥當勞大多只有電子郵件方式。

商店數位服務能量量表：星巴克與麥當勞比較

行銷組合	1 分	5 分	10 分	星巴克	麥當勞
一、產品策略占 45%				15,703 店	13,341 店
1. 環境					
1-1 無線上網	沒有	部分	全面	10	10
1-2 音：音樂（5 分）	沒有	部分	全面	5	1
1-3 影：第四台（5 分）	沒有	部分	全面	5	1
2. 產品網頁					
2-1 產品網頁（5 分）	不好看	中等	好看	3	3
2-2 數位菜單面板（5 分）	10% 店	一半店	全面	2	2
3. 店員服務					
3-1 手機下單占營收比率	10%	30%	60%	9	8
3-2 自動點餐機（5 分）	沒有	部分	全面	1	5
二、定價策略占 10%					
4. 手機支付平台數	1	3	5	10	8
三、促銷策略占 30%					
5. 智慧顧客服務（5 分）	弱	中	強	3	3
6. 手機 App 功能項目	1 項	5 項	10 項	9	6
7. 顧客抱怨處理（5 分）	慢	中	快	5	2
8. 顧客關係管理：集點送	弱	中	強	10	6
四、實體配置策略占 15%					
9. 零售型電子商務（5 分）（占營收）	1%	5%	10%	1	3
10. 外送（5 分）	1 家	3 家	5 家	2	5
* 其他（5 分）				3	3
小計				78	66

Ⓡ 伍忠賢，2021 年 11 月 4 日。

15-6 產出階段：公司某某成熟程度

——兼論公司數位成熟程度

人的一生，從誕生、嬰兒、兒童、青少年、成人，至少身材會有五階段。同樣地，一般公司數位經營跟人身體發育一樣，也有「成熟」曲線，本單元就近取譬，先從人的發育、心理階段，再拉個全景「公司各項成熟」程度衡量。

一、全景：組織某某成熟程度

把「自然人」的身材、心理成長（或成熟）觀念運用於法人。

1. 泛用型
   最常見的是用「（資訊）能力成熟（模型）」（capability maturity model）。
2. 特定組織，例如：政府
   e 政府成熟程度（e-Government maturity model）。
3. 特定組織，例如：公司
   英文維基 maturity model 的內文中會看到一些說明。

能力成熟程度（capability maturity model, CMM）

時：1987 年 6 月
地：美國賓州匹茲堡市
人：卡內基美隆大學
事：在美國國防部委託案中，針對公司的軟體開發能力衡量程度

資料來源：整理自維基百科「能力成熟程度模型」。

公司各項成熟模型的大中小細分類

組織層級	中小分類	細分類	成熟
一、董事會	(一)環保(E)：永續 (二)公司治理(G) (三)社會責任(S)		sustainability maturity model
二、總裁	(一)策略 (二)企業文化 (三)風險管理	 安全保證	performance management maturity model (corporation) culture maturity model 以專案管理為例 organizational project management maturity model
三、功能部門主管	(一)核心部門		
	1. 研究發展	1-1 研發測試	test maturity model
		1-2 知識管理	knowledge navigator model
	2. 生產	2-1 生產	process maturity model
		2-2 品質管理	4.0 quality maturity assessment model
	3. 營運與行銷	3-1 銷售	corporate digital maturity
		3-2 行銷	organic search marketing maturity model
	(二)支援部門		
	1. 人力資源	1-1 員工訓練	learning & performance maturity model people capability maturity model(PCMM)
	2. 財務	3-1 資訊管理綜合 3-2 系統開發	
	3. 資訊	3-3 硬體 3-4 資訊治理之一：法令遵循 3-5 資訊治理之二：資訊安全 3-6 資料	(軟體開發)能力成熟程度(capability maturity model, CMM) enterprise architecture capability maturity model cybersecurity maturity model certification(CMMC)

15-7 公司數位「投入」與「產出」（消費者、財務績效）

——星巴克與麥當勞

公司控制中兩項「績效衡量」、「回饋修正」，本單元一次談，以星巴克、麥當勞為例。

一、投入：數位科技支出

1. 資產負債表方面：現金流量表中投資活動的流出中有「固定資產投資」、「無形資產」（偏重軟體開發），其中約 18% 是數位科技支出，18% 的數字主要來自財務附註，但有時不揭露。
2. 損益表方面：公司損益表裡的行銷費用中，一大部分用於數位行銷，其中的 15% 進行社群媒體行銷（口碑／內容／行銷），才會吸引一定數目的「元」（Meta，前身臉書）粉絲。

二、消費者績效

一般常見的消費者績效有三，以社群媒體行銷為例。

1. 單一社群媒體的粉絲數：星巴克 pk 麥當勞為 3,600 比 2,900（萬人）
   在美國，許多人偏愛「推特」，在中國大陸騰訊公司旗下「微信」，在全球比較時，可用「元」、「IG」、「抖音」。
2. 顧客滿意程度：星巴克 pk 麥當勞為 79 比 70
   德國漢堡市 Statista 公司會公布過去 6 年的美國市調機構作的消費者滿意程度圖。
3. 淨推薦分數：星巴克 pk 麥當勞為 36 比 -8
   美國加州聖莫尼卡市網路行銷公司 Comparably 公司公布淨推薦分數（net promote score, NPS），英文維基百科有解釋，本書單元 4-11 有數字說明。

三、財務績效

財務績效至少包括兩項。

1. 營收績效：以手機下單營收占營收比率——2022 年星巴克 pk 麥當勞為 28 比 23。
2. 數位支出投資報酬率：外界人士缺乏公司資料

這是數位經營最重要數字，但外部人士無法一窺堂奧，我們用資產報酬率作替代變數。

公司數位支出與消費者財務經營績效——星巴克 vs. 麥當勞

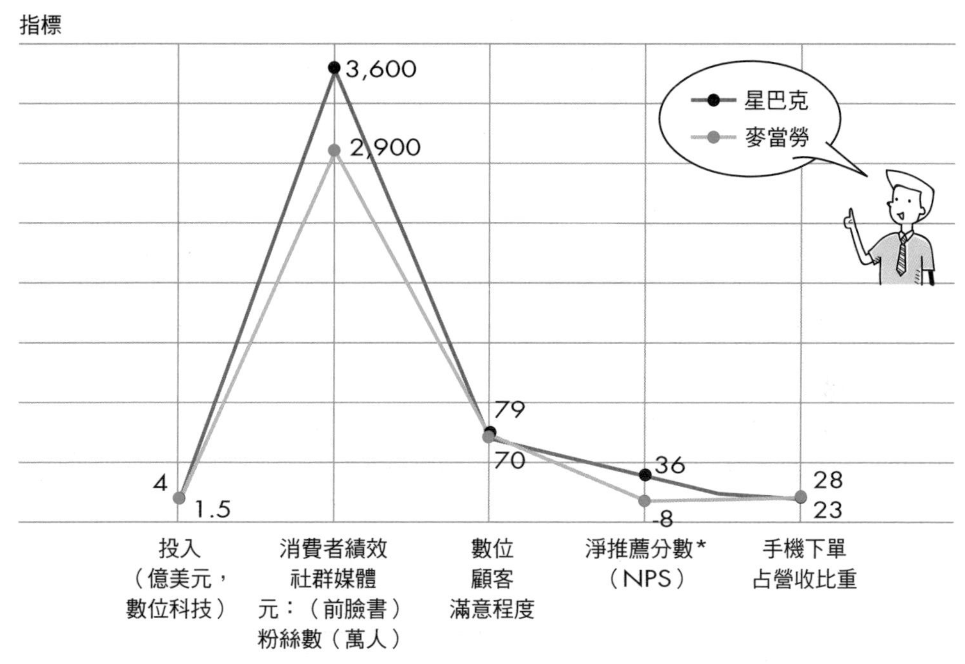

® 伍忠賢，2021 年 11 月 10 日。

* 2022 年 12 月。

星巴克與麥當勞資產報酬率

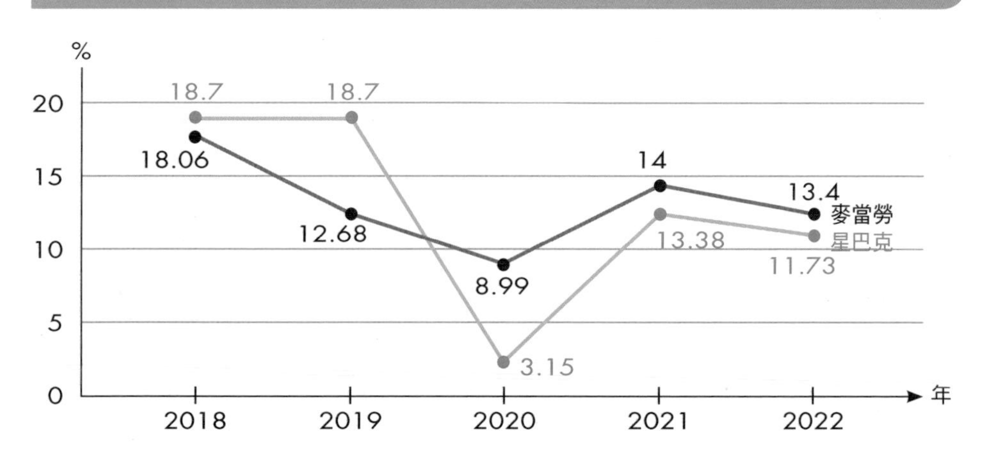

15-8 消費者績效之二：顧客數位體驗評分

——顧客數位體驗量表

——星巴克 **pk** 麥當勞：**84** 比 **62**

公司經營時，針對消費者績效中一項是消費者（或顧客）體驗（user experience, UX），在討論公司數位經營時，便拉個特寫到數位顧客體驗（digital customer experience），這方面全球市調機構極少，本單元以伍忠賢（2021）「（公司）顧客體驗量表」（digital customer experience scale），舉美國星巴克、麥當勞為例說明。

一、資料來源：以法國益普索市場研究公司為例

法國益普索市場研究公司（Ipsos）跟美國加州舊金山市的顧客體驗管理軟體公司 Medallia 每年 6 月 20 日會發表一份用戶經驗報告

- 地：4 國。
- 人：共 8,002 位消費者。
- 事：發表 6 個行業（消費性電子商務、零售公司、旅館、電信公司、銀行、保險公司）的「Constomer Experience Tipping point」報告。

二、伍忠賢（2021）量表

- 二個固定架構（右頁表第一、二欄）。
- 特定架構（表第三欄），這來自許多論文的共同指標。
- 特寫：五大類十項指標（表中第四欄）。

三、星巴克 84 分

第 4 項手機 App 易使用程度 5 分：這是安全給分，跟麥當勞得分一樣。

第 7 項服務專業程度 8 分：星巴克的網路、電話客服人員，大都擔任過店內咖啡師傅，而飲料占星巴克營收 74%，所以由有現場經驗的人來回答顧客問題、抱怨，不會「實問虛答」。

四、麥當勞 62 分

麥當勞得分比星巴克低，有八項拉低了。

第 5 項回覆速度：以電子郵件、推特來說，一天內答覆。

顧客對公司數位服務體驗量表

顧客需求層級	產品服務五層級	論文指標	服務品質	1分	5分	10分	星巴克	麥當勞
五、自我實現	五、未來服務	—	10. 涵蓋地理範圍	1國	5國	10國	9	8
			9. 涵蓋業務深度（項目）	10%	50%	100%	9	5
四、自尊	四、擴增服務	可靠性與個人化履行性	8. 涵蓋業務廣度	10%	50%	100%	9	5
			7. 服務專業程度	10%	50%	100%	8	8
三、社會親和	三、期望服務	有形性 回應性 系統可用性	6. 回覆親切程度	機器人	人	溫暖	9	2
			5. 回覆速度	4小時	2小時	10分鐘	8	2
			*純服務收費	1,000元	500元	0元		
			4. 上網方便（手機App上手程度）	10分鐘	5分鐘	1分鐘	5	5
二、生活	二、基本服務	效率性 資料準確性	3. 上網速度（塞車）	3G	4G	5.5G	8	8
一、生存	一、核心服務	隱私與安全性	2. 正確性	10%	50%	100%	9	9
			1. 個人資訊安全性	90%	95%	100%	10	10
合計							84	62

Ⓡ伍忠賢，2020年12月7日、2021年11月12日。

技術能力與產業地位影響手機支付時機

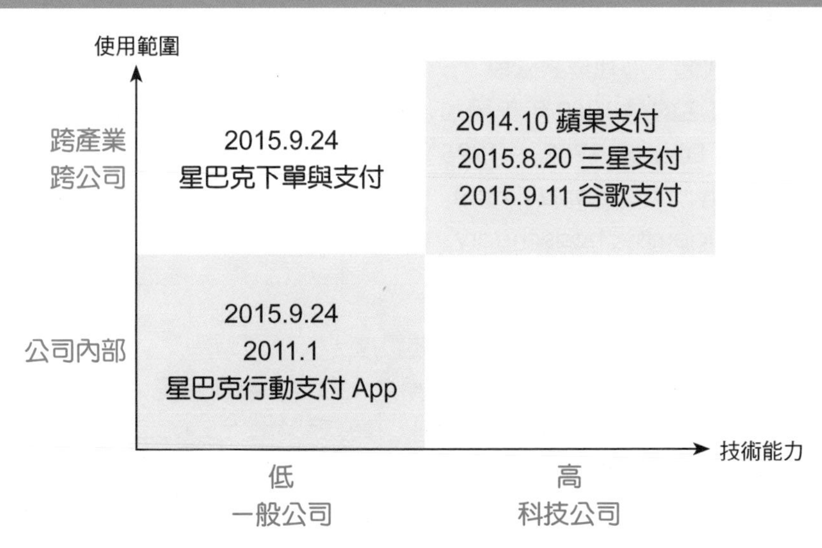

15-9 經營績效的財務績效之一：數位營收占營收比率

——以人類成長曲線類比公司數位成長曲線

——星巴克與麥當勞的例子

把公司視同人，公司的營收可看成人的身高，如此，公司數位成長曲線便可套用人的「成長」（頭圍、身高、體重中的身高）曲線，本單元套用美國商務部「數位經營定義」：「網路下單占營收比率」，畫出星巴克、麥當勞美國數位成長曲線。

一、組織某某成熟觀念源頭成長曲線

人的身體、心理「成熟」一直是人類學（註：人類發展學）、心理學等研究重點。

1. 1729 年起，人類成長與發展（human growth & development）
   從西元前便有歐洲學者描述人類的演進史，近代，大約 1719 年普魯士（德國前身）Frederich William I 在書中，提出「人類成長曲線圖（human growth curve）」。（詳見 1981 年 James M. Tanner 的文章“A brief history of the study of human growth”）
2. 各國與世界衛生組織的大樣本調查
   由右頁表可見，有關人類成長曲線的調查，先由各國（此表中，例如：美國），2003 年起，聯合國旗下世界衛生組織才作區域調查。
3. 1940 年代起，心理成熟階段
   其中較有名的是 1950 年美國加州大學柏克萊分校的愛利克．艾瑞克森（Erik H. Erikson, 1902 ～ 1995）的書《兒童與社會》（*Childhood & Society: Youth and Crisis*），人的八階段心理成熟階段“Erikson's eight stage psychosis theory”。

二、星巴克、麥當勞數位成長曲線

1. 星巴克 2015 年、麥當勞 2017 年起跟進。
2. 2020 年，新冠肺炎疫情，政府長期禁止顧客餐廳內用餐，所以手機下單且取貨比重大增。
3. 2021 年，星巴克 26%，小贏麥當勞的 20%，缺乏較新數字。

美國與世界衛生組織的人身成長曲線調查

時	地／人	事
1977 年	美國疾病管制署中心（CDC） 國家健康統計處	18 歲以下成長曲線
2005 年 4 月	聯合國世界衛生組織（WHO）	0～5 歲健康嬰幼兒成長曲線以純喝母奶為準
2007 年	聯合國世界衛生組織（WHO）	5～19 歲成長曲線

人的成長曲線：以男孩 50 百分位為準

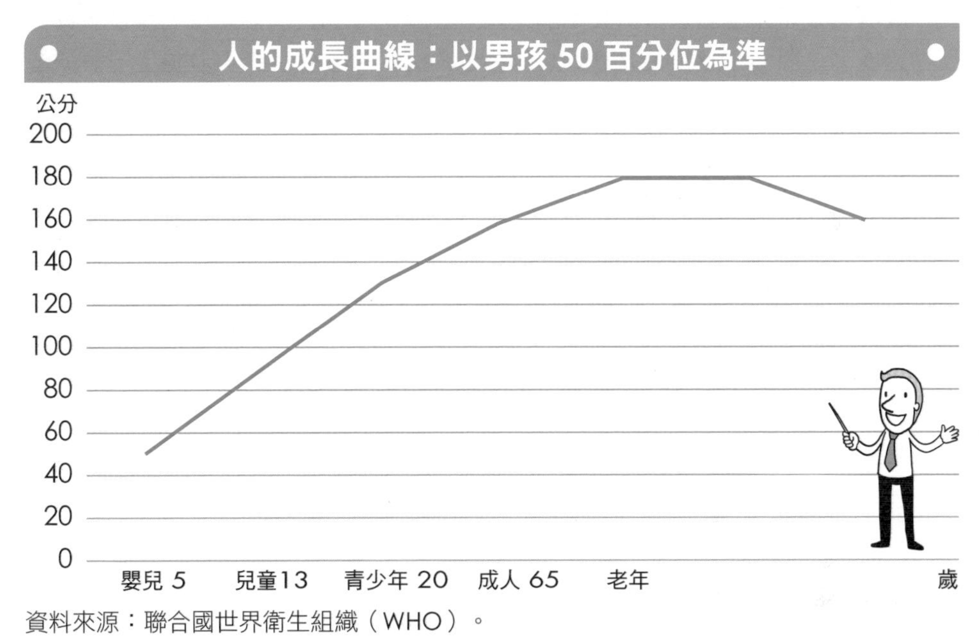

資料來源：聯合國世界衛生組織（WHO）。

公司數位成長曲線：美國手機下單比重

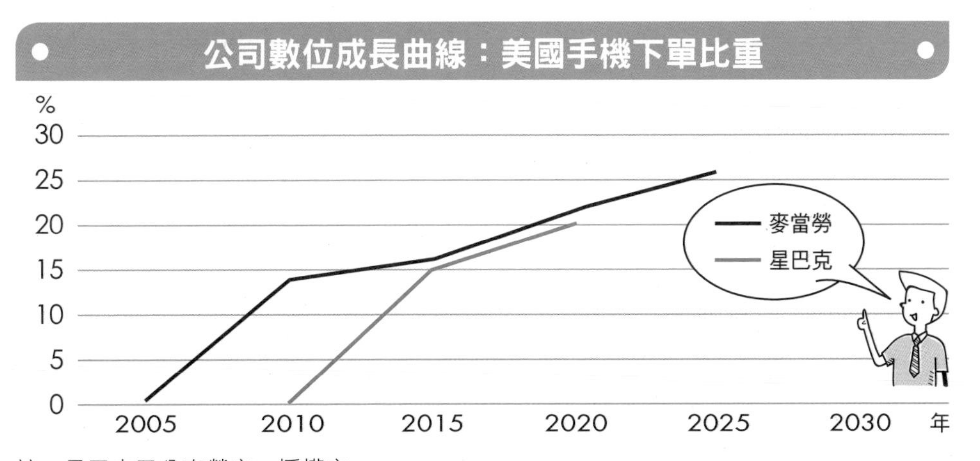

註：星巴克又分直營店、授權店。

Ⓡ 伍忠賢，2021 年 11 月 10 日。

15-10 公司數位經營缺口分析：回饋修正

公司數位績效高或低，由三個標準（詳見右頁表第一欄），以 2023 年（視為今年）的星巴克、麥當勞，美國以手機下單占營收比重（表中數字為例）說明。

一、全景：差異分析的起源

政府、公司甚至個人，常設定關鍵績效指標，一個月、一季或一年後，計算目標達成率（target achievement rate），例如：營收目標 100 億元、實際營收 90 億元，（業績）目標達成率 90%。

由右頁小檔案可見，一般人常用的差異（或缺口）分析（gap analysis）起源。

二、消費者期望缺口分析

1. 消費者期望水準

   星巴克的行銷長下轄四位資深副總裁主管之一「分析與市場研究部」。其下副總裁管的三級部「市場研究部」，對消費者進行調查，以 2022 年 12 月所作的結果來說，美國手機下單占營收 56%。

2. 消費者期望缺口分析

   這是由三級部「分析」部承辦，由右頁表可見，星巴克實績 28%，減消費者期望 30%，「負」缺口 2%，即有「負」消費者期望。

三、競爭者缺口分析

1. 對手：麥當勞。
2. 英文 competitor gap analysis，competitor 或 competed 皆可。
3. 對手缺口分析

   星巴克 28% 減麥當勞 25%，「正」缺口 3%，這代表比「上」（消費者）不足，比下有餘。

四、公司目標缺口分析

1. 公司目標

   由表第一欄可見，公司訂定「手機下單占營收比率」年度目標，考量二因素：外部因素（消費者、對手）、內部因素（公司能力等）。

2. 公司差異分析

   實績 28%，減目標 29%，「負」缺口 1%。

五、回饋修正

以（數位）資產報酬率來說，星巴克約高於麥當勞 2 個百分點，我們建議麥當勞聘請顧問公司，以了解如何提升。

缺口分析（gap analysis）

時：1987 年

地：美國愛達荷州拉塔縣莫斯科鎮

人：J. Michael Scott（1941 ～），愛達荷大學魚類與野生動物系教授

事：承接美國內政部魚類與野生動物管理局（Fish & Wildlife Service）的「缺口分析計畫」（gap analysis program）

資料來源：部分整理自英文維基百科 J. Michael Scott。

三種比較標準的缺口分析——以星巴克為例

時	2021.12.23	2022.12.31	2023.1.10
時間點	事前	事中	事後
人			
1. 總裁			
2. 營運長			
3. 北美	營運總部		
4. 承辦部	行銷長下轄數位顧客體驗部		
事（外界）	目標	實際	差異分析（gap analysis）
(1) 消費者	(1) 30% 註：這是由行銷長下轄四部——分析，即麥當勞行銷研究部	(4) 28%	(一) 消費者期望缺口（consumer expectation gap） (5)=(4)-(1)=28%-30%=-2%
(2) 對手		(2) 25%	(二) 競爭者缺口分析（competitive gap analysis） (6)=(4)-(2)=28%-25%=3%
(3) 目標	(3) 29%		(三) 目標缺口分析 (7)=(4)-(3)=28%-29%=-1%

國家圖書館出版品預行編目(CIP)資料

超圖解公司數位經營：理論及實務案例 / 伍忠賢著. ——初版. ——臺北市：五南圖書出版股份有限公司, 2024.01
面； 公分
ISBN 978-626-366-766-2 (平裝)
1.CST: 企業管理 2.CST: 策略規劃 3.CST: 科技管理
494.1 112018804

1FSS

超圖解公司數位經營：理論及實務案例

作　　者— 伍忠賢
發 行 人— 楊榮川
總 經 理— 楊士清
總 編 輯— 楊秀麗
主　　編— 侯家嵐
責任編輯— 吳瑀芳
文字校對— 許宸瑞、張淑媜
封面設計— 陳亭瑋、封怡彤
排版設計— 張淑貞
出 版 者— 五南圖書出版股份有限公司
地　　址：106臺北市大安區和平東路二段339號
電　　話：(02)2705-5066　傳　真：(02)2706-6
網　　址：https://www.wunan.com.tw
電子郵件：wunan@wunan.com.tw
劃撥帳號：01068953
戶　　名：五南圖書出版股份有限公司
法律顧問：林勝安律師
出版日期：2024年1月初版一刷
定　　價：新臺幣460元

經典永恆·名著常在

五十週年的獻禮——經典名著文庫

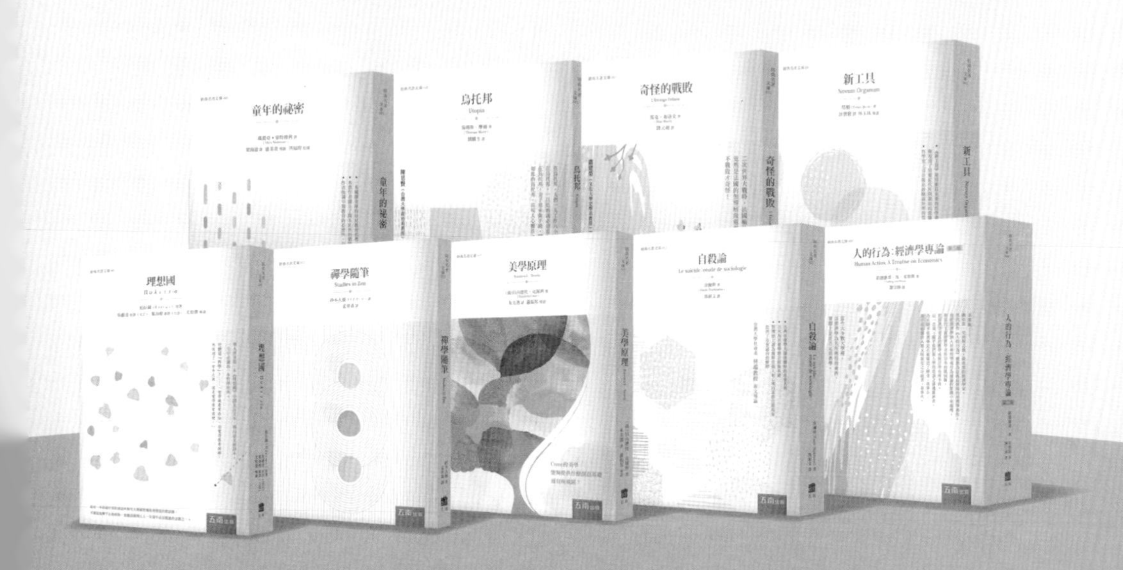

五南，五十年了，半個世紀，人生旅程的一大半，走過來了。
思索著，邁向百年的未來歷程，能為知識界、文化學術界作些什麼？
在速食文化的生態下，有什麼值得讓人雋永品味的？

歷代經典·當今名著，經過時間的洗禮，千錘百鍊，流傳至今，光芒耀人；
不僅使我們能領悟前人的智慧，同時也增深加廣我們思考的深度與視野。
我們決心投入巨資，有計畫的系統梳選，成立「經典名著文庫」，
希望收入古今中外思想性的、充滿睿智與獨見的經典、名著。
這是一項理想性的、永續性的巨大出版工程。
不在意讀者的眾寡，只考慮它的學術價值，力求完整展現先哲思想的軌跡；
為知識界開啟一片智慧之窗，營造一座百花綻放的世界文明公園，
任君遨遊、取菁吸蜜、嘉惠學子！